复合材料结构

刘伟庆　主编

方海　王俊　王璐　齐玉军　方园　万里　霍瑞丽　编写

中国建筑工业出版社

图书在版编目（CIP）数据

复合材料结构 / 刘伟庆主编；方海等编写. — 北京：中国建筑工业出版社，2022.8
ISBN 978-7-112-27465-9

Ⅰ. ①复… Ⅱ. ①刘… ②方… Ⅲ. ①复合材料结构
Ⅳ. ①TB33

中国版本图书馆 CIP 数据核字（2022）第 100161 号

本书梳理归纳、分析研究了这些年来我国复合材料结构的研究成果，本书共 8 章，包括绪论；组合材料及性能；制造工艺；制品及基本构件；复合材料力学基本理论；复合材料耐久性；结构设计；复合材料结构测试和监测技术。

本书可作为工科类高等学校市政工程、环境工程、水利工程、土木工程等相关专业学生学习，也可适用于相关专业技术人员阅读使用。

责任编辑：曹丹丹
策划编辑：王 治
责任校对：芦欣甜

复合材料结构

刘伟庆 主编

方海 王俊 王璐 齐玉军 方园 万里 霍瑞丽 编写

*

中国建筑工业出版社出版、发行(北京海淀三里河路 9 号)

各地新华书店、建筑书店经销

北京鸿文瀚海文化传媒有限公司制版

北京建筑工业印刷厂印刷

*

开本：787 毫米×1092 毫米 1/16 印张：13¼ 字数：323 千字
2022 年 9 月第一版 2022 年 9 月第一次印刷
定价：**55.00** 元
ISBN 978-7-112-27465-9
(37822)

本书编委会

主编：刘伟庆

编委：方　海　王　俊　王　璐　齐玉军

　　　方　园　万　里　霍瑞丽

前　言

　　复合材料的应用具有悠久的历史，从古代使用稻草或竹条增强黏土，到如今应用广泛的各类纤维增强复合材料，体现着人类对工程材料更高性能的追求。20 世纪 90 年代以来，我国高度重视高性能碳纤维、玄武岩纤维、玻璃纤维和各类树脂等基础材料的研发。复合材料在航空航天、国防、风电等尖端领域已取得了长足的发展。纤维增强复合材料轻质高强、可根据结构和功能需求进行设计，是目前被认为能够解决基础设施腐蚀问题及实现工程长寿命和高性能的结构材料，在面广量大的土木、交通、船舶、海洋工程领域具有广阔的应用前景。

　　复合材料产业发展符合国家节能减排战略目标，国内外相关领域的专家学者围绕基础瓶颈问题开展了大量研究工作，复合材料结构已逐步成为结构工程领域的重要学科方向。本人所带领的南京工业大学先进工程复合材料研究中心团队自 2006 年以来，瞄准基础设施领域，基于纤维、树脂、芯材等原材料，通过材料—结构—一体化设计和合适的制造工艺，设计制备出满足各类环境、荷载条件对强度、刚度及使用功能需求的构件形式，可部分代替传统钢和混凝土材料，延长结构使用寿命，降低结构能耗，促进新材料行业的快速发展，契合国家双碳目标。

　　为进一步推进复合材料行业发展和工程应用，经与多位同行专家酝酿，结合本人及团队成员近年来的研究成果，编写了本书。本书可作为高等学校土木工程、复合材料等专业本科生高年级选修课教材、研究生教材，也可作为科研、设计等工程技术人员参考用书。

　　本书的编写得到了国内外复合材料领域多位专家和同事的大力支持，体现了研究中心多位研究生的成果，谨致以衷心感谢。由于作者水平有限，书中难免有疏漏不妥之处，敬请读者批评指正，以便再版时修改完善。

目　　录

第1章 绪论

近年来，我国高度重视高性能碳纤维、玄武岩纤维、玻璃纤维和各类树脂等基础材料的研发，复合材料在航空航天、国防、风电等尖端领域的技术研发及产业方面取得了长足发展；而复合材料结构在面广量大的土木、交通、船舶、海洋等工程领域同样拥有广阔的应用前景，且已呈现出良好的发展态势。新材料研发的目的是实现大规模工程应用，而应用的关键在于结构创新，经济、科学、合理地充分发挥新材料轻质高强的性能，从而满足工程结构的受力与功能需求。本章主要阐明了复合材料结构的基本概念、发展简史、主要特点，并论述了其发展方向。

1.1 基本概念

复合材料是由基体（matrix）材料与增强（reinforcement）材料按一定比例并经过一定工艺复合形成的一种高性能构件，基体采用各种树脂或金属、非金属材料，增强材料采用各种纤维状材料或其他材料。增强材料在复合材料受力中起主要作用，由它提供复合材料的刚度和强度。本书主要介绍对象为纤维增强树脂基复合材料，树脂基体主要分为热固性树脂和热塑性树脂，当今复合材料的树脂基体仍以热固性树脂为主，主要包括：不饱和聚酯、酚醛树脂、乙烯基酯树脂、环氧树脂等；纤维材料主要包括：碳纤维、玻璃纤维、芳纶纤维、玄武岩纤维以及混杂纤维等。

复合材料是各国优先发展的战略性非金属结构材料，其应用领域广泛且应用前景广阔。在航空航天等高端领域，复合材料具有比强度（材料的强度除以密度）和比刚度（材料的刚度除以密度）高、性能可设计和易于整体成型等优异特性，将其用于飞机结构上，可比常规的金属结构减重 25%～30%，并可明显改善飞机气动弹性特性，提高飞行性能。目前复合材料在飞机上应用的部位和用量的多少已经成为衡量飞机结构先进性的重要指标，如美国波音 787 飞机的复合材料用量已达 50%。复合材料同样在我国几乎所有在研和改型军用及民用飞机结构中得到大量应用，应用的部件已不再限于次承力部件，计划用量可达到结构重量的 20%～30%，与国外领先水平相比，差距逐步在缩小。而复合材料结构在面广量大的土木、交通、船舶、海洋等工程领域拥有更广阔的应用前景，且已呈现出良好的发展态势。纤维增强复合材料是目前唯一被认为能够解决腐蚀问题及实现长寿命和高性能的结构材料。复合材料已在我国基础设施维护加固领域获得了广泛应用，美国 FHWA 提供的 2010 年数据表明：600905 座桥梁中 26.9% 桥梁有结构功能缺陷，今后 50 年每年需投资 170 亿美元维修加固，而我国基础设施维护成本已达 3000 亿元规模，问题更加突出。在新建工程结构中，复合材料可部分代替传统的高能耗、资源型钢、混凝土等结构材料，用于各类承力或功能性构件与结构中，其应用空间广阔。

因此，纤维增强复合材料结构因其轻质高强、可设计性和优异的耐腐蚀性能，以及抗疲劳和冲击韧性、电磁屏蔽等特征，在航空航天、国防、车辆、船舶、能源、交通、海洋、建筑等领域中作为承载结构、围护结构、加强构件以及防腐措施具有广阔的应用前景，如图1-1所示。

(a) 飞机构件　　　　　　　　(b) 船舶　　　　　　　　(c) 风力叶片

(d) 碳纤维加固　　　　　　　(e) 桥面板　　　　　　　(f) 筋材

图 1-1　复合材料结构的应用

复合材料根据成型工艺与受力需求，可设计成多种结构形式，主要包括：无规分散增强结构（如短纤维增强复合材料）、长纤单向增强结构（如复合材料拉挤型材、复合材料筋等）以及层合、夹芯、编织、混杂等结构形式，如图1-2所示。

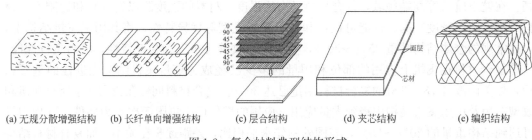

(a) 无规分散增强结构　　(b) 长纤单向增强结构　　(c) 层合结构　　(d) 夹芯结构　　(e) 编织结构

图 1-2　复合材料典型结构形式

上述结构形式中，以蜂窝、泡沫和轻木等作为芯材的复合材料夹芯结构是工程应用中极为广泛且受力高效的复合材料结构形式，在不显著增加构件质量的同时，可显著提高构件的抗弯刚度和承载力，例如当等效厚度增大到原来的4倍时，其抗弯刚度和承载力则分别增大到原来的48倍和12倍，如图1-3所示。

复合材料夹芯构件由于质量轻，具有刚度大、强度大等显著优点，目前已广泛应用于航空航天、船舶和交通运输等领域，成为飞机、汽车以及船舶等结构物的主要构件。近些

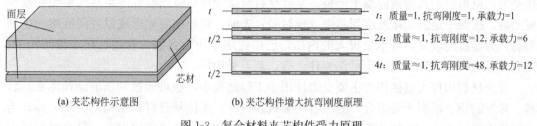

(a) 夹芯构件示意图   (b) 夹芯构件增大抗弯刚度原理

图 1-3 复合材料夹芯构件受力原理

年，复合材料夹芯结构也开始应用于基础设施领域，如将其用于桥面板、快速铺设道路垫板、装配式房屋等，具有低能耗、轻质高强、隔热保温、电磁屏蔽、施工速度快以及耐候性优异、免维护等传统钢、混凝土等结构材料难以达到的重要功能需求。尤其是军事、化工、海洋等基础设施领域对此需求极为迫切。

但传统复合材料夹芯构件在制造与服役过程中易发生面层与芯材界面剥离破坏，严重制约其轻质高强特性的发挥。因此工程领域逐步开展了 X-cor、缝纫泡沫、点阵式、齿槽式和格构增强式等抗界面剥离技术的研究，取得了良好的应用效果，如图 1-4 所示。

 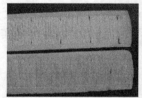 

(a) 单向与双向格构增强泡沫夹芯复合材料   (b) 齿槽与单向格构增强轻木夹芯复合材料

图 1-4 复合材料夹芯构件

纤维增强复合材料作为结构材料在基础设施领域应用，除了采用上述夹芯结构形式外，基于层合、编织等结构形式，其产品还包括：片材（纤维布和板）、筋材和索材、拉挤型材、网格材和格栅、缠绕管材、模压型材及手糊制品等，代表性产品如图 1-5 所示。

(a) 碳纤维片材   (b) 拉挤型材   (c) 格栅   (d) 缠绕管材

图 1-5 复合材料产品形式

复合材料板或布主要通过环氧树脂类粘结剂粘贴于混凝土、钢或木等结构表面，是用于结构补强与修复加固最多的一种材料形式。复合材料筋材和索材可在钢筋混凝土结构中代替钢筋和预应力筋，还可用于大跨索支撑结构、张拉结构和悬索结构。拉挤型材是采用拉挤工艺工业化连续生产，产品质量更稳定、生产效率更高的结构件。复合材料网格材和格栅通常是将预浸树脂的纤维或织物放入模具中进行加温加压固化成型制成的型材，可直接受力，也可应用其增强混凝土梁板。复合材料缠绕管材是将连续纤维束或纤维织物浸渍树脂后，按照一定的规律缠绕到芯模（或衬胆）表面，再经过固化形成以环向纤维为主的型材，力学性能较好，可承受很大的内压，已广泛用于压力容器、管道，在工程结构中，复合材料缠绕管内充填混凝土可作为柱、桩，甚至梁构件。

复合材料构件可直接作为主要受力件用于工程结构中，也可通过创新的结构体系，将其与传统的钢、混凝土等组合，形成各类梁板、桩柱、实体复合材料结构。图 1-6（a）为美国采用竖纹 Balsa 轻木或横纹胶合木、橡木等夹芯结构，形成工字钢梁—复合材料桥面板组合结构桥梁，具有轻质、易吊装、工业化预制、耐腐蚀性强的显著优点。复合材料还可与混凝土组合形成梁、板结构体系，图 1-6（b）为美国 Texas FM 3284 桥预先在复合材料 U 形模壳内填充轻质泡沫混凝土，吊装后直接作为施工模板使用，无需搭建脚手架，节省了施工时间；若预制复合材料模壳一次成型为空间井字格形，则可与混凝土组合为楼盖结构，施工方便且清洁美观，尤其适合于电子工厂等洁净度要求高的建筑结构，如图 1-6（c）所示。国内外土木领域也有将纤维缠绕复合材料管与木或混凝土组合形成桩柱结构体系，开展桥墩、桩基础、防撞桩等研究与应用，具有耐腐蚀、延性好、可兼作施工模板、共同参与受力等优点如图 1-6（d）所示。如美国 2009 年在缅因州建成了一座拱桥，其主拱圈为 23 根直径 30cm 的碳-玻璃混杂纤维复合材料圆管约束混凝土。近期南京工业大学针对大型桥梁防船撞系统高抗力、高耗能的实际需求，发明了复合材料防撞系统，属于超大尺寸三维实体构件，如图 1-6（e）所示。

(a) 桥面板　　　(b) 复合材料梁　　　(c) 复合材料楼盖　　　(d) 复合材料柱　　　(e) 实体防撞系统

图 1-6　复合材料结构体系

由上可知，纤维增强复合材料在构件与结构层次均具有广阔的应用前景与研究价值，有着重要意义，首先为大规模基础设施建设提供可持续发展的结构材料。新型复合材料结构大多采用绿色材料（如轻木等）作为芯材，而且其加工制造不需要消耗大量能源，这为基础设施领域节能减排提供了有效途径。同时为工程领域提供轻质、高强、抗冲击、耐腐蚀的高性能结构以及工程领域提供可工业化制造、可设计性更强的结构体系。复合材料结构可工厂化制造、现场安装，且轻质高强、施工便捷；可根据工程实际需要，设计并成型出各种形状、尺寸和体量的结构和构件。

1.2　发展简史

1820 年，Delau 提出了复合材料夹芯结构的概念，其工程应用起源于 20 世纪 40 年代，最初以桃花心木为面板、轻木为芯材，用作飞机的机翼。而后又出现了金属面板和蜂窝芯材的夹芯结构，制造飞机的水平安定面、舵面和直升机的旋翼。由于夹芯结构的优异性能，目前采用碳纤维面板和蜂窝芯材，或纤维缝纫技术、泡沫芯材的夹层结构已经在飞机、导弹、卫星、宇宙飞船和航天飞机上得到了广泛应用。但用于航空航天等尖端领域的树脂基纤维复合材料成本高，严重制约了其作为高性能结构材料在其余工程领域的大规模应用。而国内外近年来基于低成本纤维、树脂、芯材等原材料，通过创新的组合结构体系，设计制备出各类适用于工程领域的结构件，极大降低了材料成本。因此复合材料结构的应用领域不断扩大，除航空航天领域外，在汽车交通、新能源、船舶及海洋工程、基础设施等领域也得到了越来越多的应用，具体如下。

1.2.1 航空航天

复合材料的发展初衷就是为了满足高性能航空器的发展需求，于 20 世纪 60 年代中期问世，即首先用于军用飞行器结构上。50 多年来，复合材料在飞机结构上的应用走过了一条由小到大、由次到主、由局部到整体、由结构到功能、由军机应用扩展到民机应用的发展道路。

纵观国外军机结构用复合材料的发展历程，大致可分为三个阶段：

第一阶段约完成于 20 世纪 70 年代初，主要用于受力较小或非承力件，如舱门、口盖、整流罩以及襟副翼、方向舵等。

第二阶段由 20 世纪 70 年代末至 80 年代。主要用于垂尾、平尾等尾翼一级的次承力部件，以 F-14 硼/环氧复合材料平尾为代表，此后 F-15、F-16、F-18、幻影 2000 和幻影 4000 等均采用了复合材料尾翼，此时复合材料的用量约占全机结构重量的 5%～10%。

第三阶段自 20 世纪 90 年代开始，逐步应用于机翼、机身等主要承力构件。美国原麦道公司研制成功的 F/A-18 复合材料机翼，开创了主承结构件的里程碑，此时复合材料的用量已提高到了 13%，此后世界各国所研制的军机机翼一级的部件几乎都应用了复合材料，用量不断增加，如美国的 AV-8B、B-2、F/A-22、F/A-18E/F、F-35，法国的"阵风"（Rafale），瑞典的 JAS-39，欧洲英、德、意、西四国联合研制的"台风"（EF-2000），俄罗斯的 C-37 等。

复合材料在民机领域的应用也发展很快，以波音飞机为例，从 20 世纪 70 年代中期开始采用复合材料制造受力很小的前缘、口盖、整流罩、扰流板等构件；到 20 世纪 80 年代中期用复合材料制造升降舵、方向舵、襟副翼等受力较小的部件；到 20 世纪 90 年代开始了在垂尾、平尾受力较大部件上的应用，如 B-777 设计应用了复合材料垂尾、平尾，共用复合材料 9.9t，占结构总重的 11%，近几年正式推出的 B-787 "梦想"飞机，其复合材料用量达 50%。欧洲空客公司于 20 世纪 70 年代中期开始了先进复合材料在其 A-300 系列飞机上的应用研究，于 1985 年完成了 A-320 全复合材料垂尾的研制，此后 A-300 系列飞机的尾翼一级的部件均采用复合材料，将复合材料的用量迅速推进到了 15% 左右。现已交付使用的 A-380 超大型客机，复合材料用量达 25%，包括中央翼、外翼、垂尾、平尾、机身地板梁和后承压框等。近期推出的 A-350XWB 飞机，复合材料用量达 52%。

与此同时，直升机和无人机结构用复合材料发展更快，如美国的武装直升机科曼奇 RAH66，共用复合材料 50%。欧洲最新研制的虎式（Tiger）武装直升机，复合材料用量高达 80%。X-45C 无人机复合材料用量达 90% 以上，甚至出现了全复合材料无人机，如"太阳神"（Helios）号。

在今后 20～30 年中，航空复合材料将迎来新的发展时期，在飞机结构中用量的比例将继续增大，未来飞机特别是军机为了进一步达到结构减重与降低综合成本，复合材料将不断取代其他材料，用量继续增长。美国一报告指出：到 2020 年，只有复合材料才有潜力使飞机获得 20%～25% 的性能提升，复合材料将成为飞机的基本材料，用量将达到 65%。

1.2.2 汽车交通

汽车工业已成为我国的支柱产业，近年来发展迅速。据统计 2008 年我国汽车总产量为 1000 万辆，而 2015 年达到了 2450 万辆。以产销量而言，中国跃居世界第一。

新能源汽车已被我国正式列入战略性新兴产业，发展新能源汽车主要体现在两方面：一是发展新型动力电池，二是发展汽车轻量化材料。发展汽车轻量化材料的主要方向是新型工程塑料以及纤维增强复合材料。

现代的汽车设计有安全、舒适、节能和环保 4 项明确要求。因此减轻结构重量，从而节省燃油、减少尾气排放和环境污染是汽车设计的重要发展方向。为此，全球各大汽车公司均在制订和执行汽车的轻结构战略计划。如 BMW（宝马）等公司明确提出每车要减重 100kg 以上的目标，提高燃油效率，CO_2 排放减到 7.5～12g/km 以下，美国进一步提出了 30km/L 汽油的里程目标。据知，汽车结构每减重 10%，燃油消耗可节省 7%，大大减少了寿命期内的使用成本。若车体减重 20%～30%，每车每年 CO_2 排放量可减少 0.5t。

汽车用复合材料主要以玻璃纤维增强热塑性树脂为主，现已发展到碳纤维复合材料。20 世纪 70 年代开始，片状模塑料（SMC）的成功开发和机械化模压技术的应用，促使复合材料在汽车应用中的年增长速度达到 25%，形成汽车复合材料制品发展的第一个快速发展时期；到 20 世纪 90 年代初，随着环保和轻量化、节能等呼声越来越高，以 GMT（玻璃纤维毡增强热塑性复合材料）、LFT（长纤维增强热塑性复合材料）为代表的热塑性复合材料得到了迅猛发展，主要用于汽车结构部件的制造，年增长速度达到 10%～15%，进入了第三个快速发展时期。

复合材料汽车零部件主要分为三类：

（1）车身部件：包括车身壳体、车篷硬顶、天窗、车门、散热器护栅板、大灯反光板、前后保险杠等以及车内饰件。这是复合材料在汽车中应用的主要方向，主要适应车身流线型设计和外观高品质要求的需要，目前开发应用潜力依然巨大。主要以玻璃纤维增强热固性塑料为主，典型成型工艺有：SMC/BMC、RTM 和手糊/喷射等。

（2）结构件：包括前端支架、保险杠骨架、座椅骨架、地板等，其目的在于提高制件的设计：自由度、多功能性和完整性。主要使用高强 SMC、GMT、LFT 等材料。

（3）功能件：其主要特点是要求耐高温、耐油腐蚀，以发动机及其周边部件为主。如：发动机气门罩盖、进气歧管、油底壳、空滤器盖、齿轮室盖、导风罩、进气管护板、风扇叶片、风扇导风圈、加热器盖板、水箱部件、出水口外壳、水泵涡轮、发动机隔声板等。主要工艺及材料为：SMC/BMC、RTM、GMT 及玻璃纤维增强尼龙等。

国内外还有采用复合材料夹芯构件制造高速列车及大型客车的车厢、集装箱、运料罐车等，应用领域十分广泛。

1.2.3　新能源

　　风力发电是绿色能源的一种，进入 21 世纪，在全球的发展可以说是风起云涌。复合材料在新能源发展领域中的应用主要是用来制造风电机组的叶片。

　　随着风力发电功率的不断提高，捕捉风能的叶片也越做越大，对叶片的要求也越来越高，叶片的材料越轻、强度和刚度越高，叶片抵御荷载的能力就越强，叶片就可以做得越大，它的捕风能力也就越强。因此，轻质高强、耐蚀性好、具有可设计性的复合材料是目前大型风机叶片的首选材料。

1. 玻璃纤维复合材料风机叶片

　　玻璃纤维增强乙烯基酯树脂（或环氧树脂）是目前制造风机叶片的主要材料，但随着叶片长度的增加，其重量也随之增大，玻璃纤维增强复合材料叶片已经逐渐不能满足叶片发展的需要。例如，当玻璃纤维复合材料叶片长度为 19m 时，其重量为 1.8t；长度增加到 34m 时，叶片重量为 5.8t；叶片长度达到 52m 时，则其重量高达 21t。因此需要寻找更好的材料以适应大型叶片发展的要求。

2. 碳纤维复合材料风机叶片

　　为了提高风能利用率，风力机单机容量不断扩大，兆瓦级风力机已经成为风电市场的主流产品。风电机组增大单机容量，对叶片提出了更高的要求，碳纤维比玻璃纤维具有更高的比强度和比刚度，用碳纤维复合材料制造大型叶片势在必行。丹麦 Vestas 的 V-90 叶轮的叶片制造中使用了碳纤维；但由于其价格昂贵，因此，全球各大复合材料公司正在从原材料、工艺技术、质量控制等各方面进行深入研究，以求降低成本。美国 Zoltek 公司生产的 PANEMEM33（48K）大丝素碳纤维具有良好的抗疲劳性能，可使叶片质量减轻40%，叶片成本降低 14%，并使整个风力发电装置成本降低 4.5%。

3. 碳纤维、玻璃纤维混杂复合材料风机叶片

　　由于碳纤维的价格是玻璃纤维的 10 倍左右，目前叶片增强材料仍以玻璃纤维为主。在制造大型叶片时。采用玻纤、轻木和 PVC 泡沫相结合的方法可以在保证刚度和强度的同时减轻叶片的质量。如 LM 公司开发以玻璃纤维增强复合材料为主的 61m 大型叶片时，只在横梁和叶片端部选用少量碳纤维，以配套 5MW 的风力机。应用碳纤维或碳纤维/玻璃纤维混杂增强的方案，叶片可减重 20%～30%。德国 Nodex 公司为海上 5MW 风电机组配套研制的碳纤维/玻璃纤维混杂风机叶片长达 56m，同时，Nodex 公司还开发了 43m 碳纤维/玻璃纤维叶片，可用于陆上 2.5MW 机组，目前，碳纤维/玻璃纤维与轻木/PVC 芯材混杂使用制造复合材料叶片已被各大叶片公司所采用，轻木/PVC 作为夹芯材料，不仅增加了叶片的结构刚度和承受荷载的能力，而且还最大程度地减轻了叶片的重量，为叶片向长且轻的方向发展提供了有利的条件。

1.2.4　舰船

　　复合材料在舰船上的应用发展较快，被广泛用作各种船体、上层建筑、桅杆、舱壁、舵、推进器轴以及潜艇的表面、升降装置、推进器等。其主要优势在于：一是高比强度和比刚度，可大幅降低船体重量；二是耐腐蚀、抗疲劳。木材长期浸泡在水中会腐烂，钢铁经海水腐蚀要生锈，而复合材料可耐酸、碱及海水侵蚀，水生物也难以附着，大大提高了使用寿命；三是成型方便，成型工艺简单，建造周期短；最后是透波、透声性好，无磁性，介电性能优良，适宜作舰艇的功能结构材料。例如船艇依靠声呐在海上定位，测距、发现目标，作为声呐设备保护装置的声呐导流罩，其材料要求透声透波性好，声波的失真畸变小，具有一定刚度和强度，必须应用复合材料。如瑞典在 1991 年研制成世界第一艘复合材料隐形试验艇 Smyge 号，集先进复合材料技术、隐身技术及双体气垫技术于一体，实属舰船中的高科技产品；瑞典海军的轻型护卫舰 Visby 号，长 73m，船体、甲板和上层建筑均采用复合材料夹芯构件制造，并采用真空导入成型工艺，确保了产品性能、质量稳定性和快速成型。

在港口航道及海洋工程领域，复合材料的应用主要有系船桩、防护桩、桩护筒、板桩、管线、浮标浮筒、复合材料筋以及海洋平台的各类甲板、通道、支架等，近期还出现了复合材料管约束海水海砂混凝土桩柱构件，用于岛礁建设，可充分发挥复合材料的耐腐蚀、免维护、抗海洋生物附着的优势这段也属于基础设施。

1.2.5 基础设施

1. 结构建造

复合材料在土木等基础设施领域的应用源于 20 世纪 50～60 年代。1961 年，英国 Smethwick 的一座教堂的尖顶采用了玻璃纤维增强复合材料；1968 年，英国的工程师用复合材料板和铝质骨架在利比亚港口城市班加西设计并建造了一个穹顶，防止空气中氯盐对结构的侵蚀；同年，英国 Wollaston 又建成了一座全复合材料折板结构的仓库；1970 年，英国 Liverpool 建成了一座复合材料连续梁的人行天桥，跨径 10m，宽 1.5m。我国于 1972 年在云南建造了一个直径为 44m 的球形复合材料雷达天线罩；1982 年在北京密云建成一座跨径 20.7m 的复合材料蜂窝箱梁公路桥，设计荷载等级为汽—15、挂—80，并进行了现场荷载试验，该桥为世界上第一座全复合材料公路桥。此后，国内外复合材料尤其是价格比较便宜的玻璃纤维增强复合材料结构，在工程领域中的应用越来越多，如：韩国采用拉挤成型复合材料桥面板用于桥梁拓宽改造；美国采用复合材料夹芯结构板材制造桥面板、机场跑道和道路临时垫板；英国 Startlink Systems Ltd. 采用复合材料拉挤型材设计建造了模块拼装式框架结构房屋；瑞士洛桑联邦理工学院采用复合材料拉挤型材为梁、柱构件，采用泡沫夹芯复合材料板为屋盖，装配了一栋校园建筑；我国则采用复合材料制造大型桥梁防船撞系统等；同时复合材料在房屋、厂房等建筑领域的应用品种繁多，包括承载构件（如柱、桁架、梁、承重折板、屋面板等），在围护结构领域包括波纹板、隔墙板、遮阳板、天花板等，在门窗装饰材料方面包括门窗拉挤型材、装饰板等，在采暖通风材料方面包括如冷却塔、管道、栅板、风机、中央空调的通风橱、送风管、排气管、防腐风机罩等。

2. 结构加固补强

复合材料在基础设施领域的另一种重要应用是建筑、桥梁等结构的加固补强，自 20 世纪 80 年代开始，北美和欧洲一些国家将复合材料用于结构的修补与加固，与传统的钢板螺栓加固相比，复合材料加固具有施工简单、易操作、适用性强、无需专用设备、外形美观等优点。1987 年，德国的 Kattenbusch 大桥是第一座采用玻璃纤维复合材料层合板来加固桥梁的工程实例。1991 年，瑞士联邦材料测试与研究实验室（EMPA）采用碳纤维薄板增强技术加固修复了瑞士 Lucerne 的 Ibach 大桥。20 世纪 80 年代末及 90 年代初，日本的众多大学及科研机构相继大量进行了将复合材料用于结构加固修补的研究，在 1995 年日本发生阪神地震后，大量采用碳纤维复合材料加固修复了混凝土桥墩等结构。随后该技术在韩国、中国等国家和地区得到迅速的发展和应用，已形成了一系列设计软件、技术规范和学术专著，有效提升了各类工程结构的抗震、抗爆性能，取得了显著的社会经济效果。

1.2.6　其余领域

除上述几个领域外，复合材料在机械、电气、石化、体育及休闲器材等方面也得到越来越广泛的应用，如用碳纤维复合材料代替铝合金制作复合导线的芯线，具有更轻和更耐用的特点。其他如体育休闲用品中使用的复合材料例如自行车、鱼竿、高尔夫球杆、网球拍等都有了几十年的发展历史，市场也在不断扩大。

1.3　主要特点

复合材料结构的性能与传统钢、混凝土结构有很大差别，了解和掌握复合材料的优缺点，才能在工程结构应用中充分发挥它的优势，避免其不足。

1.3.1　复合材料结构优点

1. 比强度高

复合材料结构具有很高的比强度，即通常所说的轻质高强。基础设施领域常采用的玻璃纤维增强复合材料相对密度为 $1500\sim2000\mathrm{kg/m^3}$，只有碳素钢的 $1/5\sim1/4$，可是拉伸强度却接近，甚至超过碳素钢，因此采用复合材料可减轻结构自重。在桥梁工程中，使用复合材料结构或复合材料组合结构作为上部结构可使桥梁的极限跨度大大增加，可达 8000m 以上。在建筑工程中，采用复合材料的大跨空间结构体系的理论极限跨度要比传统材料结构大 $2\sim3$ 倍，因此，复合材料是获得超大跨度的重要途径。在抗震结构中，复合材料的应用还可以减轻结构自重，减小地震作用。另外，复合材料的应用也能使结构的耐疲劳性能显著提高。

2. 耐腐蚀

复合材料结构具有良好的耐腐蚀性能，复合材料有很好的抗微生物作用和耐酸、碱、有机溶剂及海水腐蚀作用的能力，对大气、水和一般浓度的酸、碱、盐以及多种油类和溶剂都有较好的抵抗能力，尤其适用于化工建筑、盐渍地区的地下工程、海洋工程和水下工程等。在美国每年因钢材腐蚀造成的工程结构损失高达 700 亿美元，近 1/6 的桥梁因钢筋锈蚀而严重损坏；我国目前因钢材锈蚀而造成的损失也在逐年增加。一些发达国家已经开始在寒冷地区和近海地区的桥梁、建筑中较大规模地采用复合材料结构或复合材料配筋混凝土结构以抵抗除冰盐和空气中盐分的腐蚀，极大地降低了结构的维护费用，延长了结构的使用寿命。

3. 可设计性

复合材料属于人工材料，其力学性能可在很大范围内进行设计，可通过使用不同的纤维材料、纤维含量、铺层形式和创新构型设计出各种强度指标、弹性模量以及特殊性能要求的复合材料结构。且可根据构件受力状况局部增强，既可提高结构的承载能力，又能节约材料、减轻自重。且复合材料成型方便，形状可灵活设计。

4. 耐疲劳

层合复合材料对疲劳裂纹扩张有"止扩"作用，这是因为当裂纹由表面向内层扩展时，到达某一纤维取向不同的层面时，会使得裂纹扩展的断裂能在该层面内发散，这种特性使得复合材料的疲劳强度大为提高。研究表明，钢和铝的疲劳强度是静力强度的50%，而复合材料可达90%。

5. 其他

较传统结构而言，复合材料结构还有很多其他优势，包括透电磁波、绝缘、隔热、隔声、热胀系数小等，使得复合材料在一些特殊场合能够发挥难以取代的作用，如雷达设施、地磁观测站、医疗核磁共振设备结构。另外，复合材料结构适合于在工厂生产、运送到工地、现场安装的工业化施工过程，有利于保证工程质量、提高劳动效率和建筑工业化。

1.3.2 复合材料的其他特性

纤维增强复合材料在工程结构设计与应用时还需重点关注其与传统结构材料不同的特性。

1. 各向异性

纤维增强复合材料与传统结构材料不同，复合材料构件通常为各向异性，沿纤维方向的强度和弹性模量较高，而垂直纤维方向的强度和弹性模量很低。由于复合材料的各向异性，在受力性能上会存在不同于传统结构材料的现象，增加了复合材料结构的分析与设计难度。

2. 弹性模量低

与钢材相比，大部分复合材料制品自身的弹性模量较低，尤其是玻璃纤维增强复合材料，大致与混凝土和木材在同一数量级。因此，复合材料结构的设计通常由变形控制。可通过设计复合材料构件的截面（如夹芯结构）、合理地与混凝土等材料组合以及采用预应力等方法控制结构的变形，补偿刚度的不足。

3. 强度与连接

复合材料的剪切强度、层间拉伸强度和层间剪切强度仅为其抗拉强度的5%～20%，而金属的剪切强度约为其拉伸强度的50%。这使得复合材料构件的连接成为突出的问题。复合材料结构可采用铆接、栓接和粘接，但不管哪种连接方式，连接部位往往都容易成为整个构件的薄弱环节。因此在复合材料结构设计中，一方面要尽量减少连接（如采用大型/异型构件一次成型），另一方面要重视连接的设计。

4. 防火性能

与混凝土相比较，一般的树脂基复合材料的防火性能较差，主要是由于多数树脂在高温下会软化，在树脂达到软化温度时（通常为70℃左右）力学性能会降低，而达到玻璃化温度（通常为300℃左右）时性态就会发生转变。但在复合材料的树脂材料中可掺入阻燃剂或在其表面进行防火处理，以提高其抗火性能。

5. 长期性与耐久性

复合材料的长期性能和耐久性是很多工程师和使用者所十分关心的问题。复合材料诞生仅 60 多年，应用于土木工程领域也仅 40 余年。还应注意的是，耐久性不仅仅是材料老化，还包括温度和湿度变化的影响、复合材料的蠕变和应力松弛以及玻璃纤维增强复合材料与混凝土碱性反应等问题，而且在实际环境下这些因素是共同作用、相互影响的，因此还需对复合材料结构的耐久性进行更为深入和广泛的研究。

1.4　发展方向

如前所述，复合材料结构具有体系新颖、轻质高强、节能环保、电磁屏蔽、抗冲击、耐腐蚀等特性，属于高性能多功能新材料结构，在交通、建筑、桥梁、船舶、海洋等领域具有广阔的应用前景。它必将成为传统结构材料的必要补充，使得以往工程中难以解决的一些问题迎刃而解，给土木等基础设施领域带来新的发展契机，并将显示不可忽视的综合经济效益。

为了促进复合材料结构在土木等基础设施领域的推广应用，须就其发展方向及关键问题展开深入认识与研究。

1.4.1　复合材料结构创新与先进制造

复合材料结构是基于基础材料（高强纤维、树脂、结构芯材等）通过系统集成和结构优化达到土木基础设施用大型复合材料结构件高性能化的目的，其结构创新形式将直接决定复合材料结构的受力与使用性能，由此探讨复合材料多层次结构体系创新组合理论势必成为复合材料结构的首要关键科学问题；同时复合材料结构成型需基于低成本且质量可控的工业化制造工艺，且需模拟分析成型过程中缺陷生成的机理与传递机制。因此，深入开展复合材料结构体系创新与先进制造研究，对于促进纤维复合材料在面向广大的工程领域应用意义重大。

1.4.2　复合材料结构分析模拟与设计理论

促进高强纤维等新材料应用的关键在于结构分析模拟与设计理论，需充分研究复合材料结构基本受力、长期蠕变和疲劳以及撞击、地震、爆炸、火场等极端条件下的损伤演化规律、受力机理与灾变行为，并在此基础上实现复杂服役环境中复合材料结构的精细化数值模拟，建立基于材料、界面和结构一体化可靠性设计理论，并实现复合材料结构的关键技术集成与重大示范工程应用，并开展新型复合材料结构无损检测技术研究，实现复合材料结构工程的全寿命服役性能长期监测。

1.4.3　复合材料长期耐候性能及其提升关键技术

基础设施领域复合材料结构使用环境恶劣，以具有国家战略意义的南海岛礁建设为例，复合材料结构面临高温、高湿、高盐、强紫外线、飓风、巨浪等极端恶劣环境耦合作用。因此温度、湿度、盐雾、紫外线等因素引起的长期耐候性能是复合材料领域的关键问题，亟需从根本上掌握其在强腐蚀等极端条件下的性能退化机理与提升技术。以提高复合材料结构长期耐候性能、延长服役寿命为主线，交叉融合土木工程、力学、物理、化学、材料等学科，研究多因素长期共同作用下复合材料结构宏观力学性能衰变规律，结合微观结构分析揭示其劣化机理，重点研发基于树脂改性及防护涂层的复合材料结构耐久性提升技术，提升设计和制造高寿命、可持续基础设施复合材料结构的能力，并建立安全可靠的复合材料结构寿命预测模型。

1.4.4 可持续发展绿色复合材料的研发

复合材料行业正面临越来越大的环境压力。随着行业的不断发展、纤维增强复合材料用量的增加，生产过程产生的废料和超过使用寿命而报废的产品也越来越多。据称，2015年，欧洲复合材料生产废料和报废的热固性复合材料之和达到 30.4 万吨。因此绿色复合材料及复合材料绿色化成为目前复合材料研究的一个热门领域。随着复合材料产业的飞速发展，如何解决复合材料的再生和循环利用，使其朝着环境协调化的方向发展，是目前国内外学者聚焦的重点。

参考文献

[1] Romanoff F，Varsta P. Bending Response of Web-Core Sandwich Beams [J]. Composite Structures，2006，73（4）：478-487.

[2] 叶列平，冯鹏. FRP 在工程结构中的应用与发展 [J]. 土木工程学报，2006，39（3）：24-36.

[3] Z S Wu，X Wang，K Iwashita. State-of-the-Art of Advanced FRP Applications in Civil Infrastructure in Japan. Composites&Polycon [C]. ampa FL USA：2007.

[4] P. A. Buchan，J. F. Chen. Blast resistance of FRP composites and polymer strengthened concrete and masonry structures - A state-of-the-art review [J]. Composites Part B，2007，38：509-522.

[5] 咸贵军，李惠. FRP 复合材料土木工程应用与耐久性 [J]. 材料工程，2010，（z1）：121-126.

[6] 吴刚，吴智深，胡显奇，等. 玄武岩纤维在土木工程中的应用研究现状及进展 [J]. 工业建筑. 2007，（z1）：410-415.

[7] 刘伟庆，方海. 纤维增强复合材料及其在结构工程中的应用研究 [A]. 海峡两岸复合材料研究与应用新进展 [C]. 北京：中国建筑工业出版社，2011：61-73.

[8] E. Schaumann，T. Valle'e，T. Keller. Direct load transmission in hybrid FRP and lightweight concrete sandwich bridge deck [J]. Composites Part A，2008，39：478-487.

[9] L. C. Hollaway. A review of the present and future utilisation of FRP composites in the civil infrastructure with reference to their important in-service properties [J]. Construction and Building Materials，2010，24：2419-2445.

[10] 施冬，刘伟庆，齐玉军. 新型轻木-GFRP 夹芯板拉挤成型工艺及其界面性能 [J]. 复合材料学报，2014，（06）：1428-1435.

[11] Srinivas Prasad，Leif A. Carlsson. Debonding and crack kinking in foam core sandwich beams—I. Analysis of fracture specimens [J]. Engineering Fracture Mechanics，1994，47（6）：812-824.

[12] Srinivas Prasad，Leif A. Carlsson. Debonding and crack kinking in foam core sandwich beams—II. Experimental investigation [J]. Engineering Fracture Mechanics，1994，47（6）：825-841.

[13] 泮世东，吴林志，孙雨果. 含面芯界面缺陷的蜂窝夹芯板侧向压缩破坏模式 [J]. 复合材料学报，2007，24（6）：121-127.

［14］党旭丹，肖军，李勇. X-cor 夹层结构复合材料力学性能实验研究进展［J］. 材料工程，2008，1（6）：76-80.

［15］郝继军，张佐光，李敏，等. X-cor 夹层复合材料平压性能分析［J］. 航空学报，2008，29（4）：1079-1083.

［16］Carstensen T C，Kunkel E，Magee C. X-Cor TM advanced sandwich core material［A］. In：33rd International Sampe Technical Conference［C］. Seattle，2001，11：452-466.

［17］Adams D O，Stanley L E. Development and evaluation of stitched sandwich panels，NASA/CR-2001-211025［R］. Washington：NASA，2001：1-166.

［18］马元春，俸翔，卢子兴，等. 缝纫泡沫夹芯复合材料板的稳定性分析［J］. 复合材料学报，2011，28（2）：201-205.

［19］方海，刘伟庆，万里. 点阵增强型复合材料夹层结构的制备与力学性能研究［J］. 建筑材料学报，2008，11（4）：496-499.

［20］Wang Lu，Liu Weiqing，Fang Hai，Wan Li. Behavior of sandwich wall panels with GFRP face sheets and a foam-GFRP web core loaded under four-point bending［J］. Journal of Composite Materials，2015，49（22）：2765-2778.

［21］WuZhimin，Liu Weiqing，Wang Lu，Fang Hai，David Hui. Theoretical and experimental study of foam-filled lattice composite panels under quasi-static compression loading［J］. Composites Part B，2014（60）：329-340.

［22］Lu Wang，Weiqing Liu，Li Wan，Hai Fang，David Hui. Mechanical performance of foam-filled lattice composite panels in four-point bending：Experimental investigation and analytical modeling［J］. Composites Part B，2014（67）：270-279.

［23］陈肇元. 土建结构工程的安全性与耐久性［M］. 北京：中国建筑工业出版社，2003：76-83.

［24］曹茂生，李大勇，荆天辅. 复合材料概论［M］. 哈尔滨：哈尔滨工业大学出版社，1999.

［25］（美）T G 古托夫斯基先进复合材料制造技术［M］.（李宏运，等译）. 北京：化学工业出版社，2004.

［26］吴刚，吕志涛. FRP 约束混凝土圆柱无软化段时的应力-应变关系研究［J］. 建筑结构学报，2003，24（5）：1-9.

［27］Cao S H，Wu Z S，Wang X. Tensile Properties of CFRP and Hybrid FRP Composites at Elevated Temperatures［J］. Journal of Composite Materials，2009，43（4）：315-330.

［28］滕锦光. FRP 加固混凝土结构［M］. 北京：中国建筑工业出版社，2005.

［29］Sam L. Building West Mill Bridge in Reinforced Plastics［J］. Reinforced Plastics，2003，47（1）：26-30.

［30］Alagusundaramoorthy P，Harik I E，Choo C C. Structural Behavior of FRP Composite Bridge Deck Panels［J］. Journal of Bridge Engineering，2006，11（4）：384-393.

［31］Bakis C E，Bank L C，Brown V L，et al. · Fiber Reinforced Polymer Composites for Construction-State of the Art Review［J］. · Journal of Composites for Construction，2002，6（2）：73-87.

［32］（英）布赖恩·哈里斯. 工程复合材料［M］. 陈祥宝，等译. 北京：化学工业出版社，2000.

［33］沈真. 复合材料结构设计手册［M］. 北京：航空工业出版社，2001.

［34］姜作义，张和善. 纤维-树脂复合材料技术与应用［M］. 北京：中国标准出版社，1990.

［35］（日）植村益次. 高性能复合材料最新技术［M］. 贾丽霞，等译. 北京：中国建筑工业出版社，1999.

［36］D HUANG. Structural behaviour of two-way fibre reinforced composite slabs［D］. Toowoomba：University of Southern Queensland，2004.

［37］ 单勇，谭艳. 复合材料在轨道交通领域的应用 ［J］. 电力机车与城轨车辆，2011，34（2）：9-12.

［38］ 俞程亮，赵洪伦，蒋伟明. 夹层板结构的特性及其在轨道车辆中的应用 ［J］. 铁道车辆，2005，43（10）：29-31.

［39］ 王胜国. 玻璃钢船结构发展趋势 ［J］. 纤维复合材料，1996，38（4）：38-41.

［40］ Y D S RAJAPAKSE. Composites for Marine Structures ［M］. Baltimore：University of Maryland，2002.

［41］ A P MOURITZ，E GELLERT，P BURCHILL，et al. Review of advanced composite structure for naval ships and submarines ［J］. Composite Structures，2001，53：21-41.

［42］ A T GRENIER，A NICHOLAS. Dembsey and Jonathan R. Barnett. Fire Characteristics of Cored Composite Marine Use ［J］. Fire Safety Journal，1998，30，137-159.

［43］ 周祝林，张长林. 舰船用玻璃钢夹层结构设计基础 ［J］. 中国造船，2004，45（3）：43-49.

［44］ 刘峻. 用于造修船的新型夹层板构件系统 ［J］. 船舶物资与市场，2005，（3）：17-18.

［45］ Halliwell S. In-service performance of glass reinforced plastic composites in building ［J］. Proc. the Institution of Civil Engineers：Structures and Buildings，2004，157（1）：99-104.

［46］ 曾宪桃，车惠民. 复合材料 FRP 在桥梁工程中的应用及其前景 ［J］. 桥梁建设，2000（2）：66-70.

［47］ 沃丁柱. 复合材料大全 ［M］. 北京：化学工业出版社，2000.

［48］ Lee SW，Hong KJ，Park S. Current and future applications of Glass-Fibre-Reinforced polymer decks in Korea ［J］. Structural Engineering International，2010；20（4）：405-408.

［49］ Davalos JF，Qiao PZ，Xu XF，Robinson J，Barth KE. Modeling and characterization of fiber-reinforced plastic honeycomb sandwich panels for highway bridge applications ［J］. Composite Structures，2001；52（3-4）：441-452.

［50］ Y. Bai，E. Hugi，C. Ludwig，T. Keller. Fire performance of water-cooled GFRP columns Part I：Fire endurance investigation ［J］. ASCE Journal of Composites for Construction，2011，404-412.

［51］ 刘伟庆，方海，祝露，韩娟，吴志敏. 船—桥碰撞动力学机理及复合材料防撞系统 ［J］. 东南大学学报，2013，43（5）：1080-1086.

［52］ Hai Fang，Yifeng Mao，Weiqing Liu，et al. . Manufacturing and Evaluation of Large-scale Composite Bumper System for Bridge Pier Protection against Ship Collision ［J］. Composite Structures，2016，158：187-198.

［53］ Chajes MJ，Karbhari VM，Mertz DR，Kaliakin VN，Faqiri A，Chaudhri M. Rehabilitation of Cracked Adjacent Concrete Box Beam Bridges. Proceedings of the Symposium on Practical Solutions for Bridge Strengthening and Rehabilitation，Lowa：Des Moines，1993.

［54］ Meier U，Deuring M，Meier H. Strengthening of Structures with CFRP Laminates：Research and applications in Switzerland. Advanced Composites in Civil Engineering Structures，ASCE，1992，21（2）：224-232.

［55］ 欧谨，刘伟庆. 阪神地震后建筑物的修复方法与实例 ［J］. 工程抗震与加固改造，1998（4）：18-22.

［56］ 杨允表，石洞. 复合材料在桥梁工程中的应用 ［J］. 桥梁建筑，1997，（4）：1-4.

［57］ Lee J，Kim Y，Jung J，Kosmatka J. Experimental Characterization of a Pultruded GFRP Bridge Deck for Light-Weight Vehicles ［J］. Composite Structures，2007，80（1）：141-151.

［58］ Wang J，GangaRao H，Liang RF，Liu WQ. Durability and prediction models of fiber-reinforced polymer composites under various environmental conditions：A critical review ［J］. Journal of Reinforced Plastics and Composites，2016，35（3）：179-211.

第2章 组成材料及性能

复合材料是指由两种以上的材料组合形成的非均匀新材料，它除了保留原组分材料的主要特点外，还能通过复合效应获得原组分材料所不具备的新的优异性能。复合材料的组成材料主要包括增强材料纤维、树脂基体和芯材。纤维材料主要包括：玻璃纤维、碳纤维、芳纶纤维、玄武岩纤维以及其他纤维等。树脂基体主要分为热固性树脂和热塑性树脂。芯材通常为蜂窝、轻木、泡沫或其他。

2.1 纤维

在树脂基复合材料中，纤维主要起承载作用。材料在普通状态下的强度和刚度并不高，但一旦使它们处于定向结构的纤维状态时，就显示出了惊人的强度和刚度，这是因为纤维的直径很细，基本上消除了在普通状态下材料内部的晶粒错位、空隙等缺陷，从而使其机械强度接近于分子间的结合力，表现出非常高的性能。常用的纤维包括玻璃、碳、芳纶、玄武岩、其他纤维等。

2.1.1 玻璃纤维

玻璃纤维按其性能的不同可以分为无碱玻璃纤维（E-玻璃）、中碱玻璃纤维（C-玻璃）、高碱玻璃纤维（A-玻璃）、高强度玻璃纤维（S-玻璃）以及高模量玻璃纤维（M-玻璃）。E-玻璃、C-玻璃、A-玻璃中含碱量依次增加，其强度、价格却依次降低，表 2-1 为几种玻璃纤维的性能比较。E-玻璃是一种铝硼硅酸玻璃，金属氧化物含量小于 0.8%。E-玻璃是目前应用最广泛的一种玻璃纤维，具有良好的电气绝缘性及机械性能，它的缺点是易被无机酸侵蚀，不适于酸性环境。C-玻璃的金属氧化物含量大于 0.8%而小于 14%，其特点是耐化学性特别是耐酸性优于 E-玻璃，但电气性能差，机械强度低于 E-玻璃纤维 10%~20%。A-玻璃为碱性玻璃纤维，因耐水性很差，很少用于生产玻璃纤维。目前用于高性能复合材料的玻璃纤维主要有 S-玻璃纤维、石英玻璃纤维和高硅氧玻璃纤维等。由于

常温下各种玻璃纤维性能比较　　　　　　　　　　　　　　　　　　表 2-1

材料	抗拉强度 （GPa）	抗拉模量 （GPa）	伸长度 （%）	热膨胀系数 （10^{-1}/K）	比重 （g/cm³）	导热系数 [W/(mK)]	比热 [kJ/(kg·K)]
E-玻璃	3.44	81.3	4.8	5.4	2.55	0.87	0.825
C-玻璃	3.31	—	4.8	6.3	2.56		0.787
S-玻璃	4.58	86.8	5.7	2.8	2.5		0.737
石英	3.4	69	—	0.5	2.2	—	0.96

S-玻璃纤维性价比较高，因此增长率也比较快，年增长率达到 10% 以上。石英玻璃纤维及高硅氧玻璃纤维属于耐高温的玻璃纤维，是比较理想的耐热防火材料，用其增强酚醛树脂可制成各种结构的耐高温、耐烧蚀的复合材料部件，大量应用于火箭、导弹的防热材料。

玻璃纤维在民用复合材料领域应用广泛，其价格低廉，是一种性能优异的无机非金属材料，种类繁多，优点是绝缘性好、耐热性强、抗腐蚀性好，机械强度高，但缺点是性脆，耐磨性较差。它是以玻璃球或废旧玻璃为原料经高温熔制、拉丝、络纱、织布等工艺制造成的，其单丝的直径为几微米到二十几微米，相当于一根头发丝的 1/20～1/5，每束纤维原丝都由数百根甚至上千根单丝组成。玻璃纤维按单丝直径可以分为粗纤维（单丝直径一般为 30μm）、初级纤维（单丝直径大于 20μm）、中级纤维（单丝直径 10～20μm）以及高级纤维（单丝直径 3～10μm），对于单丝直径小于 4μm 的玻璃纤维又称为超细纤维。单丝直径不同，不仅纤维的性能有差异，而且影响到纤维的生产工艺、产量和成本。

以玻璃纤维纱线织造的各种玻璃纤维布称为玻璃纤维织物。玻璃纤维织物分为机织物与针织物两大类。玻璃纤维织物的主要形式有玻璃布、玻璃纤维带、玻璃纤维单向布、玻璃纤维立体织物、玻璃纤维异形织物、玻璃纤维槽芯织物和玻璃纤维缝编织物。其中，玻璃纤维布有五种基本的织纹如图 2-1 所示。平纹（Plan，类似方格布）、斜纹（Twill，一般±45°）、缎纹（Statin，类似单向布）、罗纹（Leno，玻璃纤维网格布主要织法）和席纹（Matts，类似牛津布）。玻璃布主要用于生产各种电绝缘层压板、印刷线路板、各种车辆车体、贮罐、船艇、模具等。玻璃纤维带则常用于制造高强度、介电性能好的电气设备零部件。玻璃纤维异形织物的形状和它要增强的制品形状相似，必须用专用的织机织造。而玻璃纤维缝编织物既不同于普通的织物，也不同于通常意义的毡。最典型的缝编织物是一层经纱与一层纬纱重叠在一起，通过缝编将经纱与纬纱编织在一起成为织物。其中最值得一提的是玻璃纤维立体织物，立体织物是相对平面织物而言，其结构特征从一维二维发展到了三维，从而使以此为增强体的复合材料具有良好的整体性和仿形性，大大提高了复合材料的层间剪切强度和抗损伤容限，玻璃纤维织物增强体的几种类型如图 2-2 所示。玻璃纤维三维复合材料具有比强度高、比模量大、特殊力学性能耦合性好等优点，可用来制造各种结构的主要承载构件，已广泛用于建材、交通运输、航空、航天、国防军工等各个领域。

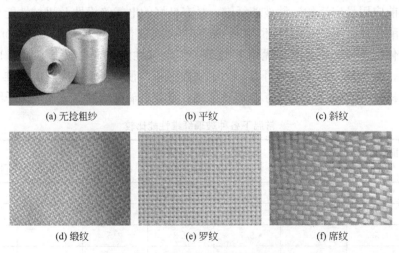

(a) 无捻粗纱　　(b) 平纹　　(c) 斜纹

(d) 缎纹　　(e) 罗纹　　(f) 席纹

图 2-1　玻璃纤维产品的主要形式

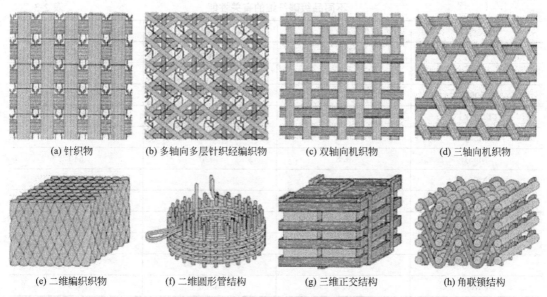

| (a) 针织物 | (b) 多轴向多层针织经编织物 | (c) 双轴向机织物 | (d) 三轴向机织物 |

| (e) 二维编织织物 | (f) 二维圆形管结构 | (g) 三维正交结构 | (h) 角联锁结构 |

图 2-2　玻璃纤维织物增强体的类型

与传统金属材料相比，玻璃纤维具有很多优异性能，特征如下：拉伸强度高，断裂伸长率小（约 3%）；弹性系数高，刚性好；在弹性限度之内吸收冲击能量大；属于无机纤维，耐介质性良好，耐热性能和尺度稳定性优良；经偶联剂处理后与树脂结合性能良好；价格低廉。玻璃纤维是树脂基复合材料中常用的增强材料。

2.1.2　碳纤维

碳纤维主要是由碳元素组成的一种特种纤维，由聚丙烯腈纤维、沥青纤维或粘胶纤维等经热稳定氧化处理、碳化处理及石墨化等工艺制成的含碳量为 90% 以上的纤维，其中含碳量高于 99% 的称石墨纤维。转化过程中，原料不同，碳化历程不同，形成的产物结构和性能也都不同。按碳纤维原丝不同主要可以分为：聚丙烯腈基碳纤维（市场上 90% 以上为该种碳纤维），黏胶基碳纤维，沥青基碳纤维，表 2-2 为各种材质碳纤维的主要性能。世界上生产聚丙烯腈基碳纤维的公司主要有日本的东丽、东邦集团、美国的 Hexcel 和 Cytec 集团以及中国台湾的台丽集团等。日本东丽公司在质量和产量上均居首位，其生产的 T300 和 T700 系列碳纤维目前已成为碳纤维生产行业的标准。经过近 10 年的发展，我国碳纤维行业实现了快速发展，目前生产能力初具规模，应用领域不断拓展，已初步建立起碳纤维制造和应用的全产业链。不同品级碳纤维的有关性能如表 2-3 所示。

各种材质碳纤维的主要性能　　　　　　　　　　　　　　　　表 2-2

性能	聚丙烯腈基碳纤维	沥青基碳纤维	黏胶基碳纤维
抗拉强度(MPa)	2500～3100	1600	2100～2800
抗拉模量(GPa)	207～345	379	414～552
密度(kg/m³)	1.7～1.8	1.7	2.0
断裂伸长率(%)	0.6～1.2	1	0.7

不同品级碳纤维的有关性能   表 2-3

类型	伸长率(%)	抗拉强度(MPa)	抗拉模量(GPa)
T300	1.7	3500	230
T700S	2.1	4900	230
T800H	1.9	5490	294
T1000G	2.2	6370	294
M50J	0.8	4120	475
M55J	0.8	4020	540
M60J	0.7	3920	588
IM400	1.5	4510	295
IM600	2.0	5690	285
UM40	1.2	4900	380
UM55	0.7	4020	540
UM68	0.5	3300	650

　　按碳纤维规格不同主要可以分为：1K（1K 为 1000 根长丝）碳纤维布，3K 碳纤维布，6K 碳纤维布，12K 碳纤维布，24K 及以上大丝束碳纤维布。按碳纤维碳化过程不同主要可以分为：石墨化碳纤维布，可以耐 2000～3000℃高温；碳纤维布，可以耐 1000℃左右高温；预氧化碳纤维布，可以耐 200～300℃高温。常见碳纤维产品的几种形式如图 2-3 所示。

  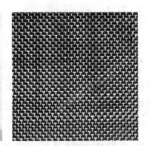

(a) 短切碳纤维　　　　　　　(b) 不同丝束的碳纤维　　　　　　(c) 碳纤维布

图 2-3　常见碳纤维产品的形式

　　碳纤维具有极佳的耐热性和耐高温性（可耐 2000℃高温），热膨胀系数几乎为零，密度只有 $1.76\sim1.81g/m^3$，比强度和比模量高，无蠕变，耐疲劳性好，比热及导电性介于非金属和金属之间，纤维的密度低，X 射线透过性好，具有自润滑性，摩擦系数小，耐磨性能优异等优点。碳纤维的拉伸性能直接决定碳纤维增强复合材料的力学性能，而碳纤维性能的好坏直接受原丝的影响。因此，制备出高质量、性能稳定的碳纤维原丝，成为影响碳纤维性能的关键。原丝的直径对碳纤维力学性能有较大的影响。碳纤维原丝的直径愈小，其制备的纤维拉伸强度愈高。如东丽公司的 T300 碳纤维，单丝直径为 $7\mu m$，抗拉强度为 3.53GPa，抗拉模量为 230GPa；抗拉强度高达 7.06GPa、抗拉模量达 294GPa 的 T1000 碳纤维，其单丝直径仅 $5.3\mu m$。东丽公司研发的碳纤维拉伸强度达到了 9.03GPa，而单丝直径却非常小，仅为 $3.2\mu m$。

碳纤维作为增强体的复合材料具有广阔的前景，既可作为结构材料承载负荷又可作为功能材料发挥作用。碳纤维增强复合材料具有许多优势：它的密度不到钢的 $1/4$，抗拉强度一般在 $3500MPa$ 以上，是钢的 $7 \sim 9$ 倍，抗拉弹性模量为 $230 \sim 430GPa$ 也高于钢；其力学强度、弹性模量可调，可根据需要设计出强度达到或超过金属，而刚度低于金属的复合材料，这一点与"高强度、低模量"大趋势相吻合；抗疲劳、耐冲击、耐磨损性能优异。在基质材料中加入少许碳纤维能明显地降低材料的磨损率和摩擦系数；材料性能的可设计性使其在很大范围内满足多种刚度要求。因此碳纤维增强复合材料已被广泛用于民用、军用、建筑、化工、航天及交通领域。其中在土木建筑领域，碳纤维已应用于工业与民用建筑、桥梁、隧道、烟囱、塔结构等的加固补强，具有密度小、强度高、耐久性好、柔韧性佳、应变能力强的特点。

2.1.3　芳纶纤维

芳纶是一种聚合物大分子的主链由芳香环和酰胺键构成，且其中至少有85％的酰胺基（—CONH—）直接键合在芳香环上，每个重复单元的酰胺基中的氮原子和羰基均直接与芳香环中的碳原子相连并置换其中的一个氢原子的聚合物。采用这类聚合物制成的纤维称为芳香族聚酰胺纤维。美国贸易联合会 FTC 于 1974 年将芳香族聚酰胺命名为"Aramid"，我国将芳香族聚酰胺纤维命名为芳纶纤维。从结构上来看，芳纶纤维主要分为对位芳纶和间位芳纶：对位芳纶纤维包括聚对苯甲酰胺纤维（PBA）和聚对苯二甲酰对苯二胺纤维（PPTA）。其中 PBA 纤维有 B 纤维，HGA 纤维和我国的芳纶 14。PPTA 纤维有 Kevlar、Kevlar-29、Kevlar-49、Twaron（荷兰）和我国的芳纶 1414，这一类纤维是世界生产的主要品种，也是重要的复合材料的增强材料。PBA 和 PPTA 分子结构式如图 2-4 所示。从结构可知，对位芳纶大分子构型为沿轴向伸展链结构，呈刚性分子直链结构，分子对称性高，定向程度和结晶度高，故此类纤维具有高强、高模、低密度、尺寸稳定性好、耐高温、耐化学腐蚀及优异的力学性能和抗疲劳性等特性。

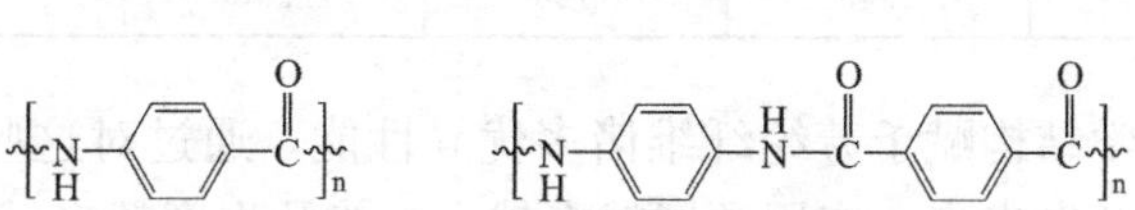

(a) 聚对苯甲酰胺纤维　　　　(b) 聚对苯二甲酰对苯二胺纤维

图 2-4　对位芳纶纤维分子结构式

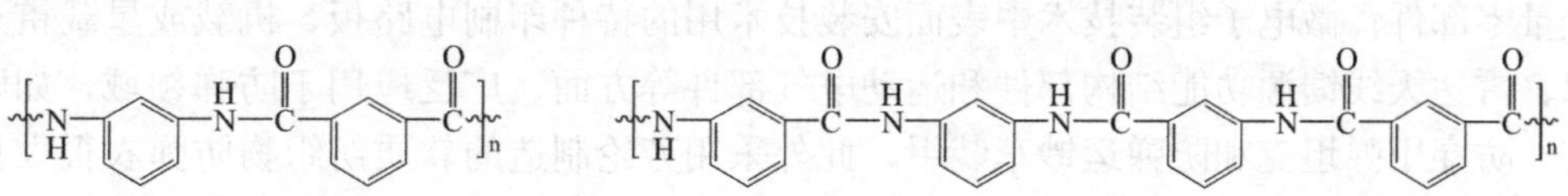

(a) 聚间苯二甲酰间苯二胺纤维　　　(b) 聚N-N-间苯双-(间苯甲酰胺)对苯二甲酰胺纤维

图 2-5　间位芳纶纤维分子结构式

间位芳纶纤维包括聚间苯二甲酰间苯二胺纤维（MPIA）和聚 N-N-间苯双-(间苯甲酰胺）对苯二甲酰胺纤维，如图 2-5 所示。其中 MPIA 纤维有 Nomex（美国杜邦公司）、Conox（日本帝人公司）和我国的芳纶 1313。聚 N-N-间苯双-(间苯甲酰胺）对苯二甲酰胺纤维主要包括美国 Monsanto 公司的 M3P。聚间苯二甲酰间苯二胺纤维和聚 N-N-间苯双-(间苯甲酰胺）对苯二甲酰胺分子结构式如图 2-5 所示。间位芳纶纤维的大分子链呈锯齿状。间位芳纶具有优良的物理和力学性能，极佳的耐火和耐氧化性，在酸、碱、漂白剂、还原剂及有机溶剂中的稳定性很好。

芳纶纤维具有高强度、高模量、良好的抗冲击性、耐高温、耐化学腐蚀、耐疲劳性能和尺寸稳定性等优异性能。其强度比一般有机纤维高 3 倍，是钢丝的 5～6 倍，模量远大于玻璃纤维和钢丝，该纤维具有良好的热稳定性，当使用温度高达 180℃时仍能保持较高的力学性能，可长时间在 300℃的高温环境下工作，分解温度高达 560℃。此外在高性能纤维中，芳纶纤维的密度较小，比玻璃纤维轻 40％左右，比典型的碳纤维轻 20％左右，只及钢的密度的 1/5。芳纶纤维兼具无机纤维的物理性能和有机纤维的加工性能，但其压缩性能、剪切性能、耐磨性能、耐紫外线性能都较差。各国芳纶纤维的性能比较如表 2-4所示。

世界各国芳纶纤维性能的比较 表 2-4

商品名	生产国家	密度 (g/cm³)	直径 (μm)	抗伸强度 (GPa)	弹性模量 (GPa)	断裂伸长率 (％)
Kevlar29	美国	1.44	12	2.8	63	3.6
Kevlar49	美国	1.45	12	3.6	124	2.4
Kevlar149	美国	1.47	12	3.45	179	1.3
Twaron	荷兰	1.44	12	3.0～3.1	125	2.5
Technora	日本	1.39	12	2.8～3.0	70～80	4.6
Terlon	俄罗斯	1.45～1.47	10～12	2.7～3.5	130～145	4.4～4.6
SVM	俄罗斯	1.45～1.46	12～15	4.2～4.5	135～150	3.0～3.5
Armos	俄罗斯	1.45	14～17	4.4～5.5	140～160	3.5～4.0
芳纶 14	中国	1.43	12	2.7	176	1.45
芳纶 1414	中国	1.43	12	2.98	103	2.7

独特而稳定的化学结构赋予芳纶纤维诸多优异性能，通过对这些特性加以综合利用，一系列新产品不断地开发出来，应用领域越来越广，普及程度越来越高，已成为军事、产业、科技等许多领域不可或缺的重要基础材料。芳纶纤维主要应用在制作大型飞机的二次结构材料，如机舱门、机翼等；火箭固体发动机壳体和飞机用的层叠混杂增强铝材及飞机的轻量零部件；微电子组装技术中表面安装技术用的特种印刷电路板，机载或星载雷达天线罩、雷达天线馈源功能结构部件和运动电气部件等方面；广泛应用于防弹领域，如防弹头盔、防穿甲弹坦克和防弹运钞车装甲，此外采用芳纶制造的软质纺织物防弹衣很大程度上改善了防弹衣的舒适性；由于芳纶具有轻质高强、耐腐蚀、无磁性、绝缘性等特点，在土木建筑领域有广阔的应用前景，可以取代石棉来增强水泥，也可取代金属材料提供轻结构、高强度构件，以及对结构进行加固补强。

2.1.4 玄武岩纤维

玄武岩矿石在地球表面上已存放了数百万年，经受着多种气候因素的作用，是最坚固的硅酸盐矿石之一。将玄武岩矿石破碎后在 1450～1500℃下熔融纺丝，可以制得具有天然的强度和对腐蚀性介质作用的稳定性、耐用性、电绝缘性玄武岩纤维。20 世纪 60 年代初，就出现了玄武岩连续纤维，从 70 年代开始，美国和德国的科学家就对玄武岩连续纤维进行了大量的研究，但未能实现工业化生产。使用组合炉拉丝工艺进行大规模生产要追溯到 1985 年的乌克兰纤维实验室（TZI）。玄武岩纤维是由单一的火山喷出岩作为原料，将其破碎后加入焰窗熔融后通过销链合金拉丝漏板拉丝而制成，其主要成分是 SiO_2、Al_2O_3，还有少量的 CaO、MgO、Fe_2O_3、FeO、TiO_2、K_2O、Na_2O 以及少量的杂质。玄武岩纤维与几种玻璃纤维成分比较如表 2-5 所示。

玄武岩纤维与几种玻璃纤维成分比较 表 2-5

成分（wt%）	玄武岩纤维	C-玻璃纤维	E-玻璃纤维	S-玻璃纤维
SiO_2	51.6～53.9	65.7～67.7	52.0～53.4	65.0
Al_2O_3	14.6～18.3	—	13.5～14.5	25.0
B_2O_3	—	5.4～6.4	8.0～9.0	—
CaO	5.9～9.4	3.5～4.5	18.5～19.5	—
MgO	3.0～5.3	3.6～4.4	3.6～4.4	10.0
K_2O+Na_2O	3.6～5.2	13～14	0～1	—
TiO_2	0.8～2.25	—	0～0.5	—
Fe_2O_3+FeO	9.0～14.0	—	0～0.6	少量
F_2	—	—	0～0.5	—
其他	0.09～0.13			

宏观结构上，玄武岩纤维的外观很像一根极细的管子，呈光滑的圆柱状，其截面呈完整的圆形。该结构是由于纤维成形过程中，熔融玄武岩被牵伸和冷却成固态的纤维前，在表面张力作用下收缩成表面积最小的圆形所致。表 2-5 列出了玄武岩纤维与几种玻璃纤维的组成成分及含量。由表 2-5 可知：玄武岩纤维中 SiO_2 含量最多，占 50% 以上，SiO_2 的存在赋予了玄武岩纤维优良的机械性能和化学稳定性；Al_2O_3 的含量占 14.6%～18.3%，它的存在进一步提高了纤维的化学稳定性；同样，CaO、MgO 的存在也可以使纤维的机械性能得到提高，与此同时，MgO 在某种程度上还可替代 CaO，一定量的替代还可以提高纤维的化学稳定性和表面张力；玄武岩纤维中 Fe_2O_3、FeO 的含量占 9.0%～14.0%，玄武岩矿石中 Fe 的含量越多，纤维颜色就越深，而且 Fe 的存在还可以提高纤维的使用温度；除此之外，玄武岩纤维中还含有少量的 K_2O、Na_2O、TiO_2 等成分，这些成分可以使纤维的防水性和耐腐蚀性得到进一步提高。由此可见，不同的化学组分可赋予纤维某些特定的性能，因此可以通过选取不同成分含量的玄武岩矿石制备出具有特殊性能的特种玄武岩纤维。

纯天然的玄武岩纤维一般是褐色的，颜色类似于金色，纤维表面比较光滑，截面呈圆形。由表 2-6 可以看出，玄武岩纤维的拉伸强度优于芳纶纤维，与玻璃纤维基本类似，但要低于碳纤维。玄武岩纤维可以增强桥隧道、堤坝、楼板等类混凝土结构、沥青混凝土路面、机场跑道和其他易受潮湿、盐类与碱性混凝土介质腐蚀而导致金属钢筋腐蚀的建筑构件。但是，由于玄武岩纤维的表面光滑，其作为复合材料的增强体时，与树脂基体的浸润性差，界面粘结强度差，影响了纤维与树脂的复合效果。因此界面改性对于玄武岩纤维增强复合材料至关重要。

玄武岩纤维与其他纤维比较 　　　　表 2-6

性能	玄武岩纤维	E 玻璃纤维	S 玻璃纤维	芳纶纤维	碳纤维
抗拉强度（MPa）	3000～4500	3100～3800	3600～4600	2900～3400	3500～6000
弹性模量（GPa）	79～93	73～78	70～90	70～140	230～600
断裂伸长率（%）	1.5～3.2	2.7～3.0	2.0	2.8～3.6	1.3～2.0
密度（g/m^3）	2.6～2.8	2.5～2.6	2.54～2.64	1.7～2.2	1.7～2.2
使用温度（℃）	−260～650	−60～350	—	最高 250	最高 2000
导热系数［W/(m·K)］	0.031～0.038	0.034～0.04	—	0.04～0.13	5～185
比体积电阻（Ω·m）	$1×10^{12}$	$1×10^{11}$	—	$3×10^{15}$	$2×10^{-5}$
吸声系数	0.9～0.99	0.8～0.93	—	—	—

2.1.5 其他纤维

除了上述常用的复合材料增强纤维以外，还有其他高性能纤维包括硼纤维、碳化硅纤维、高强聚乙烯纤维以及天然纤维等。

1. 硼纤维

硼纤维是一种采用化学气相沉积法使硼纤维沉积在钨丝或碳纤维芯材上制得的直径为 100～200μm 的连续单丝。硼纤维的密度只有钢材的四分之一，强度比普通金属（钢、铝等）高 4～8 倍。硼的硬度极高，仅次于金刚石，比碳化硅几乎高 40%，比碳化钨高一倍。在惰性气体中，硼纤维的高温性能良好。在空气中超过 500℃时，强度显著降低。硼纤维具有高强度、高模量和低密度的显著特点，是制备高性能复合材料用的重要增强纤维材料，可与金属、塑料、陶瓷复合，制成高温结构用复合材料。硼纤维活性大，在制作复合材料时易与基体相互作用，影响材料的使用，故通常在其上涂敷碳化硼、碳化硅等涂料，以提高其惰性。由于其较高的比强度和比模量，在航空、航天和军工领域获得广泛应用。但是由于其价格相对于其他纤维偏高，实际生产生活中大规模推广应用有一定难度。

2. 碳化硅纤维

碳化硅纤维是以有机硅化合物为原料经纺丝、碳化或气相沉积而制得具有 β-碳化硅结构的无机纤维，属陶瓷纤维类。碳化硅纤维是日本东北大学金属材料研究所矢岛圣使先生在 1975 年首先开发成功的一种新型高科技无机纤维，最高使用温度达 1200℃，其耐热性和耐氧化性均优于碳纤维，强度达 1960～4410MPa，在最高使用温度下强度保持率在 80% 以上，模量为 176.4～294GPa，化学稳定性也好。碳化硅纤维具有高强度、高模量、耐高温、线膨胀系数小、抗氧化、抗腐蚀、抗蠕变、易加工织布、编织等特性，尤其是与金属和氧化物系陶瓷材料相比具有更高的相容性，因此作为高温耐热材料，碳化硅纤维增强树脂、金属、陶瓷基复合材料广泛用于尖端科技领域。

3. 高强聚乙烯纤维

高强聚乙烯纤维是继碳纤维、芳纶纤维之后出现的第三代高性能纤维，它不仅是目前高性能纤维中，比模量、比强度最高的纤维，并且具有耐磨性好、耐冲击性好、耐化学药品性好、不吸水、生物相容性好、电性能好和比重轻等优点。同时由于原料聚乙烯易得，若大规模应用，其生产成本可望较低，特别是熔体纺丝和原液纺丝技术的应用，更有望大大降低其生产成本。因此高强聚乙烯纤维增强复合材料是一种在很多领域具有极强竞争力的品种。但是由于高强聚乙烯纤维的软化点较低，在重荷下易产生蠕变，而限制了其在耐温及结构型复合材料领域中的应用。另外，由于高强聚乙烯纤维表面没有任何反应活性点，不能与树脂形成化学键合，而且其表面能极低、不易被树脂润湿、又无粗糙的表面以供形成机械啮合点，因此界面粘合性成为该复合材料生产过程中的首要问题。目前提出的方法有：等离子体处理法、化学氧化法、化学接枝法、辐射接枝法、臭氧氧化法等。高强聚乙烯纤维在防弹复合材料、抗高速冲击的复合材料、防爆炸用复合材料、海上用复合材料、生物医用复合材料、具有独特电性能的复合材料等领域具有广阔的应用前景。

4. 天然纤维

天然纤维是与合成纤维相对而言，指自然界生长的纤维材料。天然纤维根据来源可分为矿物纤维、动物纤维和植物纤维。矿物纤维如石棉等，是一种优良的耐火材料，建筑工业应用较多。动物纤维的主要化学成分是蛋白质，又称为蛋白质纤维，如羊毛、兔毛、蚕丝等，在纺织行业应用较多。目前在天然纤维复合材料中应用较多的是植物纤维。植物纤维的主要化学成分是纤维素，又称纤维素纤维。植物纤维根据来源又可分为韧皮纤维（如黄麻纤维、苎麻纤维、大麻纤维等），种子纤维（如棉纤维、椰壳纤维等），叶纤维（如剑麻纤维等），茎秆类纤维（如木纤维、竹纤维以及草茎纤维等）。韧皮纤维、木纤维和竹纤维是用作天然纤维复合材料增强体的主要材料。各种天然纤维的性能比较如表 2-7 所示。

各种天然纤维的性能比较　　　　　　　　　　　　　　　　　　表 2-7

纤维	密度 (g/m³)	单纤维拉伸强度 (MPa)	比强度 (MPa·cm³/g)	杨氏模量 (GPa)	比模量 (GPa·cm³/g)	断裂伸长率 (%)
亚麻	1.5	345～1100	230～733	27.6	18.4	2.7～3.2
棉	1.5～1.6	287～800	180～516	5.5～12.6	3.5～8.2	7～8
黄麻	1.3～1.4	393～773	286～562	13～26.5	9.5～19.3	1.16～1.5
苎麻	1.5	400～938	267～625	61.4～128	40.9～85.3	1.2～3.8
剑麻	1.45	468～640	323～441	9.4～22.01	6.5～15.2	3～7
椰壳纤维	1.15	131～175	114～152	4～6	3～5	15～40

天然纤维与合成纤维相比，具有价格低、密度小、易降解等优点。随着人们环保意识的增强，天然纤维作为一种"绿色材料"，越来越受到人们的重视，应用范围不断扩大，特别是作为树脂基复合材料增强体发展十分迅速。虽然其增强复合材料的弯曲强度仅为玻璃纤维增强复合材料的 55% 左右，弯曲模量和拉伸模量仅为玻璃纤维增强复合材料的 35%～50%，但在非结构件和半结构件应用领域还是具有非常强的竞争力。与目前常用的合成纤维相比，天然纤维及其复合材料具有如下性能优势：质轻密度小，价格低廉；原料来源广泛，植物纤维尤其是麻纤维生长周期短、生长环境要求不高，且生长、收获、加工的能量消耗较少，原材料成本低；性能优异，天然纤维复合材料的隔热、吸声性能好，耐

冲击，无脆性断裂，具有良好的刚度、切口韧性、断裂特性、低温特性等；有助于环保，天然纤维选择适当的基体材料可以制成可完全降解的复合材料，废弃的天然纤维复合材料产品对环境不会造成污染，从而解决了困扰人类发展的环境问题。但是，天然纤维也存在着一些缺陷，如：高吸湿性、机械性能的多变性、由于真菌和风化作用而变质以及纤维/基体间的低界面强度等，因此，在对纤维表面进行适当处理的同时，必须精心选择不同特性纤维与基体的组合、复合材料的加工方法与生产工艺，以尽可能减少因纤维自身的性能特点而带来的问题，从而改善天然纤维增强复合材料的性能，同时拓宽其应用范围。

2.1.6 纤维性能价格比较

纤维在纤维增强复合材料中主要作用为：承担荷载；提供力学性能；提供电绝缘等其他性能。土木工程中常用的增强纤维有玻璃纤维、碳纤维和玄武岩纤维等，各类纤维性能价格比较如表 2-8 所示。玻璃纤维增强复合材料是一种性价比优异的材料，在民用复合材料领域应用广泛。

各类纤维性能价格对比 表 2-8

纤维种类		典型代表	拉伸强度 (MPa)	拉伸模量 (GPa)	断裂伸长 率 (%)	密度 (g/cm³)	价格 (元/kg)
玻璃纤维	E 玻璃纤维	—	3100~3800	93~120	~2.0	2.54~2.89	5~15
	S 玻璃纤维	—	3600~4600	70~90	~2.0	2.54~2.64	5~20
碳纤维	标准弹性模量 (SM)	日本东丽 T300, T700 SC	>2500	200~280	1.5~2.0	1.76~1.81	200
	中等弹性模量 (IM)	日本东丽 T800 HB, T10000 GB	>4500	280~350	1.73~1.81	1.5~2.2	3500~4000
	高弹性模量 (HM)	日本东丽 M40 JB, M50 JB	>4500	350~600	0.5~1.3	1.75~1.95	3200
	超高弹性模量 (UHM)	日本东邦 UM 63, UM 68	>4500	>600	0.5~0.6	1.95~1.96	3800
芳纶纤维	Kelvar 49	美国杜邦 Kevlar 纤维	2900~3400	70~140	2.8~4.4	1.43~1.47	300~400
	Kelvar149	荷兰阿克斯-诺贝尔 Twaron	2800~3100	65~120	2.0~3.4	1.44	200~350
	HM-50	俄罗斯 CBM、APMOC 芳纶纤维	4000~5000	130~145	3.5~4.0	1.43	150~280
玄武岩纤维	—	—	3000~4500	79~93	1.5~3.2	2.6~2.8	30~40

传统的单一纤维已经满足不了性能需求，由两种或两种以上的纤维混杂，通过改变其组分、质量分数、混杂方式以及复合结构，可以得到不同力学性能的混杂纤维成为一种新型的研究方向。由于增强材料是两种或者两种以上纤维的混杂物，混杂纤维增强复合材料不仅保留了单一纤维复合材料的优点，更具有单一纤维增强复合材料所不具备的优良特性，进行合理混杂后，可以用一种纤维的优点来弥补另一种纤维的缺点，使纤维之间相互取长补短，匹配协调。通常用混杂纤维复合材料制造的结构材料，其抗冲击性、抗疲劳性

和耐腐蚀性等都是很优异的。不仅在航空、航天领域，而且在船舶、建筑、汽车、医疗等许多领域都有广阔的应用前景。

2.2　树脂

在树脂基复合材料中，树脂基体的主要作用体现在：粘结作用；隔离作用；保护作用；定型作用；影响延展、冲击等性能；影响破坏模式。树脂基复合材料结构的成型工艺主要取决于树脂基体的工艺，同时，其部分性能，例如使用温度、层间强度等也是由树脂基体所决定的。树脂基体可分为热固性树脂和热塑性树脂两大类。热固性树脂通常由反应性低分子量预聚体或带有反应性基团的高分子聚合物交联而成，在成型过程中发生交联反应形成空间网络结构，固化后的热固性树脂不溶不熔，其复合材料具有优异的力学性能。热塑性树脂是具有受热软化、冷却硬化的性能，而且不起化学反应，无论加热和冷却重复进行多少次，均能保持这种性能。凡具有热塑性树脂其分子结构都属线型。热塑性当今复合材料的树脂基体仍以热固性树脂为主，热塑性树脂近年来也得到了较快的发展。由于树脂在复合材料耐久性上起到了很关键的作用，正确选择耐用的树脂显得尤为重要。

2.2.1　热固性树脂

热固性树脂是指树脂在加热后产生化学变化，逐渐硬化成型，再受热也不软化，也不能溶解的一种树脂。在复合材料制品中使用热固性树脂的主要原因是：能更好地粘结纤维与基体，有出色的抗蠕变性和低成本。目前热固性树脂基复合材料所采用的树脂基体主要有不饱和聚酯树脂、乙烯基树脂、环氧树脂、酚醛树脂、热固性聚酰亚胺树脂、双马来酰亚胺树脂、氰酸酯树脂等，不同种类的树脂具有不同的特性。

1. 不饱和聚酯树脂

不饱和聚酯树脂（Unsaturated Polyester Resin，缩写为 UPR）是由不饱和二元羧酸（或酸酐）、饱和二元羧酸（或酸酐）与多元醇缩聚而成的线性高聚物，相对分子质量通常为 1000～3000。不饱和聚酯在主链中既含有双键，又含有酯基，缩聚反应结束后，在固化剂的作用下，线性不饱和聚酯与乙烯基单体交联共聚，形成具有立体网状结构的聚合物。习惯上把不饱和聚酯与乙烯基单体的聚合物溶液叫作不饱和聚酯树脂。国内外用作复合材料基体的不饱和聚酯树脂类型主要有邻苯二甲酸系列（简称邻苯型）、间苯二甲酸系列（简称间苯型）、双酚系列和卤化系列等。各种类型不饱和聚酯树脂的代表性化学结构如表 2-9 所示。

不饱和聚酯树脂的类型及代表性化学结构　　　　　　　　　　　　　　　　表 2-9

类型	代表性化学结构
邻苯二甲酸系列 （简称邻苯型）	 邻苯二甲酸基　　　　乙二醇基　　富马酸基

续表

类型	代表性化学结构
间苯二甲酸系列 （简称间苯型）	 间苯二甲酸基　　　　乙二醇基　　富马酸基
双酚系列	 双酚基　　　　　　　　　　富马酸基
卤化系列	

　　不饱和聚酯树脂加入引发体系可反应形成立体网状结构的不溶不熔高分子材料，因此不饱和聚酯树脂是一种典型的热固性树脂。与众多热固性树脂相比，不饱和聚酯树脂具有良好的加工特性，可以在室温、常压下固化成型，不释放出任何小分子副产物；树脂的黏度比较适中，可采用多种加工成型方式，如手糊成型、喷射成型、拉挤成型、注塑成型、缠绕成型等。然而固化后的热固性树脂综合性能并不高，因此通常用纤维或填料增强制成复合材料，从而提高性能，以满足使用要求。

　　目前不饱和聚酯树脂有 100 多个牌号，能满足各种使用条件的要求。不饱和聚酯树脂的优点为：成型工艺简单，尤其适用于大型和现场制作的复合材料产品；机械性能好；光透明性良好，耐光老化；耐酸碱腐蚀，坚韧，表面粗糙度低；价格低廉，应用范围广。不饱和聚酯树脂的缺点为：固化体积收缩率大，耐热性较差，保质期短，成型时气味和毒性较大，长期接触不利于身体健康。不饱和聚酯树脂的体积收缩率一般为 8%～10%。不饱和聚酯树脂较大的体积收缩率易引起复合材料制品翘曲、裂纹、凹陷、变形等一系列问题。这一问题限制了不饱和聚酯的应用，因而目前不饱和聚酯树脂的新品种开发较少，而主要侧重于研究制备低固化收缩率的不饱和聚酯。

　　不饱和聚酯树脂的主要发展方向包括：通过添加某些特殊组分进行共混，或者采用嵌段接枝共聚以及互穿网络等化学手段进行改性来实现不饱和聚酯树脂的低收缩率、耐冲击、耐腐蚀等优异性能；开发环保型低苯乙烯挥发性不饱和聚酯树脂，实现低黏度化，最终使苯乙烯单体含量降低，其中不饱和聚酯树脂通过光固化是一种有效降低苯乙烯单体挥发量的方法；通过在成型过程中添加大量廉价且具有优异性能的无机填料研制低成本低黏度不饱和聚酯树脂。

2. 乙烯基树脂

　　乙烯基树脂（Vinyl Resin）是由环氧树脂与含有不饱和双键的一元羧酸通过开环加成反应而得的热固性树脂，又可称为环氧乙烯基酯树脂、乙烯基酯树脂、乙烯酯树脂。乙烯基树脂是由环氧树脂与甲基丙烯酸通过开环加成化学反应而制得。它保留了环氧树脂的基本链段，又有不饱和聚酯树脂的良好工艺性能，在适宜条件下固化后，表现出某些特殊的优良性能。因此自 20 世纪 60 年代以来获得了迅速发展。

乙烯基树脂主要类型包括双酚型乙烯基树脂和酚醛型乙烯基树脂，其代表性化学结构如表 2-10 所示。其中，双酚型环氧乙烯基树脂是由甲基丙烯酸与双酚 A 环氧树脂通过反应合成的乙烯基树脂，该类型树脂具有以下特点：分子链末端的不饱和双键极其活泼，使环氧乙烯基酯树脂具有高反应活性，使得树脂能迅速固化，建立强度；双酚 A 环氧主结构让树脂具有更强的物理性能和优异的耐热性；树脂交联反应时仅在分子链两端发生交联，分子链（尤其醚基）在应力作用下可以伸长，以吸收外力或热冲击，从而表现出好的柔韧度、耐冲击性和耐疲劳特性，环氧醚键提供优良耐酸性，环氧主结构产生坚韧性，并可控制分子量，提供黏度；羟基极大地改善了树脂对增强材料（如玻璃纤维）的湿润性及复合材料制品的层间粘结性，提高了复合材料制品的层间粘结强度和制品的整体力学强度；采用甲基丙烯酸合成，酯键边的甲基形成立体障碍可起保护作用，提高耐水解性、耐化学腐蚀性和制品强度；与邻苯、间苯、双酚 A 等树脂相比含酯键少，故耐碱性能好。

乙烯基树脂的类型及代表性化学结构　　　　　　　　　　　　　　表 2-10

类型	代表性化学结构
双酚型	
酚醛型	

酚醛型乙烯基树脂是采用高环氧值、多官能团的酚醛环氧树脂与甲基丙烯酸反应而成，主要用于存在溶剂、氧化性介质和高温烟气等特殊腐蚀性环境，在高温下树脂具有高的强度保留率，特殊的化学结构赋予了该树脂独特的理化特性：具有非常高的热变形温度（150℃），并具有良好的力学性能；树脂的高交联密度使其具有良好的耐溶剂性；能耐各种氧化性介质，如双氧水、湿氯气、二氧化氯等；具有良好的粘结性，包括与碳钢、聚四氟乙烯（PTFE）等基材。

3. 环氧树脂

环氧树脂（Epoxy Resin）是泛指分子中含有两个或两个以上环氧基团的有机高分子化合物，除个别外，它们的相对分子质量都不高。环氧树脂的分子结构是以分子链中含有活泼的环氧基团为其特征，环氧基团可以位于分子链的末端、中间或成环状结构。由于分子结构中含有活泼的环氧基团，使它们可与多种类型的固化剂发生交联反应而形成不溶、不熔的具有三向网状结构的高聚物。环氧树脂的品种繁多，根据它们的分子结构，大体上可分为五大类：缩水甘油醚类、缩水甘油酯类、缩水甘油胺类、线性脂肪族类和脂环族类。不同种类的环氧树脂由于组成不同，又有不同的特性。典型的环氧树脂及代表性化学结构如表 2-11 所示。

典型的环氧树脂及代表性化学结构　　　　　　　　　　　表 2-11

类型	代表性化学结构
双酚型	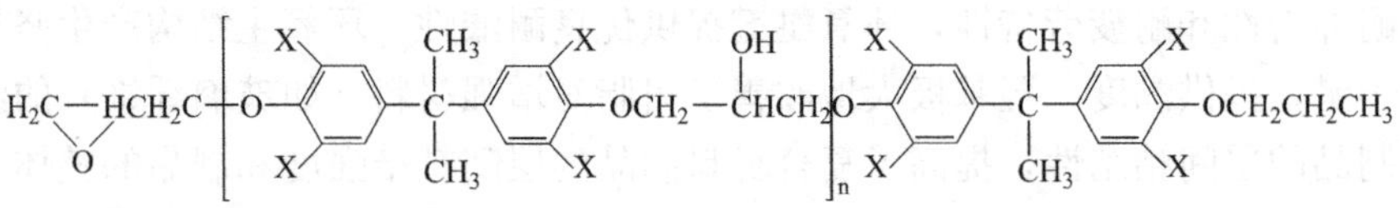 X：一般为 H，防火型产品场合为 Br；n＝0～15，固态树脂 n 值大
酚醛型	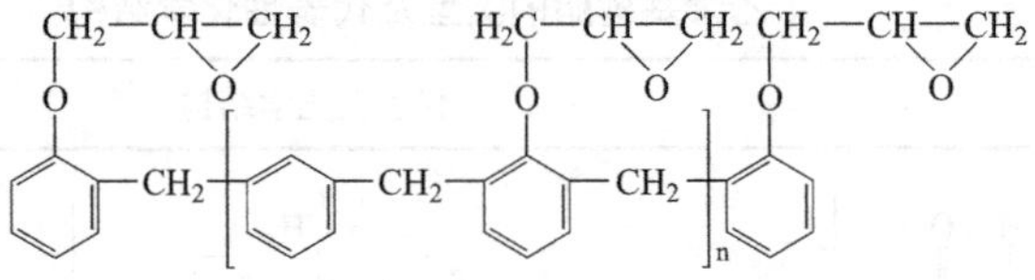
脂环族型	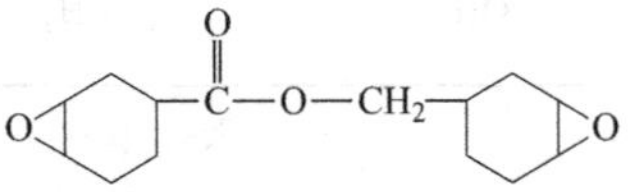
耐高温型	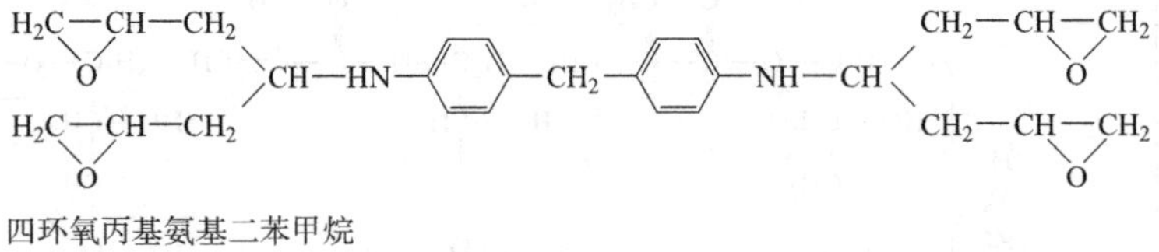 四环氧丙基氨基二苯甲烷

缩水甘油醚类环氧树脂是由含活泼氢的酚类或醇类与环氧氯丙烷缩聚而成的，其最典型的性能是：粘结强度高、粘结面广，稳定性好，耐化学药品性好，耐酸、碱和多种化学品；机械强度高，电绝缘性优良，性能普遍优于聚酯树脂。但其具有耐候性差、冲击强度低及耐高温性能差的缺点。具体包括二酚基丙烷型（简称双酚 A 型，如图 2-6 所示）、酚醛型、其他多羟基酚类缩水甘油醚型和脂族多元醇缩水甘油醚型环氧树脂。缩水甘油酯类环氧树脂和二酚基丙烷环氧化树脂比较，具有黏度低，使用工艺性好，反应活性高，黏合

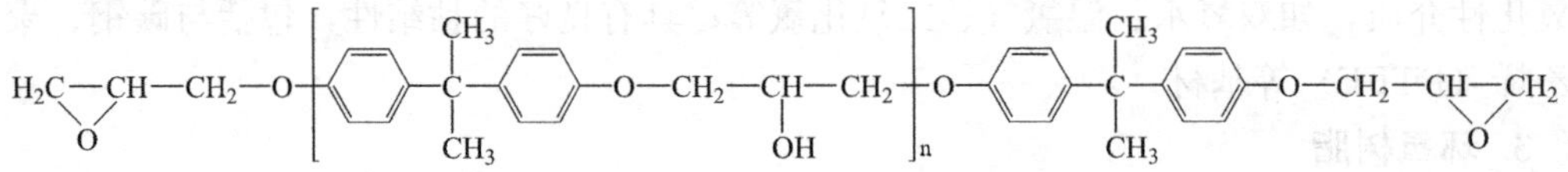

图 2-6　双酚 A 型环氧树脂化学结构

力比通用环氧树脂高，固化物力学性能好，电绝缘性好，耐气候性好的优点，并且具有良好的耐超低温性，在超低温条件下，仍具有比其他类型环氧树脂高的粘结强度。缩水甘油胺类环氧树脂由脂肪族或芳族伯胺或仲胺和环氧氯丙烷合成而得，具有多官能度、环氧当量高、交联密度大、耐热性显著提高的特点，主要的缺点是具有一定的脆性。脂环族环氧树脂是由脂环族烯烃的双键经环氧化而制得的，它们的分子结构和二酚基丙烷环氧树脂及其他环氧树脂有很大差异，前者环氧基都直接连接在脂环上，而后者的环氧基都是以环氧丙基醚连接在苯环或脂肪烃上，因此，这类环氧树脂与之前介绍的环氧树脂有本质的不同。其固化物有着较高的抗压与抗拉强度，长期暴露在高温条件下仍能保持良好的力学性能和电性能，耐电弧性较好以及耐紫外老化性能及耐气候较好的特点。脂肪族环氧树脂是由脂环族烯烃的双键经环氧化而制得的，它们的分子结构和二酚基丙烷型环氧树脂及其他环氧树脂有很大差异，在分子结构里不仅无苯环，也无脂环结构，仅有脂肪链，环氧基是以环氧丙基醚连接在苯核或脂肪烃上。脂环族环氧树脂的固化物具有较高的压缩与拉伸强度，长期暴置在高温条件下仍能保持良好的力学性能，耐电弧性、耐紫外光老化性能及耐气候性较好等优点。

复合材料工业上使用量最大的环氧树脂品种是缩水甘油醚类环氧树脂，而其中又以二酚基丙烷型环氧树脂（简称双酚 A 型环氧树脂）为主。其次是缩水甘油胺类环氧树脂。环氧树脂是应用最广泛的基体材料，其优点是工艺性能、力学性能都比较好，主要缺点是耐热性较差，不能用于高温结构，同时其韧性也比较低，价格相对较高。以纤维增强的环氧树脂复合材料具有十分优异的性能，呈现以下特点：提高材料的刚度、强度、韧性和尺寸稳定性等综合性能；提高复合材料耐温性，拓宽材料使用范围；赋予材料光、电、磁、阻隔、阻燃等功能，使其在化工防腐、电气电子绝缘材料、文体用品、汽车工业、航空航天及军事装备等领域获得了广泛的应用。

4. 其他种类热固性树脂

复合材料基体除了常见的几种热固性树脂外，还有酚醛树脂、聚酰亚胺树脂、双马来酰亚胺树脂、氰酸酯树脂等。由于它们独特的优良性能，赢得了人们广泛的关注。其中，酚醛树脂是最早工业化的合成树脂，它是由苯酚和甲醛在催化剂条件下缩聚、经中和、水洗而制成的树脂。因选用催化剂的不同，可分为热固性和热塑性两类。由于它原料易得、合成方便，以及树脂固化后性能能够满足许多使用要求，因此在工业上得到广泛应用。生产酚醛树脂的原料主要是酚类，醛类和催化剂，由于采用不同原料和不同催化剂制备出的酚醛树脂的结构和性能并不完全相同，因此应根据产品对性能的要求选择原料。酚醛树脂主要有以下特征：原料价格便宜、生产工艺简单而成熟、制造及加工设备投资少，成型加工容易；抗冲击强度小，树脂既可混入无机或有机填料做成模塑料来提高强度，也可浸渍织物制层压制品；制品尺寸稳定；耐热、阻燃，可自灭，燃烧时发烟量较小且不会产生有毒物质，电绝缘性好；化学稳定性好，耐酸性强。它的缺点是脆性较大、收缩率高、不耐碱、易潮、电性能差，不及聚酯和环氧树脂。由于酚醛树脂产品具有良好的机械强度和耐热性能，尤其具有突出的瞬时耐高温烧蚀性能，以及树脂本身又有改性的余地，所以目前酚醛树脂不仅广泛用于制造玻璃纤维增强复合材料、粘结剂、涂料以及热塑性塑料改性剂等，且作为瞬时耐高温和烧蚀的结构复合材料用于宇航工业方面。

聚酰亚胺（PI）是指主链上含有酰亚胺环（—CO—NH—CO—）的一类聚合物，其中以含有酰亚胺结构的聚合物最为重要。根据重复单元的化学结构，PI 可以分为脂肪族、半芳香族和芳香族聚酰亚胺三种。根据热性质，可分为热塑性和热固性 PI。热固性 PI 具有优异的热稳定性、耐化学腐蚀性和机械性能，通常为橘黄色。PI 是综合性能最佳的有机高分子材料之一，耐高温达 400℃以上，长期使用温度范围为 −200∼300℃，无明显熔点，高绝缘性能。纤维增强 PI 复合材料的抗弯强度可达到 345MPa，抗弯模量达到 20GPa。热固性 PI 蠕变很小，有较高的拉伸强度。PI 化学性质稳定，不需要加入阻燃剂就可以阻止燃烧，并且可抗化学溶剂如烃类、酯类、醚类、醇类和氟氯烷。PI 具有良好的耐热性和抗氧化性，其工艺温度较高，缺点是工艺性能较差，而且成本较高。纤维增强 PI 复合材料可用于航天、航空器及火箭部件，是最耐高温的结构材料之一。

双马来酰亚胺（BMI）是由聚酰亚胺树脂体系派生的另一类树脂体系，是以马来酰亚胺（MI）为活性端基的双官能团化合物，有与环氧树脂相近的流动性和可模塑性，可用与环氧树脂类同的一般方法进行加工成型，克服了环氧树脂耐热性相对较低的缺点。BMI 分子结构中含有不饱和的活泼双键，使得 BMI 可进行热聚合，同时不产生任何挥发性物质。BMI 由于含有苯环、酰亚胺杂环及交联密度较高而使其固化物具有优良的耐热性，其 T_g 一般大于 250℃，使用温度范围为 177∼232℃。脂肪族 BMI 中乙二胺是最稳定的，随着亚甲基数目的增多起始热分解温度（T_d）将下降。芳香族 BMI 的 T_d 一般都高于脂肪族 BMI。另外，T_d 与交联密度有着密切的关系，在一定范围内 T_d 随着交联密度的增大而升高。BMI 以其优异的耐热性、电绝缘性、透波性、耐辐射、阻燃性，良好的力学性能和尺寸稳定性，成型工艺类似于环氧树脂等特点，被广泛应用于航空、航天、机械、电子等工业领域中，先进复合材料的树脂基体、耐高温绝缘材料和胶粘剂等。

氰酸酯树脂是一种含有两个或两个以上氰酸酯官能团（—OCN）的二元酚衍生物，其化学结构如图 2-7 所示，R 为氢原子、甲基和烯丙基等，X 为亚异丙基脂环骨架。氰酸酯树脂具有与环氧树脂相近的加工性能，具有与双马来酰亚胺树脂相当的耐高温性能（T_g＝240∼290℃），具有比聚酰亚胺更优异的介电性能（介电常数 2.8∼3.2，介电损耗约 0.002∼0.008），具有与酚醛树脂相当的耐燃烧性能。氰酸酯树脂因其优异的介电性能、高耐热性、良好的综合力学性能、较好的尺寸稳定性以及极低的吸水率等性能，主要应用于高速数字及高频用印刷电路板、高性能透波材料（雷达罩）基体和航空航天用高韧性结构复合材料基体。

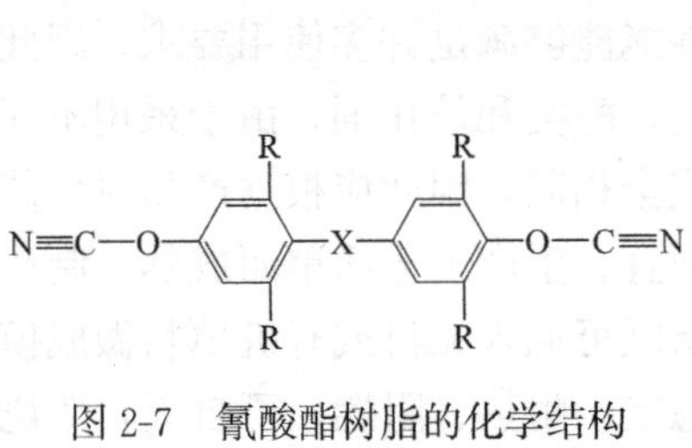

图 2-7　氰酸酯树脂的化学结构

热固性树脂及其复合材料因具有质轻、高强等优异性能，广泛应用于各个行业。然而材料的回收问题日益受到人们的关注。目前，我国对热固性复合材料废弃物处理的方法主要采取填埋和焚烧，但这种方法会造成土壤的破坏和大量土地的浪费，且一些复合材料制品不易降解，直接燃烧还会产生大量毒气，同样造成环境污染。而在工业发达国家，热固性复合材料回收利用日趋成熟，回收加工多以粉碎和热解法技术为主。其主要研究热点大致可分为两个方面：一是研究非再生热固性复合材料废弃物的处理新技术；二是开发可再生、可降解的新材料。

2.2.2　热塑性树脂

组成热塑性树脂的线性分子不是以化学键随机交联，而是以分子间作用力这样微弱的力相连，比如说范德华力和氢键。在热力和压力的作用下，这些分子可以移动到一个新的位置，当冷却时它们就保持在他们的新位置。这使树脂在加热后得到重塑。这个过程可以重复发生，但是这个重复的过程使得材料变得更脆。最早的热塑性树脂基复合材料于 1956 年在美国 Hberfil 公司以玻璃纤维/尼龙复合材料而问世。常见的热塑性树脂有聚乙烯（PE）、聚丙烯（PP）、聚酰胺（PA）、聚醚醚酮（PEEK）以及聚苯硫醚（PPS）树脂等。一般常用的热塑性树脂中，聚乙烯是世界产量最大、应用最广的合成树脂品种，它以乙烯为单体，因此具有良好的介电性、化学稳定性好、吸水性低等优异性能，被广泛应用于制造电话、信号装置等。然而聚乙烯的缺点是强度不高、表面硬度低、弹性模量小、容易蠕变和应力松弛。聚丙烯由丙烯（$CH_2 = CH-CH_3$）合成而来，它的各种性能与聚乙烯非常相似，由于聚丙烯的原料来源广泛，价格低廉，生产工艺简单以及产品的性能良好，具有优良的电性能、耐热性、耐酸碱性以及透气性，因此在电器工业和化学装置等材料方面得到迅猛发展。聚酰胺树脂是具有许多重复的酰胺基的线型热塑性树脂的总称，这类高聚物的商品有耐纶、尼龙或锦纶。大部分热塑性树脂都可作为纤维增强热塑性树脂基复合材料的基体，但作为高性能热塑性树脂复合材料的树脂基体，耐热性和机械强度都有较高的要求。如在航天、航空领域中使用，要求复合材料所采用的热塑性树脂的 T_g 应大于 177℃，在机械强度方面，通常要求抗拉强度大于 70MPa，抗拉模量大于 2GPa，个别要求能分别达到 100MPa 和 3GPa。表 2-12 列出了常用的高性能热塑性树脂的热性能及力学性能。

复合材料中的热塑性树脂除了要有良好的机械性能、高稳定性、耐化学腐蚀性，选择树脂的另一关键在于其加工性能。对于高性能的热塑性树脂，一般都是难溶难熔甚至不溶不溶，这就给复合材料的树脂浸渍和成型加工造成了困难，加工温度越高，生产过程中树脂越容易热氧化、降解，因此要选择合适的树脂，避免生产时提高对设备的要求，不利于降低成本。由于热塑性树脂的熔融黏度一般都超过 100Pa·s，因此在加工过程中不利于增强纤维的分布和树脂基体的浸渍。采用传统的复合材料加工方法来加工热塑性树脂基复合材料，很难满足增强纤维与树脂基体均匀分布以及树脂基体对增强纤维完全浸渍的要求。所以，对热塑性树脂基复合材料，热塑性树脂和增强纤维的结合方法一直是这类复合材料加工的难点和关键。热塑性树脂与连续增强纤维的结合主要有两大类方法：第一类方法是预浸渍法，即预浸料的制备方法，它是使液态树脂流动、逐渐浸渍纤维并最终充分浸渍每根纤维，形成的半成品为预浸料。预浸渍工艺又分为熔融浸渍工艺、溶液浸渍工艺、粉末流化浸渍工艺、粉末悬浮浸渍工艺和混编制备技术五种；第二类方法是后浸渍法或预混法，即预混料的制备方法，它是将热塑性树脂以纤维、粉末或薄膜态与增强纤维结合在一起，形成一定结构形态的半成品。但其中的树脂并没有浸渍增强纤维，复合材料成型加工时，在一定的温度和压力下树脂熔融并立即浸渍相邻纤维，进一步的流动最终完全浸渍所有纤维。

一些高性能热塑性树脂基本性能 表 2-12

树脂基体	T_g(℃)	抗拉模量(GPa)	抗拉强度(MPa)	延伸率(%)
聚醚酮(PEKK)	156	4.50	102	4
聚醚醚酮(PEEK)	144	3.79	103	11
聚苯硫醚(PPS)	85	3.91	80	3
聚醚酰亚胺(PEI)	217	2.96	104	60
聚醚砜(PES)	260	2.41	76	7
酰亚胺(PAI)	283	2.30	135	25
酚酞聚醚砜(PES-C)	260	3.2	89	3
聚芳醚酮(PEK-C)	228	3.5	103	3.3
聚醚砜酮(PPESK)	284	1.41	90.7	11.2

热塑性树脂复合材料是从复合材料和塑料两个不同领域开发出的一种新型复合材料，因此，其成型工艺具有塑料和热固性树脂复合材料工艺的特征，既可以像热固性纤维复合材料那样成型，且无需固化过程，成型工艺要简单快捷得多；同时由于它可以进行热成型，使其又具有金属材料成型的特点。其主要成型工艺包括：冲压成型、辊压成型、拉挤成型、缠绕成型等。热塑性树脂复合材料与热固性树脂复合材料相比，具有工艺性能好、可重复使用、耐腐蚀性好、断裂韧度高等特点，近年来发展较快。随着社会的进步与发展，对新材料的要求越来越高、需求越来越大，从资源及技术经济角度来看，高性能的热塑性树脂复合材料在性能、价格、生产效率、装配、维修费用等方面的优越性，使其在即将到来的复合材料时代中，将扮演举足轻重的角色。

2.2.3 树脂性能价格比较

当今基础设施复合材料的树脂基体仍以热固性树脂为主，主要包括：不饱和聚酯树脂、乙烯基酯树脂、环氧树脂、酚醛树脂、聚氨酯树脂等。其作用主要是将纤维粘结在一起，使纤维受力均匀，并形成所需要的制品或构件状。表 2-13 和表 2-14 中列出了一些具有代表性树脂的性能指标以及价格。表 2-15 为不饱和聚酯和乙烯基树脂基复合材料拉挤型材的性能比较。不饱和聚酯树脂和乙烯基树脂是性价比优异的树脂材料，在民用复合材料领域应用广泛。

代表性树脂基体的性能参数 表 2-13

名称	热变形温度(℃)	拉伸强度(MPa)	延伸率(%)	压缩强度(MPa)	弯曲强度(MPa)	弯曲模量(GPa)
不饱和聚酯树脂	80～180	42～91	5	91～250	59～162	2.1～4.2
乙烯基树脂	137～155	59～85	2.1～4	—	112～139	3.8～4.1
环氧树脂	50～121	98～210	4	210～260	140～210	2.1
酚醛树脂	120～151	45～70	0.4～0.8	154～252	59～84	5.6～12

常用树脂市场价格　　　　　　　　　　　　　　　　表 2-14

名称	类型	价格(元/kg)
不饱和聚酯树脂	邻苯型	6.8～23
	间苯型	7.4～25
乙烯基树脂	耐腐型	18～30
	耐腐及耐高温型	30～45
环氧树脂	通用型	34～63

不饱和聚酯和乙烯基树脂基复合材料拉挤型材的性能比较　　　　表 2-15

性能		不饱和聚酯基 GFRP 拉挤型材	乙烯基 GFRP 拉挤型材
物理性能	密度(g/cm³)	1.87±0.11	2.03±0.05
	玻纤含量(%)	68.4±1.8	68.7±0.4
	$E_{初始}$(MPa)	107.9±10.8	98.6±7.0
	$\tan\delta$	146.0±2.3	126.9±2.38
拉伸性能	σ_t(MPa)	406±31	393±51
	E_t(GPa)	37.6±2.6	38.9±4.1
弯曲性能	σ_f(MPa)	436±51	537±73
	E_f(GPa)	19.8±2.7	27.5±4.8
层间剪切	σ_{sbs}(MPa)	38.5±2.7	39.2±4.2
压缩性能	σ_c(MPa)	280±123	360±131

作为高分子材料的一大重要类别，高性能热固性复合材料对当前各种先进工程领域的发展占据不可替代的地位。然而，由于热固性复合材料成型后往往不溶不熔，对其进行回收面临比较大的困难。现在世界上采取的主要方案是通过热解及化学溶剂刻蚀的方案进行回收，这同时也带来了严重的二次污染及能源消耗，成为当前复合材料回收利用领域的一大难题。利用可再生资源，开发可生物降解的高分子材料是解决这些问题的有效途径。环境材料已成为新材料领域中的一个重要研究方向。在环境材料中，生物降解高分子材料扮演着越来越重要的角色。采用生物降解高分子材料代替传统树脂引起了人们的极大兴趣。该材料原料来源丰富，生产过程能耗低，完全符合目前节能减排的主流趋势，对解决人类目前面临的各种环境问题有不可替代的作用。这种材料可以完全解决废弃物的环境污染问题，是真正意义上的"绿色材料"。

2.3　芯材

人类使用芯材料已有几个世纪的历史。20 世纪 40 年代首次出现利用低密度的芯材将蒙皮材料分开以增加结构的弯曲刚度、减少重量的夹芯结构概念。当夹芯结构承受弯曲载荷时，面板主要承受拉伸或压缩载荷，而芯材则传递剪切力。以纤维增强复合材料作为面板，蜂窝、泡沫和轻木等轻质材料作为芯材构成的复合材料夹层结构是一种高效的构件形式，在不显著增加板材质量的同时，可显著提高板材的抗弯刚度和承载力，例如当等效厚度增大到原来的 4 倍时,其抗弯刚度和承载力则分别增大到原来的 48 倍和 12 倍。复合材料夹层结构的比强度和比刚度大,广泛应用于航空航天和其他工程领域,例如,作为飞机尾翼舵面壁板、前后缘壁板、肋腹板等。因为夹层结构可设计性强,设计时可根据具体功能要求,如:撞击、保温、隔音、吸振等决定芯材。复合材料夹层结构芯材大致可以分为:蜂窝、泡沫、轻木、桁架等。

2.3.1 蜂窝

蜂窝芯材是由金属材料、玻璃纤维或复合材料制成的一系列六边形孔格,在夹芯层的上下两面再胶接(或钎焊)上较薄的面板。蜂窝夹层结构复合材料自从其问世以来就已经具备了一系列传统材料所不具备的优点,备受航空、航天界的青睐。目前的蜂窝芯材主要分为铝蜂窝、Nomex 蜂窝、纸蜂窝、纤维增强树脂蜂窝、织物蜂窝等,如图 2-8 所示。其中 Nomex 蜂窝是一种高档蜂窝材料,具有密度低,比强度、比刚度高,抗冲击,耐腐蚀性,阻燃且具有回弹性,可吸收振动能量,良好的高温稳定性和介电性能等优点,主要应用于航空制造业,是飞机夹层结构件首选芯材。尽管其具有诸多的优点,但 Nomex 蜂窝因制造成本高,限制了其在非航空航天领域的发展。铝蜂窝芯材主要由铝箔以不同的胶接方式胶接,通过拉伸而制成不同规格的蜂窝,芯材的性能主要通过铝箔的厚度和孔格大小来控制。铝蜂窝夹层结构复合材料具有较高的力学性能,其芯材铝蜂窝的制造成本也相对较低。但铝蜂窝夹层结构复合材料在某些环境中使用时易腐蚀,在受到冲击后,铝蜂窝芯材会发生永久变形,使蜂窝芯材与蒙皮发生分离,导致材料的性能降低。目前真正得到广泛应用的蜂窝只有铝蜂窝、Nomex 蜂窝等少数蜂窝芯材料,其余的蜂窝大多停留在实验室阶段。如钢质蜂窝,虽然其制造成本较低,强度也较高,但其质轻的优势不是很明显;织物蜂窝具有较高的抗损伤性,各方面性能均优于铝蜂窝和 Nomex 蜂窝,但其制造工艺复杂,蜂窝骨架织造难度大。这些缺点使其广泛应用受到一定的限制。

(a) 铝蜂窝　　　　　　　(b) Nomex蜂窝　　　　　　　(c) 纸蜂窝

图 2-8　常见蜂窝芯材

尽管纸蜂窝、铝蜂窝和 Nomex 蜂窝等夹层结构复合材料的性能不完全相同,但其基本特征都是相似的,均可以表现出蜂窝夹层结构复合材料共同的特性。蜂窝夹层结构复合材料具有以下基本特性:质量轻,比强度高,尤其是抗弯刚度高;具有极高的表面度和高温稳定性,易成型且不易变形;优良的耐腐蚀性、绝缘性和环境适应性;独特的回弹性,可吸收振动能量,具有良好的隔声降噪效果;防火等级高,具有良好的自熄性;优异的成型制造工艺性。蜂窝芯材有突出的优点,也有相对应的缺点,比如:蜂窝芯材存在孔洞,因此和面板的粘连效果不如泡沫芯材;蜂窝夹层结构制造工艺复杂,而且制造时容易在面板表面蜂窝芯孔处出现凹坑，严重时会影响到面板的光滑平整性；另外，复合材料蜂窝夹层结构产生微裂纹后蜂窝芯材容易进水并不易排出，这不但会增加结构重量，还会造成胶层吸湿降解，使面板与芯材脱胶，脱胶的复合材料蜂窝夹层结构的修理非常困难；同时由于蜂窝壁均是垂直结构，因此在剪切载荷作用下其侧壁容易坍塌，抗剪性能较差；这种薄壁可能会导致蜂窝的表面，尤其是在蜂窝孔隙较大的情况下，会发生局部失去稳定，从而产生破坏。

蜂窝芯材的力学性能不仅与芯材材料有关，而且与芯材的几何形状密切相关。根据芯材的几何形状，蜂窝芯材可以分为六边形蜂窝、菱形蜂窝、矩形蜂窝、五角形蜂窝等。目前，应用最为广泛的蜂窝芯材为六边形蜂窝芯材。六边形蜂窝芯材至少可以通过四种方式制备，其中最常见的方法是将片材压成六边形外廓，然后把这些波状片粘结在一起，此法称为挤压成型法；另一种更普遍被采用的方法是在平整的片材上将胶刷成平行的条状，再将这些片材堆积在一起，使它们沿着条纹粘结在一起，使用时将这种堆积在一起的片材拉开即可得到蜂窝材料，此法称为胶结拉伸法，商用铝合金蜂窝大多采用此法制备。对于纸质蜂窝而言，采用粘合膨化工艺后，还需要将其浸入树脂中进行硬化处理；对于一些聚合物蜂窝也可以采用浇铸法制备。

2.3.2 轻木

轻木芯材是一种天然可再生芯材，常见的轻木芯材为巴沙木（BALSA），具有密度小、生长快的特点，其纤维具有良好的强度和韧性，特别适合用于复合材料夹层结构。巴沙木生长在美洲热带森林里，是生长最快的树木之一，也是世界上最轻的木材。这种树四季常青，树干高大，最高可以生长到 30m 高。每立方厘米只有 0.1g 重，是同体积水的重量的十分之一。它的木材质地虽轻，一般干燥的轻木重为 $90\sim220\mathrm{kg/m}^3$，可是结构却很牢固，因此是航空、航海以及其他特种工艺的宝贵材料。

巴沙木最早应用于夹层结构要追溯到 1940 年英国人希尔设计的飞机机翼，该机翼是以桃花心木为面板，巴沙木为芯材的夹层结构。巴沙木曾被我国著名运输机"运七"设计组相中作为飞机材料，但由于当时西双版纳轻木破坏严重，不能满足制造飞机的需求量，巴沙木没能实现我国在航空航天上的应用，只发挥其优异的保温隔热性能，成为热水瓶塞，而美国是目前轻木利用率最高的国家。

巴沙木具有良好的弹性，是优良的防震材料。以巴沙木为芯材的夹层板被用作雪佛兰跑车的地板，这种地板较普通地板的强度有了很大程度的提高，同时由于巴沙木内部蜂窝结构，还有效降低了汽车的震动和噪声。此外，巴沙木还具有导热系数低的良好物理性能，是绝佳的隔热保温材料。同时巴沙木内部呈蜂窝状，也是隔声吸声的绝佳材料，是制造绝缘材料、隔声隔热设备以及飞机构件的良材，但由于巴沙木价格较贵，并没有被广泛应用于民用工程中。

轻木的几个重要特性决定了其是一种利用率极高的绿色环保材料。但是轻木也存在木材的通病，例如其本身对空气中湿度与温度的敏感将会引起木材的尺寸和形状发生变化，由此引起木材性能的改变；木材在一定的湿度和温度下易腐蚀；木材自身存在的天然缺陷：节疤、斜纹、油眼等，将一定程度降低木材的强度以及利用率；木材的燃点较低。而且其仅生长于南美洲，资源有限，我国的轻木木材制品大多依靠进口，价格比较昂贵，因此轻木的利用得到了限制。

泡桐木是我国最轻的木材之一，气干密度为 $230\sim400\text{kg/m}^3$，比一般木材轻 40% 左右，轻韧、耐疲劳是其最大的优点；经过干燥的泡桐木，不易吸湿，且不易发生翘曲变形；燃点高达 450℃，具有较好的耐火性能，同时耐化学腐蚀性能较强。除此之外，我国是泡桐木的原产地，且为世界上少有的泡桐优生区，资源蕴藏丰富，由于泡桐木生长周期短，强度较低，一直未能在工程领域获得大规模应用。除重量略高外，泡桐木的各项力学性能指标均优于巴沙木，并且价格低廉，是作为夹层结构芯材的理想材料，可广泛应用于各种工程领域，巴沙木与泡桐木芯材的性能与价格对比如表 2-16 所示。木材由于其材质的特殊性，顺纹方向和横纹方向性能差异较大，具有较强的各向异性，如图 2-9（a）所示。泡桐木具有天然蜂窝形状如图 2-9（b）所示，不仅具有蜂窝芯材优良的力学性能，同时与面板的粘结面积较大，抗剥离强度较高。以上特点决定了泡桐木作为绿色可再生芯材的优越性。

巴沙木与泡桐木芯材的性能与价格对比　　　　　　　　表 2-16

木材	价格 (元·m^{-3})	密度 (kg·mm^{-3})	压缩模量(MPa)		剪切模量(MPa)		剪切强度 (MPa)	压缩强度 (MPa)
			面内	面外	面内	面外		
巴沙木	12000	150	1020	3550	159	272	2.94	12.90
泡桐木	3000	260	1469	4319	209	294	3.34	26.53

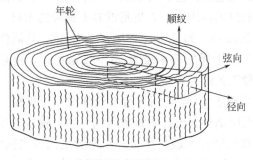
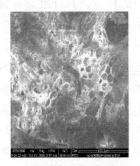

(a) 木材纹理方向示意图　　　　　　　　(b) 泡桐木蜂窝状扫描电镜图

图 2-9　木材纹理方向示意图以及泡桐木蜂窝状扫描电镜图

采用泡桐木为芯材的复合材料夹层结构制造的建筑模板、道面垫板和装配式房屋等，均取得了良好的阶段性研究成果。基于泡桐木夹层结构开发的复合材料窨井系统和复合材料楼板，具有重量轻、保温隔热、防腐等优异性能，现已在部分工程得到应用。泡桐木芯材的应用可促进轻木芯材的国产化，同时可快速带动地方经济发展，为泡桐木向精加工、高附加值发展作出贡献。

2.3.3　泡沫

泡沫是含有孔隙并在孔隙中充满气体，构成一种轻质两相体系的硬质或软质高分子材料。泡沫芯材分类如图 2-10 所示。以泡沫为芯材的复合材料夹层结构具有高的比强度和比模量，耐疲劳、抗振动性能好，并能有效吸收冲击载荷，具有减振、降噪、隔声、隔热

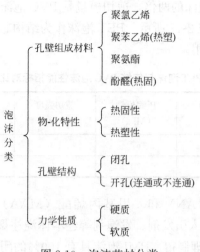

图 2-10　泡沫芯材分类

的作用。最早用于复合材料夹层结构的泡沫材料是聚氯乙烯（PVC），是由 Lindemann 博士于 20 世纪 30 年代末至 40 年代初在德国发明的，最初用于造船工业。随后，其他化学成分的泡沫材料被陆续开发出来，主要有聚氨酯（PU）、聚醚酰亚胺（PEI）、聚甲基丙烯酰亚胺（PMI）、聚对苯二甲酸乙二醇酯（PET）等。根据泡沫的硬度可以分为硬质泡沫、半硬质泡沫和软质泡沫三种。这些泡沫材料由于其化学成分的不同而显示出不同的物理和机械性能。密度也是从 $30 \sim 300 kg/m^3$ 不等。由于泡沫具有很好的防寒、绝热和隔音性能，泡沫夹芯结构目前被广泛地应用于航空航天工业中，例如导弹弹翼、直升机侧壁板和风轮叶片等。

　　PVC 实际是聚氯乙烯与聚氨酯的混合物，具有较好的静力学和动力学性能，可用于承载要求高的产品。交联 PVC 泡沫是由热塑性的 PVC 和交联热固性聚氨酯组成，其强度和刚度比线性 PVC 高，但是韧性要差。交联 PVC 泡沫的热稳定温度为 120℃，使用温度范围为−240～80℃，并且能够耐多种化学物质腐蚀。PVC 泡沫主要用在一些不需要压力罐的工艺中。PVC 泡沫的缺点是，在固化过程中，它会释放气体，导致夹芯结构的分层。

　　PU 泡沫是以异氰酸酯和聚醚为主要原料，在发泡剂、催化剂、阻燃剂等多种助剂的作用下，通过专用设备混合，经高压喷涂现场发泡而成的高分子聚合物。根据所用的原料不同和配方变化，可制成软质、半硬质和硬质 PU 泡沫；按所用的多元醇品种分类又可分为聚酯型，聚醚型和蓖麻油型 PU 泡沫；按发泡方法分类又有块状、模塑和喷涂 PU 泡沫等类型。PU 泡沫的主要特征是多孔性，因而相对密度小，比强度高。PU 泡沫力学性能一般，但加工及发泡成型较容易且价格低廉，因此常用于载荷较小情况下的夹层结构材料。

　　PEI 是在聚酰亚胺（PMI）分子主链上引入醚键得到的一类热塑性聚合物，为对苯二甲酸与乙二醇缩聚物，是一种乳白色或浅黄色高度结晶的聚合物，通常被用作生产合成纤维和饮料瓶。PEI 具有优异的耐热性能、力学性能、电性能、阻燃性和化学稳定性等，由于含有醚键结构，又具有良好的加工流动性能，可以通过熔融加工工艺成型。PET 泡沫具有良好的力学性能，与目前市场上主流的传统 PVC 泡沫相比，PET 泡沫的密度虽然略高，但其压缩强度是 PVC 泡沫的两倍，剪切模量是 PVC 泡沫的 1.5 倍，压缩模量和剪切强度与 PVC 泡沫相当，如表 2-17 所示。PET 泡沫作为结构芯材在风力发电、船舶制造和交通运输等行业均有广泛应用。

PET 泡沫与传统 PVC 泡沫性能指标对比　　　　　　　　表 2-17

性能指标	压缩强度 （MPa）	压缩模量 （MPa）	剪切强度 （MPa）	剪切模量 （MPa）	最高工艺温度 （℃）
PET 泡沫	1.8	67	1.0	28	120
传统 PVC 泡沫	0.9	70	0.76	20	90

PMI 泡沫是以丙烯腈（AN）和 α-甲基丙烯酸（MAA）为主要单体，以丙烯酰胺（AM）为第三共聚单体，加入引发剂、发泡剂等经本体浇注聚合得到 AN-MAA-AM 共聚物，再经过高温发泡和热处理制得。PMI 泡沫具有 100% 的闭孔结构，其均匀交联的孔壁结构赋予其突出的化学及结构稳定性，优异的力学性能（拉伸强度、压缩强度和弯曲强度分别高达 91.1MPa、190.4MPa 和 151.9MPa）和热变形温度（180～250℃），具有较高的强度和刚度，在经过高温处理后，可承受 190℃ 固化工艺对泡沫的尺寸稳定性要求。以其为芯材制备的高性能夹层结构复合材料，已被美、日、欧等广泛应用于航空航天、车辆、船舶等高科技领域。

PET 泡沫主要成分为聚对苯二甲酸乙二醇酯，俗称涤纶树脂。PET 泡沫是一类闭孔热塑料结构泡沫，具有一定的剪切、压缩强度，因此常被用于夹层结构材料芯材。作为复合材料夹层结构芯材，PET 泡沫芯材的力学性能和泡沫密度相关。以 AIREX® T92 泡沫为例，其力学性能如表 2-18 所示。密度越高，力学性能越好，但同时重量越大，所需的材料越多，成本越高。PET 泡沫芯材的抗疲劳性能也较好，优于部分 PVC 泡沫芯材。PET 泡沫的综合性能较 PVC 泡沫差，但更加环保且成本较低。PET 泡沫芯材继承了原材料树脂的所有优点，有较好的耐冲击性、隔热性、绝电性、耐水和化学性，其低温性能特佳，且无毒无臭，二次加工性能良好，可进行切削、可真空成型、压花成型，被广泛应用于建筑、公路运输、轨道交通、航空、传播、风电等领域。

AIREX® T92 系列泡沫性能　　　　　　　　表 2-18

性能	T92.100	T92.110	T92.130
密度(kg/m³)	105	115	135
压缩强度(MPa)	1.4	2.8	2.4
压缩模量(MPa)	85	110	145
剪切强度(MPa)	0.9	1.05	1.3
剪切模量(MPa)	21	23	30
剪切延伸率(%)	15	15	15

综上所述，结构用泡沫材料包括 PVC 泡沫、PET 泡沫以及 PMI 泡沫。其中，PVC 泡沫毒性高，性能稳定，综合性能优异，比强度低于轻木；PET 泡沫毒性低，综合性能好，性能低于 PVC；PMI 泡沫性能高，耐热温度高，价格高。泡沫芯材的主要缺点是其

刚度和强度均比蜂窝芯材低，因此用它作芯材的复合材料夹层板拉伸、压缩、剪切以及弯曲强度和刚度都要低于相同芯材密度的蜂窝夹层板。同时由于没有横向增强，面板和芯材很容易发生脱粘破坏，特别是在冲击载荷作用下，面板和芯材很容易发生脱粘和分层，进而引起灾难性的后果。这些缺点限制了泡沫夹层材料的应用，可见发展一种有效的横向增强技术是十分必要的。为了提高泡沫夹层结构横向性能，国外学者提出了不少横向增强技术，包括三维缝纫技术、Z-pin 技术形成的 X-cor 结构和 K-cor 结构，如图 2-11 所示，这些增强技术通过提高芯材与面板的界面结合强度，显著地提高了泡沫夹层结构的承载和抗冲击能力。

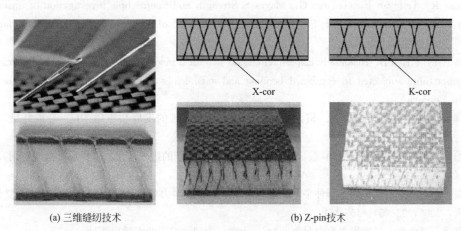

(a) 三维缝纫技术　　　　　　　　(b) Z-pin技术

图 2-11　泡沫夹层结构横向增强技术

2.3.4　其他芯材

除了常见的蜂窝、轻木、泡沫等芯材外，研究人员还研发了一些新型芯材，如图 2-12 所示，网格圆顶状（鸡蛋盒状）芯材、金字塔形的桁架芯材、瓦楞芯材等，赋予新型复合材料夹层结构优异的吸能能力、冲击性能、压缩性能等。通常情况下，单一芯材很难满足复杂工况、复杂几何形状的要求，按需求将不同性能的芯材混合使用的混合芯材成为一种发展趋势，例如 Balsa 轻木与 PET 泡沫混合使用，PVC 泡沫与高密度的纤维增强泡沫混合使用。

(a) 网格圆顶状芯材　　　　　　(b) 金字塔型桁架芯材　　　　　　(c) 瓦楞芯材

图 2-12　新型复合材料夹层结构芯材

参考文献

［1］Jones R. M. Mechanics of composite materials ［M］. London：Taylor & Francis，Inc，1999.

［2］李永超，张毅，马秀清，等. 纳米 $CaCO_3$ 增强增韧不饱和聚酯树脂（UPR/$CaCO_3$）的研究 ［J］. 塑料，2004，33（4）：50-53.

［3］Brookstein D. Braiding of a three-dimensional article through select fiber placement ［P］. UA Patent：5123458，1994：10-23.

［4］Derosa R，Telfeyan E，Gaustad G，Mayes S. Strength and microscopic investigation of unsaturated polyester BMC reinforced with SMC-recyclate ［J］. Journal of Thermoplastic Composite Materials，2005，18（4）：333-349.

［5］Fam A Z，Flisak B，Rizkalla S. Experimental and analytical modeling of concrete-filled fiber-reinforced polymer tubes subjected to combined bending and axial loads ［J］. ACI Structural Journal，2003，100：499-509.

［6］全国合成纤维科技信息中心. 聚丙烯腈（PAN）基碳纤维的发展和应用 ［J］. 合成纤维，2004.（5）：1.

［7］钱伯章. 国内外碳纤维应用领域、市场需求以及碳纤维产能的进展 ［J］. 高科技纤维与应用，2010，35（1）：43-46.

［8］杨振宇，卢子兴，刘振国，李仲平. 三维四向编织复合材料力学性能的有限元分析 ［J］. 复合材料学报，2005，22（5）：155-161.

［9］王善元，张汝光. 纤维增强复合材料 ［M］. 上海：中国纺织工业大学出版社，1998.

［10］Sim J，Park C，Moon D Y. Characteristics of basalt fiber as a strengthening material for concrete structures ［J］. Composites Part B：Engineering，2005，36（6-7）：504-512.

［11］Cao S H，Wu Z S，W ang X. Tensile properties of CFRP and hybrid FRP composites atelevated temperatures ［J］. Journal of Composite Materials，2009，43（4）：315-330.

［12］沈晓梅，刘华武. 玄武岩纤维的发展及其应用 ［J］. 山东纺织科技，2007，(3)：49-50.

［13］王广健，尚德库，胡琳娜，张楷亮，郭振华，郭亚杰. 玄武岩纤维的表面修饰及生态环境复合过滤材料的制备与性能研究 ［J］. 复合材料学报，2004，21（1）：38-44.

［14］薛巍. 连续玄武岩纤维材料的辐射热防护性能分析 ［J］. 山东纺织科技，2008，(1)：9-11.

［15］Guo S，Kagawa Y. Tensile fracture behavior of continuous SiC fiber-reinforced SiC matrix composites at elevated temperatures and correlation to in situ constituent properties ［J］. Journal of the European Ceramic Society，2002，22（13）：2349-2356.

［16］Zampaloni M，Pourboghrat F，Yankovich S A，et al. Kenaf natural fiber reinforced polypropylene composites：a discussion on manufacturing problems and solutions ［J］. Composites Part A：Applied Science and Manufacturing，2007，38（6）：1569-1580.

［17］Dang W，Song Y，Wang Q，Wang W. Improvement in compatibility and mechanical properties of modified wood fiber/polypropylene composites ［J］. Biomedical and Life Sciences，2008，3（2）：243-247.

［18］Mehtp N M，Parsania P H. Fabrication and evaluation of some mechanical and electeical properties of jute-biomass based hybrid composites ［J］. Journal of Applied Polymer Science，2006，100：1754-1758.

［19］樊萍，晏雄. 混杂纤维复合材料的研究进展 ［J］. 纺织科技进展，2008，1：20-22.

［20］Ferreira J M，Errajhi O A Z，Richardson M O W. Thermogravimetric analysis of aluminised E-glass fibre reinforced unsaturated polyester composites [J]. Polymer Testing，2006，25（8）：1091-1094.

［21］陆昶，燕小然，邹梨野，高常有. 碳酸钙填料对不饱和聚酯树脂体积收缩的影响及其机制 [J]. 复合材料学报，2008，25（5）：33-38.

［22］徐喻琼，游敏，瞿金平，郑小玲. 二氧化硅增强增韧不饱和聚酯 [J]. 华南理工大学学报（自然科学版），2008，36（7）：106-100.

［23］GB/T 9341-2000. 塑料弯曲性能实验方法 [S]. 中华人民共和国国家标准，2000.

［24］Friedrich M，Schulze A，Prosch G，Walter C，Weikert D，Binh N M，Zahn D R T. Investigation of chemically treated basalt and glass fibers [J]. Mickro chimica Acta，2000，133（114）：171-174.

［25］Xu L，Lee L J. Effect of nanoclay on shrinkage control of low profile unsaturated polyester（UP）resin cured at room temperature [J]. Polymer，2004，45：7325-7334.

［26］肖红波，王钧，杨小利. 树脂的黏度及表面张力对浸润速率影响研究 [J]. 武汉理工大学学报，2006（7）：15-17.

［27］姜肇中，邹宁宇，叶鼎铨. 玻璃纤维应用技术 [M]. 北京：中国石化出版社，2004：179-290.

［28］鲁蕾，付敏，郭宝星. 玻璃纤维增强塑料的基体界面粘接及其老化机理研究 [J]. 绝缘材料，2003，2：37-40.

［29］Lin T K，Wu S J，Lai J G.，Shyu S S. The effect of chemical treatment on reinforcement/ matrix interaction in Kevlar-fiber/bismaleimide composites [J]. Composites Science and Technology，2000，60：1873-1878.

［30］樊在霞，张瑜. 纤维增强热塑性树脂基复合材料的加工方法 [J]. 玻璃钢/复合材料，2002，（7）：22-24.

［31］吴林志，泮世东. 夹芯结构的设计及制备现状 [J]. 中国材料进展，2009，28（4）：40-45.

［32］董永祺. 夹芯结构及其新进展 [J]. 高科技与产业化，1997，5：35-38.

［33］赵鑫. 镁合金在卫星铝蜂窝夹层结构板中的应用 [J]. 宇航材料工艺，2008，38（4）：48-50.

［34］Zhang Y. The finite element analysis of low velocity impact damage in composite laminated plates [J]. Materials & Design，2006，27（6）：513-519.

［35］Hazizan M A，Cantwell W J. The low velocity im-pact response of an aluminum honeycomb sandwich structure [J]. Composites Part B：Engineering，2003，34（8）：679-687.

［36］周祝林，孙佩琼. 玻璃钢蜂窝夹层结构板弯曲试验分析 [J]. 纤维复合材料，2003，20（3）：27-29.

［37］Sobhani M，Khazaeian A，Tabarsa T，Shakeri A. Evaluation of physical and mechanical properties of paulownia wood core and fiber glass surfaces sandwich panel [J]. Key Engineering Materials，2011，471-472：85-90.

［38］方海，刘伟庆，万里. 轻质泡桐木复合材料道面垫板的制备与受力性能 [J]. 中外公路，2009，29（6）：222-225.

［39］曹明发，胡培，船用玻璃钢/复合材料夹层结构中的泡沫芯材 [J]. 江苏船舶，2004，（2）：4-5.

［40］丁孟贤. 聚酰亚胺—化学、结构与性能的关系及材料 [M]. 北京：北京科学出版社，2006.

［41］王新威，胡祖明，刘兆峰. 聚醚酰亚胺的性能、聚合与纺丝研究 [J]. 材料导报，2007，21（S1）：408-412.

［42］Seibert H. Applications for PMI foams in aerospace sandwich structures [J]. Reinforced Plastics，2006，（1）：44-48.

［43］杜龙. X-cor 夹层复合材料力学性能研究 [D]. 西安：西北工业大学，2007.

［44］刘韦华，矫桂琼，管国阳，常岩军. Z-pin 增强陶瓷基复合材料拉伸和层间剪切性能 [J]. 复合材料学报，2007，24（1）：86-90.

[45] 杜龙，矫桂琼，黄涛. Z-pin 增强泡沫夹层结构面压缩性能研究 [J]. 航空材料学报，2008，28 (4)：101-106.

[46] Wood M D K，Sun X，Tong L，Katzos A，Rispler A R，Mai Y W. The effect of stitch distribution on Mode I delamination toughness of stitched laminated compression：experimental results and FEA simulation [J]. Composites Science and Technology，2007，67（6）：1058-1072.

[47] Tsai G C，Chen J W. Effect of stitching on Mode I strain energy release rate [J]. Composite Structures，2005，69（1）：1-9.

[48] 陈海欢，张晓晶，汪海. 工艺参数对 X-cor 泡沫夹层结构剪切刚度的影响分析 [J]. 航空材料学报，2010，30（4）：81-8.

[49] Yua T X，Tao X M，Xue P. The Energy-absorbing capacity of grid-domed textile composites [J]. Composites Science and Technology，2000，60：785-800.

[50] Xiong J，Vaziri A，Ma L，Papadopoulos J，Wua L. Compression and impact testing of two-layer composite pyramidal-core sandwich panels [J]. Composite Structures，2012，94：793-801.

[51] Yoo S H，Chang S H，Sutcliffe M P F. Compressive characteristics of foam-filled composite egg-box sandwich panels as energy absorbing structures [J]. Composites：Part A，2010，41：427-434.

第3章 制造工艺

纤维增强复合材料成型工艺是复合材料工业的发展基础和基本条件。随着复合材料应用领域的拓宽，复合材料制造工艺得到迅速发展，目前已有20多种，并已成功地用于工业生产，如：手糊成型工艺、拉挤成型工艺、纤维缠绕成型工艺、真空导入工艺、模压成型工艺等。

复合材料制造工艺的关键是在满足制品形状尺寸及表面质量的前提下，使纤维增强材料能按照预定方向均匀配置，并尽量减少其性能降级，使树脂基体材料充分完成固化反应，通过界面与纤维增强材料良好结合，充分排除挥发气体，减少制品空隙率；同时还应考虑操作方便和对操作人员的健康影响。所选择的设备与工艺过程应与制品的批量相适应，使得单件制品的平均成本最低。因此制造工艺是复合材料结构领域中至关重要的内容。

3.1 手糊成型工艺

手糊成型工艺又称接触成型工艺（Hand lay-up molding process），是通过手工作业把玻璃纤维织物和树脂交替铺在模具上，然后固化成型为复合材料制品的工艺。

3.1.1 手糊成型工艺流程

1. 操作流程

手糊成型工艺是聚合物基复合材料制造中最早采用和最简单的方法。该工艺所需的原材料有纤维及其织物、合成树脂、辅助材料等。其工艺过程如图3-1所示，具体为：先在模具上涂刷含有固化剂的树脂混合物，再在其上铺贴一层剪裁好的纤维织物，用刷子、压辊或刮刀压挤织物，顺一个方向从中间向两边将气泡赶净，使纤维织物贴合紧密，含胶量均匀，再涂刷树脂混合物和铺贴第二层纤维织物，反复上述过程直至达到所需厚度为止。然后，在一定压力作用下加热固化成形（热压成形），或者利用树脂体系固化时放出的热量固化成形（冷压成形），最后脱模得到复合材料制品。其工艺流程如图3-2所示。

2. 影响手糊成型制品质量的因素

影响手糊成型制品质量的因素主要包括：施工人员的技术水平和基本素质、施工工艺的合理性、原材料质量的好坏、含胶量以及施工时的外界环境。作为手糊法施工制作产品，施工人员自始至终都在参与制品的生产过程，是制品生产的直接执行者，施工人员的责任心、技术水平、工作情绪及素质都将影响到制品的最后质量。因此，在手糊成型制品质量的影响因素中，施工人员是最主要的。

施工工艺包括生产用的模具设计和施工方法的制定，生产手糊成型制品用的模具的质

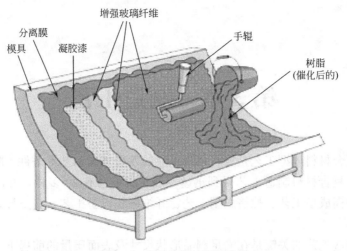

图 3-1　手糊成型工艺及示意

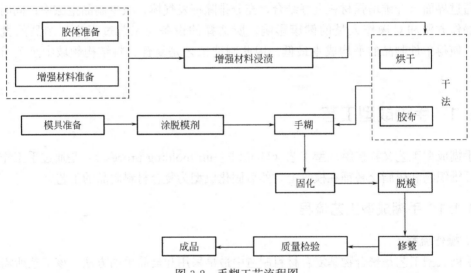

图 3-2　手糊工艺流程图

量以及模具的选用直接关系到制品质量。制品是在预先设计好的模具上成型制成的，因此，设计制作完成的模具好坏直接关系到制品的外表美观、物理尺寸的精确、施工过程质量控制的难易、施工的方便与否和制品成型后脱模的难易，这些都会影响制品的最终质量。

合格的原材料是保证制品合格的首要条件，生产中原材料的合格性得到保证，复合材料制品质量才有了最基本保障，因此，用于生产手糊复合材料制品的纤维、树脂等原材料必须具有出厂合格证、产品检验合格报告、生产许可证、生产厂家的厂名和地址、产品技术指标说明书。同时对进厂（试验室）的材料（特别是储存了一段时间的材料）还应该进行不定期的抽检，送检验部门进行检查化验。

3. 手糊成型工艺中常见的缺陷及解决方法

手糊成型工艺中也会有一些比较常见的缺陷，针对这些缺陷，目前也有相应的解决办法。例如，在糊制模具时，常由于树脂用量过多，胶液中气泡含量多，树脂胶液黏度太大，材料选择不当，纤维织物铺层未压紧密等原因导致模具及型腔表面有大量气泡产生，严重影响模具的质量和表面粗糙度。目前常采用控制含胶量，树脂胶液真空脱泡，添加适量的稀释液，选用容易浸透树脂的纤维织物等措施减少气泡的产生。手工糊制模具时，常出现胶液流淌现象。造成该现象的主要原因是树脂黏度太低，配料不均匀以及固化剂用量少。现在普遍采用加入填充剂的方法提高树脂黏度，适当调整固化剂的用量等措施，以避免出现流胶现象。

除了上述缺陷，在手糊工艺中还存在一些其他缺陷。例如：由于树脂用量不足以及纤维织物铺层未压紧密，过早加热或加热温度过高等，都会引起模具分层。为解决这种缺陷，首先在糊制时，要控制足够的胶液，尽量使铺层压实。其次，树脂在凝胶前尽量不要加热，适当控制加热温度。除了分层缺陷还有裂纹和泛白缺陷。在制作和使用模具时，常能看到在模具表面有裂纹现象出现，导致这一现象的主要原因是胶衣层太厚以及受不均匀脱模力的影响。为避免该问题的发生，模具胶衣的厚度应严格控制，并且在脱模时，严禁用硬物敲打模具，最好用压缩空气脱模。手糊复合材料制品往往会出现起壳泛白的现象，这也是一个常见的缺陷。试验研究表明，含胶量是造成复合材料制品起壳泛白的关键因素之一。同时施工温度、固化剂与促进剂用量直接影响树脂的凝胶时间。当糊完制品，使其在一定的时间内凝胶，使得纤维布能完全被树脂浸润。如果凝胶过快，树脂尚未完全浸润纤维布，易造成层间粘结不良，也会造成泛白现象。同时，手糊成型制品对施工环境也有较为严格的要求。

3.1.2　手糊成型工艺特点

手糊成型工艺作为应用最广泛的工艺，具有较多优势，如：成型不受产品尺寸和形状限制，适宜尺寸大、批量小、形状复杂的产品的生产；设备简单、投资少、见效快，适宜我国中小企业的发展；工艺简单、生产技术易掌握，只需经过短期培训即可进行生产；易于满足产品设计需要，可在产品不同部位任意增补增强材料；制品的树脂含量高，耐腐蚀性能好。同时，该工艺也存在一些不足，如：生产效率低、速度慢、周期长、不宜大批量生产；产品质量不易控制，性能稳定性不高；产品力学性能较低；生产环境差、气味大、加工时粉尘多，易对施工人员造成伤害。

3.1.3　手糊成型工艺的应用

在整个复合材料工业的发展历程中，新的工艺方法不断涌现，但由于手糊成型操作简便，无需复杂的专用设备，不受制品形状尺寸的限制，同时可以根据设计要求，随意局部加强，因此手糊成型目前在复合材料成型工艺中仍占有很大比例。从世界各国来看，手糊法仍占相当比重，仍有生命力，但是随着复合材料工业的不断发展，机械化水平的日益提高，手糊工艺面临的挑战也越来越大。

由于手糊工艺设计自由，可根据产品的技术要求设计出理想的外观、造型及品种繁多的复合材料制品，其应用比较广泛。典型应用在建筑制品、造船业、交通运输以及各种防腐产品等领域。其相关产品主要有复合材料大棚、体育场馆采光层顶、船艇与军用折叠船、车壳、水泥槽内防腐衬层与钢罐内防腐层等。

3.2 液体成型工艺

3.2.1 真空导入工艺

低成本快速成型的真空导入工艺（Vacuum infusion molding process，简称VIMP），它是在真空状态下排除纤维增强体中的气体，利用树脂的流动渗透，实现对纤维及其织物的浸渍，并在室温下进行固化，从而形成一定树脂/纤维比例的工艺方法。

1. 真空导入成型工艺流程

真空导入工艺在模具上铺"干"增强材料（玻璃纤维，碳纤维，夹芯材料等），然后铺真空袋，并抽出体系中的空气，在模具型腔中形成一个负压，利用真空产生的压力把不饱和树脂通过预铺的管路压入纤维积层中，让树脂浸润增强材料最后充满整个模具，制品固化后，揭去真空袋材料，从模具上得到所需的制品。其工艺流程如图3-3所示。

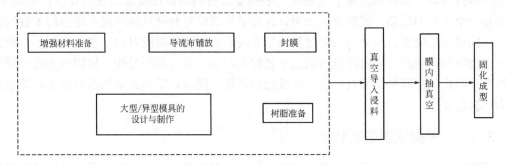

图3-3 真空导入工艺流程

图3-4在平板模具上采用真空导入工艺制作泡沫夹芯复合材料板的工艺原理。该工艺采用单面模具（类似通常的手糊和喷射的模具）建立一个闭合系统。事实上，真空导入工艺公之于世已很久了，这个工艺在1950年出现了专利记录。然而，直到近几年才得到发展。由于这种工艺是由国外引入，所以在命名上目前有多种称呼，真空导入、真空导流、真空灌注、真空注射等。

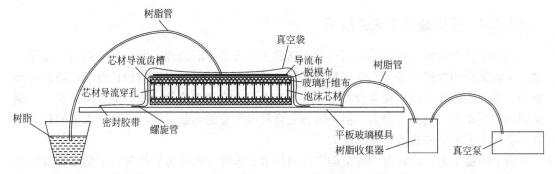

图3-4 真空导入工艺原理

在真空导入过程中，可采用达西（Darcy）定律描述树脂流过预制件的过程：

$$u = -\frac{K}{\mu} \cdot \frac{\Delta P}{\Delta x} \tag{3-1}$$

式中 u——树脂流动速度；

$\quad$ K——预制件渗透率；

$\quad$ μ——树脂黏度；

$\quad$ P/x——压力梯度。

达西定律中，树脂被认为是不可压缩的，其黏度不随切变速度影响的牛顿流体。织物预制件被看作多孔介质，其特性可用孔隙率和渗透率表征，它们影响树脂在预制件中的流动方向和速度，因此决定着复合材料成型时需要的真空压力，充模时间和流动途径等关键参数，进而影响着树脂进口，出口及流道等关键结构的设计，以确保树脂在凝胶前完成充模过程。目前已有软件可模拟真空导入工艺中的流动过程，包括树脂流动前锋的位置和图样，可预先发现工艺中潜在的问题，并使工艺达到最佳化。

在真空导入成型工艺中，由于真空袋是柔性的，不能直接控制产品的厚度，最终产品的厚度和纤维含量和预制件的压缩行为有关，包括纤维在压力下的压缩和松弛行为，以及纤维和树脂间的相互作用。试验表明，产品厚度随着树脂的流动方向改变，离真空源越远，树脂含量越高，相应纤维含量越低（产品越厚）。在 VIMP 工艺中，预制件受到的外压是标准大气压（P_{atm}），这个压力由树脂压力（P_r）和纤维结构支撑力（P_f）组成：

$$P_{atm} = P_r + P_f \tag{3-2}$$

树脂在进口处的压力为 1 个大气压，其流动前锋的压力为零，树脂压力从出口处到进口处，其压力从零到 1 个大气压分布，离出口处越远树脂压力越大，相应预制件受的压力越小，纤维受压缩也越小，厚度也较大。在树脂到达出口处后，关闭树脂进口，而继续保持真空出口，使树脂压力稳定地减少，从而使预制件进一步压缩，可减缓厚度不均的现象。

2. 真空导入成型工艺特点

真空导入工艺是一种十分有效的成型方法，与传统的开模成型工艺相比，其优势主要体现以下几个方面：在相同成本下，真空导入成型制件的强度、刚度或硬度较之手糊成型制件可提高 1.5 倍以上，机械性能好；通过设置真空度，可以在一定程度上控制树脂和纤维的比例，使成型构件具有高度一致性，重复性好；树脂浪费率低于 5%，比开模工艺可节约劳动力 50% 以上。尤其对于大型加筋结构，材料和人工的节省相当可观；开模成型时，苯乙烯的挥发量高 35%~45%；真空导入成型中，挥发性有机物和有毒物质均被局限于真空袋中，有效地避免了对环境的污染和对人身健康的危害。

此外，与传统的树脂传递模塑（RTM）工艺相比，真空导入成型只需要单面刚性模具，制品尺寸和形状受限更少，并且不需要繁杂的注射设备，进一步降低了成本，更适用于制造大型承力结构。

3. 真空导入工艺应用

真空导入工艺制造的复合材料制件具有成本低、空隙含量小、产品性能好的优点，并具有很大的工艺灵活性，能够一次成型带有夹芯、加筋、预埋的大型复合材料结构件；且为闭模工艺，可有效地抑制苯乙烯挥发，绿色环保，已成为复合材料成型工艺的主要发展方向之一。随着在游艇、风力发电叶片等制品上的应用，真空导入工艺近几年得到了快速发展，作为一种相对高性能低成本的成型技术，正被越来越多的人认识和采用。图 3-5（a）、图 3-5（b）为国外采用该工艺在常温常压下一次成型列车车头；图 3-5（c）为采用该工艺一次成型船体。

(a) 列车车头成型　　　　　　(b) 列车车头成型后　　　　　　(c) 船体成型

图 3-5　真空导入工艺成型

3.2.2　树脂传递模塑成型技术（RTM 工艺）

RTM（Resin transfer molding）又称树脂传递模塑或树脂压铸成型，是指在模腔中铺放合理设计的增强材料预成型体，在压力或真空或两者共同的作用下将液态热固性树脂（通常为不饱和聚酯）及固化剂注入模腔，树脂在流动充模的过程中完成对增强材料预成型体的浸润，并固化成型而得到复合材料构件的一种工艺技术，属于复合材料成型技术中的液体成型工艺（liquid composite molding）。

1. 树脂传递模塑成型工艺流程

RTM 的基本原理是将玻璃纤维增强材料铺放到闭模的模腔内，用专用压力设备将树脂胶液注入模腔，浸透玻纤增强材料，然后固化，脱模成型制品。RTM 模具制作时，除了采用低收缩、耐高温树脂及胶衣外，还应采用下列方法来改进模具的质量：1）采用毡、布结合的方法，能降低树脂含量；2）采用间歇法以此来减少产品的收缩；3）在 80℃的温度下进行 3～4h 的热处理，使产品得到充分的固化，让复合材料模具在结构造型上不同角度收缩变形的应力得以缓冲释放，能有效减少模具的变形。树脂传递模塑成型设备如图 3-6 所示。

图 3-6　树脂传递模塑成型设备

树脂传递模塑成型工艺流程如下：

第一步，预制件过程。对于 RTM 部件的生产，需要制造一个由织物增强材料制成的预制件，该预制件通常使用一个完全自动化的过程。

由碳纤或玻纤制成柔软的纤维织物或纤维毡从卷轴上开卷后放入切割机。使用切割技术，纤维铺层被切割成构件加工所需尺寸。该过程通过由现有的切割程序完成。切割成形的纤维铺层材料层合到一起，然后放置到成型单元中。可以使用机器人可靠地处理切割织物、纤维毡以及预制件。预制件成型中心可以作为一个单独的单元来运行，也可与压制工艺一起结合在产线上。

第二步，合模加压过程。预制件的加工过程之后就是合模加压。在合模加压的过程中，树脂系统浸渍预制件以及使其固化。

第三步，注射过程。将低黏度的反应性混合物注入闭模中浸渍预制件。在一个闭环过程中，对树脂和固化剂进行精确计量，并在高压下进行混合，得到反应性混合物。

最后一步，修整过程。修整是工艺链最后步骤的其中一环。可以采用自动化切割台或手提式切割机。工具的选择主要取决于部件的尺寸和复杂程度。

2. 树脂传递模塑成型工艺特点

RTM是一种新型的复合材料成型方法，具有许多独特的优点，因而近年来发展十分迅速，适合多品种、中批量、高质量的先进复合材料制品成型。其模具的设计与制作的关键技术有以下特点：RTM工艺分增强材料预成型坯加工和树脂注射固化两个步骤，具有高度灵活性和组合性；采用了与制品形状相近的增强材料预成型技术，纤维树脂的浸润一经完成即可固化，因此可用低黏度快速固化的树脂，并可对模具加热而进一步提高生产效率和产品质量，增强材料预成型体可以是短切毡、连续纤维毡、纤维布、无皱折织物、三维针织物以及三维编织物，并可根据性能要求进行择向增强、局部增强、混杂增强以及采用预埋和夹芯结构，可充分发挥复合材料性能的可设计性；闭模树脂注入方式可极大减少树脂有害成分对人体和环境的毒害。

另外，RTM还有其他优点，一般采用低压注射技术（注射压力<4kg/cm²），有利于制备大尺寸、外形复杂、两面光洁的整体结构，及无需后处理制品；加工中仅需用树脂进行冷却；模具可根据生产规模的要求选择不同的材料制备，能降低成本。

3. 树脂传递模塑成型工艺的应用

RTM工艺应用发展很快，技术适用范围很广，目前已广泛用于建筑、交通、电讯、卫浴、航空航天等工业领域。例如：航空航天领域的舱门、风扇叶片、机头雷达罩、飞机引擎罩等；军事领域的鱼雷壳体、油箱、发射管等；交通领域的轻轨车门、高铁座椅及车头及车的厕所等，公共汽车侧面板、汽车底盘、保险杠、卡车顶部挡板等；建筑领域的路灯的管状灯杆、风能发电叶片及机舱罩、装饰用门、椅子和桌子、头盔等；船舶领域的小型划艇船体，上层甲板等。

3.2.3 树脂膜渗透成型工艺（RFI工艺）

1. 树脂膜渗透成型工艺流程

树脂膜渗透（RFI—resin film infusion）工艺是一种树脂膜熔渗和纤维预制体相结合的树脂浸渍技术。其工艺过程是将预催化树脂膜或树脂块放入模腔内，然后在其上覆以缝合或三维编织等方法制成的纤维预制体等增强材料，再用真空袋封闭模腔，抽真空并加热模具使模腔内的树脂膜或树脂块融化，并在真空状态下渗透到纤维层（一般是由下至上），最后进行固化制得制品的一种成型工艺。

2. 树脂膜渗透成型工艺的特点

与现有的成型技术相比树脂膜渗透工艺具有显著的优势。在树脂传递模塑（RTM）和真空辅助树脂传递模塑（VARTM）工艺中，液态树脂通过推压或抽吸方式，通过模具内的纤维预制体，形成最终制件形状。这些方法使树脂历经较长、较复杂的路径。为了保证前部树脂均匀推进不留孔隙或干区，需要仔细的工艺设计和细节考虑，废品率可能较高。

RFI工艺可克服上述缺点，加热和用真空或压力帮助树脂渗透连续的纤维预制体，使得树脂分布均匀，制品成型周期短。在无树脂膜的另一侧使用真空袋形成低压，在不使用对模的情况下，就能获得闭模系统的捕集排放物的效果。树脂料可以控制的形式供给，其中已含有适量的固化剂和催化剂，它们在加热后发生作用，在纤维增强材料被完全浸透后完成固化。

3. 树脂膜渗透成型工艺的应用

RFI工艺技术始于20世纪80年代，最初是为成型飞机结构件而发展起来的。近年来这种技术已进入到复合材料成型技术的主流之中，适宜多品种、中批量、高质量先进复合材料制品的生产成型，并已在汽车、船舶、航空航天等领域获得一定应用。采用RFI制得的渔船及游艇重量轻、耗油量低、速度快、容易控制。美国RFI技术在大型构件和高性能复合材料的制造上具有诱人的发展前景，现已成为飞机用复合材料主要的低成本制造技术。在基础设施领域中，可采用RFI工艺制造复合材料加筋整体壁板。

3.3 拉挤成型工艺

拉挤成型工艺是将纤维束或纤维织物通过纱架连续喂入，经过树脂胶槽将纤维浸渍，再穿过热成型模具后进入拉引机构，按此流程可制成连续的复合材料制品。

3.3.1 拉挤成型工艺流程

拉挤成型工艺主要流程如下：

玻璃纤维粗纱排布→浸胶→预成型→挤压模塑及固化→牵引→切割→制品。

在拉挤成型工艺的发展中，有三种同时发展起来的工艺：

1. 隧道炉拉挤工艺

该工艺是把玻纤粗纱或类似的增强材料牵引穿过树脂浴后，经过整形套管除去包藏的空气和多余的树脂达到预定的直径，然后牵引穿过隧道炉并悬空连续固化得到最终产品。

2. 间歇成型拉挤工艺

该工艺是把增强纤维牵引穿过树脂浸演槽并进入对分式阴模，在静止状态下由模外加热固化。通常模具的进入端要冷却以防树脂固化，当一段增强纤维上的浸演树脂完全固化后，打开模具再把下一段牵引到模中。

3. 高频或微波加热拉挤工艺

该工艺与上述两种方法类似，但采用高频或微波加热。该方法树脂固化速度快，在模内即可固化。

拉挤成型工艺可生产出截面形状复杂、性能稳定的连续型材（如：方形、工字形、槽形等型材），图 3-7 为拉挤成型工艺图。由于拉挤型材中纤维主要沿轴向，且纤维含量高，有很好的受力性能，可直接作为受力构件，也可以与其他材料组合受力。目前，我国在拉挤成型工艺方面已有较大发展，能够连续成型各类较大截面的异型构件，也可拉挤成型夹层结构板材以及玻璃纤维/碳纤维复合拉挤型材。

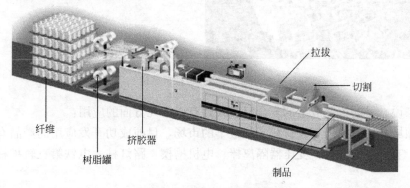

图 3-7　拉挤成型工艺流程

拉挤成型工艺通过对纤维、树脂比例的优化控制，达到增大复合材料刚度的效果。在合适的纤维、树脂比例下，长轴方向的弹性模量可达到 44GPa。拉挤型材的强重比是普通钢材的 4 倍。虽然刚度稍有不足，但是在达到同等强度和同等刚度的情况下，拉挤型材仍只有钢材约一半重量。而与钢筋混凝土相比，拉挤型材的强重比则可以高出 5 倍多。

3.3.2　拉挤成型工艺特点

拉挤工艺之所以能够迅速发展，是因为它具有许多突出的优点，首先，能够连续成型，制品长度不受设备和工艺因素的限制，只要空间足够，任何长度的制品都能够制成，并且很容易在空心制品的内腔或外表面设置纵向加强肋。其次，生产速度高，生产过程中无边角废料，产品不需后加工，故较其他工艺省工、省原料、省能耗，生产成本低。

同时，拉挤成型工艺也有一些局限性：产品形状单调，只能生产线形型材，而且横向强度较低。

3.3.3　拉挤成型工艺的应用

拉挤复合材料的应用范围是目前比较受关注的问题。据统计，拉挤复合材料可以在国民经济各个产业部门中应用。采用拉挤工艺制备的复合材料型材是良好的绝缘和隔热材料，热变形温度高，变形率低；可以有效吸收和减小结构内部声波传递；不易渗透水和水蒸气（型材基质聚合物本身可能吸收少量水汽）；可抵抗融冻现象；抗酸碱腐蚀能力强，在树脂基体的选择方面可消除诸多限制；多为化学惰性材料，用于建筑结构中时释放挥发性有机物的危险性小；在火灾情况下，材料表面会形成"焦化"现象，对结构内部形成保护，使这种材料具有比无特殊处理的钢材更好的防火性能；另外，复合材料拉挤型材在建筑结构中的应用可以大大减少二氧化碳的排放，对环境保护意义重大，如图 3-8 所示。

图 3-8　复合材料拉挤型材

总的来说，目前拉挤成型的复合材料大致有以下几方面的应用：

电气领域：这是拉挤复合材料应用最早的市场，目前成功开发应用的产品有：电缆桥架、梯架、支架、绝缘梯、变压器隔离棒、电机槽楔、路灯柱、电铁第三轨护板、光纤电缆芯材等。

化工、防腐领域：化工防腐是拉挤复合材料的一大用户，成功应用的有：复合材料抽油杆、冷却塔支架、海上采油设备平台、行走格栅、楼梯扶手及支架、各种化学腐蚀环境下的结构支架、水处理厂盖板等。

消费娱乐领域：目前开发应用的主要产品有：钓鱼竿、帐篷杆、雨伞骨架、旗杆、工具手柄、灯柱、栏杆、扶手、楼梯、无线电天线、游艇码头、园林工具及附件。

建筑领域：在建筑领域，拉挤复合材料已渗入传统材料的市场，如：门窗、混凝土模板、脚手架、楼梯扶手、房屋隔间墙板、筋材、装饰材料等。同时筋材和装饰材料将有很大的上升空间。

道路交通领域和农村设施领域：高速公路两侧隔离栏、道路标志牌、人行天桥、隔音壁、冷藏车构件以及畜圈、禽舍用围墙栅、温室框架、支撑构件、藤棚、输水槽等。

3.4　缠绕成型工艺

复合材料缠绕成型工艺是将浸过树脂胶液的连续纤维（或布带、预浸纱）按照一定规律缠绕到芯模上，然后经固化、脱模，获得制品的工艺过程，其缠绕角可根据受力需要进行调整。

3.4.1　纤维缠绕成型工艺流程

纤维缠绕成型工艺是树脂基复合材料的主要制造工艺之一，属于开放式模塑的一种。其制作过程是将纤维通过树脂浸润，按照一定规律缠绕在芯模上，然后固化脱模成型。纤维缠绕成型工艺示意如图 3-9 所示。

根据纤维缠绕成型时树脂基体的物理化学状态不同，纤维缠绕成型工艺方法可分为干法缠绕、湿法缠绕和半干法缠绕三种。

1. 干法

干法缠绕是采用经过预浸胶处理的预浸纱或带，在缠绕机上经加热软化至黏流态后缠

图 3-9　纤维缠绕成型工艺

绕到芯模上。预浸纱（或带）是专业生产，能严格控制树脂含量（精确到 2% 以内）和预浸纱质量，因此干法缠绕能够准确地控制产品质量。干法缠绕工艺的最大特点是生产效率高，缠绕速度可达 100～200m/min，缠绕机清洁，劳动卫生条件好，产品质量高。其缺点是需要增加预浸纱制造设备，干法缠绕制品的层间剪切强度较低。干法缠绕工艺流程如图 3-10 所示。

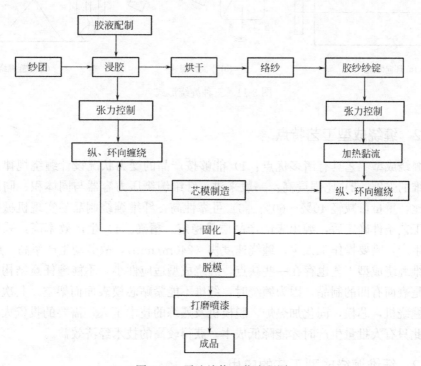

图 3-10　干法缠绕工艺流程图

2. 湿法

湿法缠绕是将纤维经集束、浸胶后，在张力控制下直接缠绕在芯模上，然后再固化成型。湿法缠绕的设备比较简单，但由于纱带浸胶后立即缠绕，在缠绕过程中对制品含胶量不易控制和检验，同时胶液中的溶剂固化时易在制品中形成气泡、孔隙等缺陷，缠绕时张力也不易控制。

3. 半干法

与湿法工艺相比，半干法是在纤维浸胶到缠绕至芯模的途中增加一套烘干设备，将纱带胶液中的溶剂基本上驱赶掉。与干法相比较，半干法不依赖一整套复杂的预浸渍工艺设备。制品中的气泡、孔隙等缺陷大为降低。

三种缠绕方法中，以湿法缠绕应用最为普遍；干法缠绕仅用于高性能、高精度的尖端技术领域。

缠绕的主要形式有三种：环向缠绕、平面缠绕及螺旋缠绕，如图 3-11 所示。环向缠绕的增强材料与芯模轴线以接近 90°（通常为 85°～89°）的方向连续缠绕在芯模上，平面缠绕的增强材料以与芯模两端极孔相切并在平面内的方向连续缠绕在芯模上，螺旋缠绕的增强材料也与芯模两端相切，但是在芯模上呈螺旋状态连续缠绕在芯模上。

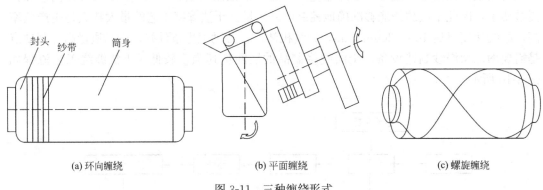

(a) 环向缠绕	(b) 平面缠绕	(c) 螺旋缠绕

图 3-11　三种缠绕形式

3.4.2　缠绕成型工艺特点

纤维缠绕成型工艺具有诸多优点：1）能够按产品的受力状况设计缠绕规律，使能充分发挥纤维的强度。2）比强度高：一般来讲，纤维缠绕压力容器与同体积、同压力的钢质容器相比，重量可减轻 40%～60%。3）可靠性高：纤维缠绕制品易实现机械化和自动化生产，工艺条件确定后，缠出来的产品质量稳定，精确。4）生产效率高：采用机械化或自动化生产，需要操作工人少，缠绕速度快（240m/min），故劳动生产率高，成本低。

但纤维缠绕成型工艺也存在一些缺点，缠绕成型适应性小，不能缠任意结构形式的制品，特别是表面有凹的制品，因为缠绕时，纤维不能紧贴芯模表面而架空。其次，缠绕成型需要有缠绕机，芯模，固化加热炉，脱模机及熟练的技术工人，需要的投资大，技术要求高，因此只有大批量生产时才能降低成本，获得较高的技术经济效益。

3.4.3　纤维缠绕成型工艺的应用

目前纤维缠绕成型工艺已经在国防军工及各工业领域获得了广泛的应用，如：纤维缠绕地下石油复合材料贮罐、纤维缠绕管道制品及复合材料压力容器（包括球形容器）和复合材料压力管道制品等，近期土木领域也有将复合材料缠绕管与木或混凝土组合形成桩、桥墩等结构。

有记录的纤维缠绕制品的最早应用是 1945 年制成的复合材料环，用于原子弹工程，后来发展成 NOL 环的基础，第一个纤维缠绕技术专利于 1946 年在美国注册，即对固体火箭发动机壳体和压力容器开发系统研究。1947 年，美国 Kellog 公司研制出第一台缠绕机。20 世纪 50 年代，美国宇航局成功研制"北极星 A3"导弹发动机壳体，性能大大优于钛合金，从而奠定了纤维缠绕在制造尖端军用产品的重要地位。20 世纪 60～70 年代纤维缠绕技术进入了飞速发展阶段，但仍以玻璃纤维为主导，随着高性能纤维的不断问世，缠绕的应用领域逐渐拓宽，并且出现了巨大体积的复合材料产品。20 世纪 80 年代，出现了第一台计算机控制缠绕机，使得缠绕精度更高，形状更复杂的产品成为可能。进入 20 世纪 90 年代，缠绕成型技术进入新的高速发展阶段，商用领域扩展到汽车、救生设备、运动器材等，同时多轴缠绕机开始出现并得到迅猛发展。随着复合材料相关技术的发展，以前占主导地位的热固性树脂缠绕正向热塑性树脂缠绕方向发展。

3.5　其他生产工艺

随着复合材料应用领域的拓宽，复合材料工业得到迅速发展，老的成型工艺日臻完善，新的成型方法不断涌现，除上述成型工艺外还有复合材料模塑格栅生产工艺、热压罐成型技术、离心成型工艺、喷射成型工艺以及模压成型工艺等。

3.5.1　复合材料模塑格栅生产工艺

树脂基纤维增强复合材料格栅系指采用不饱和聚酯树脂等作为基体材料，玻璃纤维作为增强材料，通过一定的成型工艺制作而成的多网格板状材料。

复合材料模塑格栅的成型是在定型的金属模具上，按设计铺放好玻璃纤维无捻粗纱，然后浇注或注射所要求的热固性树脂，固化成型脱膜后即可得到复合材料模塑格栅，其生产工艺流程如图 3-12 所示。

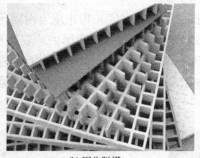

(a) 模塑　　　　　　　(b) 固化脱模　　　　　　(c) 成品检验、包装

图 3-12　复合材料格栅制备流程图

该工艺成型周期短，生产效率高，易于实现大批量生产，且对产品的尺寸控制比较精确，得到的格栅产品具有很好的整体性，随意切割不会造成结构的破坏。模塑格栅也有一些不足之处，例如树脂浇注过程中若玻纤浸渍不好，树脂中气泡未排尽，成型后格栅易出现露白、气泡开裂等缺陷从而降低了格栅的耐腐蚀性能和力学性能。

随着工艺的不断成熟，复合材料格栅现在得到了广泛的应用，例如，化工厂中利用复合材料格栅作为铺面材料制作的操作平台，设备与设备之间的通道也采用塑膜格栅；采用复合材料货架，可有效解决传统货架不耐腐蚀的问题。同时冶炼厂的电解车间，电厂的化学处理车间，电镀厂、蓄电池厂、机械厂的酸洗车间以及制药厂、印染厂、盐矿等都有大量的地沟，地沟中多为腐蚀性液体，采用复合材料格栅就可以很好地解决腐蚀问题，同时便于污水泄入水沟中。另外复合材料格栅在腐蚀性车间、海上石油平台、围栏、灌顶平台、船艇甲板等也得到了广泛应用。

3.5.2　热压罐成型技术

热压罐成型工艺是将复合材料毛坯、夹芯材料或者复合材料胶接结构用真空袋密封在模具上，置于热压罐中，使得复合材料构件在真空状态下，经过升温、加压、保温、降温和卸压的过程，使结构件成为所需的形状和质量状态的成型工艺方法，如表 3-1 所示。

热压罐成型法是目前国内外广泛采用的工艺方法之一，主要用于大尺寸、外形复杂的航空、航天复合材料构件的制造，如蒙皮、肋、框、各种壁板件、地板及整流罩等。热压罐成型法也有一定的局限性，结构很复杂的构件，用该方法成型有一定困难。同时此法对模具的设计技术要求很高，模具必须有良好的导热性、热态刚性和气密性。

热压罐成型的工艺特点　　　　　　　　　　　表 3-1

特点	说明
压力均匀	用压缩空气向罐内充气加压,罐内各处压力相同、构件在均匀压力下固化
温度均匀	罐内装有风扇和导风套,热空气高速循环流动,罐内各点温度较均匀
适用范围广	热压罐尺寸大,适用于结构和型面复杂的大型构件,如各种整流罩、机翼蒙皮垫板等
效率高	热压罐容积大,一次可安放两层或多层模具,多种构件一起固化
一次性投资大	热压罐价格昂贵,使用过程中需耗用大量的水、电

材料成型时，利用热压罐内同时提供的均匀温度和均布压力而固化，所以可得到表面与内部质量高，形状复杂，面积巨大的复合材料制件。我国的西安飞机制造公司于 20 世纪 80 年代末同德国的肖尔茨机械工程公司公司联合设计分体加工制造了国内航空工厂最大规格的热压罐。图 3-13 为用于制造 B787 复合材料机身的大型热压罐，图 3-14 为实验室小型热压罐。

图 3-13　用于制造 B787 复合材料机身的大型热压罐　　　　　图 3-14　实验室热压罐

3.5.3　离心成型工艺

离心成型工艺在复合材料制品生产中，主要是用于制造管材（地埋管），它是将树脂、玻璃纤维和填料按一定比例和方法加入到旋转的模腔内，依靠高速旋转产生的离心力，使物料挤压密实，固化成型，如图 3-15 所示。

离心复合材料管分为压力管非压力管两类，其使用压力为 0～18MPa。这种管的管径一般为 400～2500mm，最大管径或达 5m，以 1200mm 以上管径经济效果最佳，离心管的长度为 2～12m，一般为 6m。

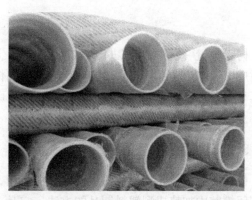

图 3-15　小型离心成型设备及复合材料管

离心复合材料管的优点包括：强度高、重量轻，防腐、耐磨（是石棉水泥管的 5～10 倍）、节能、耐久（50 年以上）及综合工程造价低，特别是大口径管等；与缠绕加砂复合材料管相比，其最大特点是刚度大，成本低，管壁可以按其功能设计成多层结构。离心法制管质量稳定，原材料损耗少，其综合成本低于钢管。离心复合材料管可埋深 15m，能随真空及外压。其缺点是内表面不够光滑，水力学特性比较差。

离心复合材料管的应用前景十分广阔，其主要应用范围包括：给水及排水工程干管，油田注水管、污水管、化工防腐管等。

3.5.4　喷射成型工艺

喷射成型技术是手糊成型的改进，半机械化程度。喷射成型技术在复合材料成型工艺中所占比例较大。

喷射成型工艺是将混有引发剂和促进剂的两种聚酯分别从喷枪两侧喷出，同时将切断的玻纤粗纱，由喷枪中心喷出，使其与树脂均匀混合，沉积到模具上，当沉积到一定厚度时，用辊轮压实，使纤维浸透树脂，排除气泡，固化后成制品，如图 3-16 所示。

喷射成型的优点包括：用玻纤粗纱代替织物，可降低材料成本；生产效率比手糊的高 2～4 倍；产品整体性好，无接缝，层间剪切强度高，树脂含量高，耐腐蚀、耐渗漏性好；可减少飞边，裁布屑及剩余胶液的消耗；产品尺寸、形状不受限制。

同时也有一些不足之处，树脂含量高，制品强度低；产品只能做到单面光滑；污染环境，有害工人健康。

用喷射成型方法虽然可以制成复杂形状的制品，但其厚度和纤维含量都较难精确控

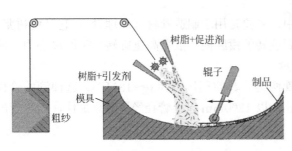

图 3-16　喷射工艺示意图

制，树脂含量一般在 60％以上，孔隙率较高，制品强度较低，施工现场污染和浪费较大。喷射成型效率达 15kg/min，故适合于大型船体制造。目前来说，利用喷射法可以制作大篷车车身、船体、广告模型、舞台道具、贮藏箱、建筑构件、机器外罩、容器、安全帽等。

3.5.5　模压成型工艺

模压成型工艺是复合材料生产中最古老而又富有无限活力的一种成型方法。该工艺是在密闭模腔内加热成型塑料制品的方法，它是一种快速、可重复生产热固性和热塑性复合材料构件的重要工艺。模压成型设备如图 3-17 所示。

图 3-17　模压成型设备

模压成型工艺按增强材料物态和模压料品种可分为如下几种：（1）纤维料模压法是将经预混或预浸的纤维状模压料，投入到金属模具内，在一定的温度和压力下成型复合材料制品的方法。该方法简便易行，用途广泛。根据具体操作上的不同，有预混料模压和预浸料模压法。（2）碎布料模压法将浸过树脂胶液的玻璃纤维布或其他织物，如麻布、有机纤维布、石棉布或棉布等的边角料切成碎块，然后在模具中加温加压成型复合材料制品。（3）织物模压法将预先织成所需形状的两维或三维织物浸渍树脂胶液，然后放入金属模具中加热加压成型为复合材料制品。（4）层压模压法将预浸过树脂胶液的玻璃纤维布或其他织物，裁剪成所需的形状，然后在金属模具中经加温或加压成型复合材料制品。（5）缠绕模压法将预浸过树脂胶液的连续纤维或布（带），通过专用缠绕机提供一定的张力和温度，缠在芯模上，再放入模具中进行加温加压成型复合材料制品。（6）片状塑料（SMC）模压法将 SMC 片材按制品尺寸、形状、厚度等要求裁剪下料，然后将多层片材叠合后放入金属模具中加热加压成型制品。（7）预成型坯料模压法先将短切纤维制成品形状和尺寸相似的预成型坯料，将其放入金属模具中，然后向模具中注入配制好的粘结剂（树脂混合物），在一定的温度和压力下成型。

模压成型主要优点为：模压成型可加工热固性和热塑性基体材料，生产周期较短（一般热固性树脂为 1～3min，热塑性树脂不到 1min）。模具通常采用经硬化、打磨、抛光的镀铬钢板。模具加热可采用电加热、蒸汽或热油循环。产效率高，便于实现专业化和自动化生产，产品尺寸精度高，重复性好。表面光洁，无需二次修饰，能一次成型结构复杂的制品。因为批量生产，价格相对低廉。模压成型的不足之处在于模具制造复杂，投资较大，加上受压机限制，最适合于批量生产中小型复合材料制品。

模压成型工艺已成为复合材料的重要成型方法，近年来随着专业化、自动化和生产效率的提高，制品成本不断降低，使用范围越来越广泛。模压制品主要用作结构件、连接件、防护件和电气绝缘等，广泛应用于工业、农业、交通运输、电气、化工、建筑、机械等领域。由于模压制品质量可靠，在兵器、飞机、导弹、卫星上也都得到应用。

针对复合材料的主要成型工艺，表 3-2 进行了各工艺应用领域的对比分析。

各工艺应用领域比较 表 3-2

工艺	应用领域
手糊成型	典型应用在建筑制品、造船业、交通运输以及各种防腐产品等领域。其相关产品主要有复合材料大棚、体育场馆采光层顶、船艇与军用折叠船、车壳、水泥槽内防腐衬层与钢罐内防腐层等
真空导入	已成为复合材料成型工艺的主要发展方向之一。随着在游艇、风力发电叶片等制品上的应用，真空导入工艺近几年得到了快速发展，作为一种相对高性能低成本的成型技术，正被越来越多的人认识和采用
拉挤成型	电气领域，化工、防腐领域，消费娱乐领域、建筑领域、道路交通领域和农村设施领域等
纤维缠绕成型	目前纤维缠绕成型工艺已经在国防军工及各工业领域获得了广泛的应用，商用领域扩展到汽车、救生设备、运动器材等，同时多轴缠绕机开始出现并得到迅猛发展
模压成型	广泛应用于工业、农业、交通运输、电气、化工、建筑、机械等领域。由于模压制品质量可靠，在兵器、飞机、导弹、卫星上也都得到应用

参考文献

[1] 汤文成，汤文宁，易红，唐寅. 复合材料成型的工艺方法 [J]. 合成纤维. 1996，04.
[2] 赵秋艳. 复合材料成型工艺的发展 [J]. 航天返回与遥感，1999，20 (1).
[3] 陈玉辉，王嵘. 手糊成型工艺生产过程中的质量控制 [C]. 玻璃钢学会第十四届全国复合材料/复音材料学术年会论文集. 2001.
[4] 李宏伟. 手糊复合材料质量的控制 [J]. 全面腐蚀控制. 2003，17 (5).
[5] 方群英，周润培. 含胶量对手糊复合材料的影响 [J]. 复合材料/复合材料. 2000.
[6] 赵渠森，赵攀峰. 真空辅助成型工艺研究 [J]. 纤维复合材料，2002 (1)：42-46.
[7] 邓京兰，祝颖丹，王继辉. SCRIMP 成型工艺的研究 [J]. 复合材料/复合材料，2001 (5)：40-45.
[8] 顾王飞. 真空导入工艺的应用介绍 [J]. 复合材料/复合材料增刊，2008：215-217.
[9] 祝颖丹. 真空注射成型工艺的研究 [D]. 武汉：武汉理工大学，2002：8-9.
[10] U. K. Vaidya, A. Abraham，S. Bhide. Affordable processing of thick section and integral multi-function composites. Composites：Part A，2001 (32)：1133-1142.
　[J]. Analytical formulation Composites，2005 (3)：1645-1656.

[11] 张治菁，曹运红. 树脂传递模塑工艺的发展及其在飞行器上的应用 [J]. 飞航导弹，2002，11 (18)：562611.

[12] Mark V. Bower. Composite Material s [N]. The University of Alabama in Hunts vile，2000.

[13] H excel Corporation. Advanced Fiber2 reinforced Matrix Prod2ucts For Direct Process [N]. Alabama，2005.

[14] Dag Lukkassen，Annette Meidell. Advanced Materials and Structures and their Fabrication Processes [M]. Narvik University College，HiN，2007.

[15] 黄克均，张建伟. 拉挤成型工艺及应用 [J]. 工程塑料应用. 1997，25 (3).

[16] 周效谅，钱春香，王继刚，郑孝霞. 连续纤维增强热塑性树脂基复合材料拉挤工艺研究与应用现状 [J]. 高科技纤维与应用，2004，29 (1)：41-45.

[17] 孔庆保. 纤维增强塑料拉挤成型工艺综述 [J]. 纤维复合材料. 1984，(1).

[18] 孔庆宝. 纤维缠绕技术进入新的高速发展阶段 [J]. 纤维复合材料，1998，9 (3)：351.

[19] Brian W. Filament winding-the jump from aerospare to commercial frame [J]. SAMPE Journal，1997，33 (3)：25-32.

[20] John E G. Overiew of filament winding [J]. SAMPE Journal，2001，37 (1)：7-11.

[21] 黄建平. 模塑复合材料格栅综述 [J]. 复合材料/复合材料，1996 (5)：39-42.

[22] 黄建平. 模塑复合材料格栅发展趋势 [J]. 复合材料，1998 (2)：31-35.

[23] 赵渠森，恩明. 先进复合材料手册. 北京：机械工业出版社，2003，5.

第 4 章　制品及基本构件

复合材料因其可设计性强、制造工艺多样的特点，具有丰富多样的制品形式。除纤维和基体种类外，制品中的纤维排列方向及其含量决定了该制品的主要受力性能。将具有不同受力性能的复合材料制品合理地应用于最适合的构件和结构中，是复合材料工程应用的基本原则之一。在土木工程领域，常用的复合材料制品形式主要包括复合材料筋（索）材、复合材料型材、复合材料管材、复合材料板材（含加筋板）以及复合材料夹芯结构。本章主要介绍其基本受力特点及其在土木工程中的主要应用。

4.1　复材筋与索

复合材料筋与索是以纵向纤维为主的连续长条形复合材料制品（棒材）的典型应用形式，其中用于混凝土中的复合材料棒材称为复合材料筋，单独使用的单根复合材料棒材常称为复合材料拉杆，多根复合材料棒材平行或一定角度旋转形成的复合材料棒材束则称为复合材料索。

4.1.1　基本构造

复合材料筋是一种聚合物基复合材料，主要是由树脂基体和纤维构成，其中树脂基体起到黏聚作用，纤维作为增强材料提供强度。当今国内外应用最广泛的属 FRP 筋，其生产设备和生产工艺都比较简单，生产过程中无污染并且能耗低。FRP 筋因其自身轻质高强、抗疲劳性能好等显著优点，可以代替混凝土结构中的钢筋和预应力钢绞线，工程应用实例在世界范围内不断出现。

复合材料筋（索）主要采用拉挤或拉缠等工艺进行制造，其类型多样，可按不同标准进行分类。

按照所用的纤维类型，可分为玻璃纤维增强筋（GFRP 筋）、碳纤维增强筋（CFRP 筋）、芳纶纤维增强筋（AFRP 筋）等；另外为改善复合材料筋的性能，可将两种或两种以上纤维混杂在一起，形成混杂纤维增强筋（HFRP 筋），从而具有多阶段破坏的特点。

按照所用的树脂类型，可分为热固性复合材料筋和热塑性复合材料筋。前者主要使用不饱和聚酯树脂、乙烯基树脂以及环氧树脂等热固性树脂，后者则主要使用聚酯、聚丙烯、聚酰胺和聚甲醛等热塑性树脂。两者相比，热固性复合材料筋（索）具有更高的强度和模量，但是不易于进行现场加工，特别是无法进行弯折加工，因此对于非直线型的筋材，需要制造时直接预制成所需形状；热塑性复合材料筋可通过专门的加热和弯折设备现场加热和弯折处理，相较于热固性复合材料筋，具有一定的二次加工能力，但是需要注意二次加工时可能会对热塑性复合材料筋的力学性能造成影响。

　　按照表面形式，可分为光圆筋、喷砂筋和螺纹筋如图 4-1 所示。复合材料光圆筋表面光滑，与混凝土界面粘结性能很差，因此一般不作为混凝土中的配筋使用，而是作为拉杆或吊杆等构件单独使用。复合材料喷砂筋是通过在普通光圆筋表面喷涂一层石英砂或金刚砂等颗粒形成粗糙表面，从而增加复合材料筋与混凝土的界面性能；但是喷砂层与原复合材料筋之间也存在脱落问题，与所使用的胶黏剂类型以及喷涂质量显著相关。复合材料螺纹筋与螺纹钢筋类似，是在复合材料筋成型过程中采用特殊工艺在复合材料筋表面形成特定的形状，从而增大复合材料筋与混凝土的界面性能。

　　除上述类型外，还有复合材料空心筋、复合材料编织筋以及复合材料-钢复合筋等如图 4-2 所示，分别具有各自不同的特点，适用于不同的工程领域。例如复合材料空心筋可用于复合材料锚杆，其空心部分可作为后灌浆的通道，复合材料-钢复合筋具有较好的二阶刚度，可用于对变形和耗能要求较高的构件和结构中。

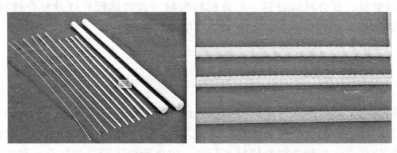

图 4-1　复合材料光圆筋、喷砂筋和螺纹筋

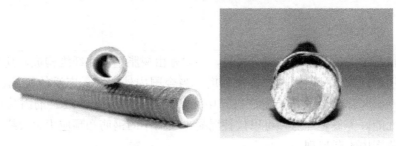

图 4-2　复合材料空心筋与复合材料-钢复合筋

4.1.2　基本特点

　　复合材料筋（索）在结构或构件中主要承受拉力，与传统的钢筋（索）相比，复合材料筋具有如下显著优点：

　　抗拉强度高。复合材料筋的极限抗拉强度很高，通常可达普通钢筋的 3～6 倍。其中碳纤维复合材料筋的抗拉强度最高，可达 2500MPa 以上，其次为芳纶纤维复合材料筋和玻璃纤维复合材料筋。复合材料筋的高抗拉强度使其可作为预应力筋使用。

　　耐腐蚀性好。复合材料筋不存在钢筋的锈蚀问题，且可在酸、碱、氯盐和潮湿等恶劣环境中有效抵抗化学腐蚀。复合材料筋作为混凝土结构中的受力筋使用，其优良的耐腐蚀性可提高建筑物的安全性和耐久性，保证建筑物的使用年限。

　　优良的弹性受力性能。复合材料筋的应力应变曲线接近线性，在发生较大变形后仍可恢复原状，几乎没有残余应变，这对于承受较大动载和冲击荷载的结构有利。

良好的电磁性能。部分 FRP 筋（如 GFRP 筋等）具有良好的电绝缘性和电磁波易穿透的特点，在机场、军用设施、通信大楼以及防雷达干扰建筑物等方面具有难以替代的应用优势。

在复合材料筋的应用中尚需注意以下问题。首先，复合材料筋弹性模量较低，根据所采用纤维的不同，其弹性模量约为钢材的 25%～75%，因此在使用过程中会使构件产生较大的变形。其次，复合材料筋抗剪强度较低，因此在使用复合材料筋时，一般不考虑复合材料筋自身的抗剪作用。另外，复合材料筋的热膨胀系数与混凝土之间存在一定的差别，例如 GFRP 筋的热膨胀系数与混凝土接近，CFRP 筋的热膨胀系数较低，AFRP 筋的热膨胀系数甚至为负数，且 FRP 筋的横向温度膨胀系数较混凝土偏大，温度变化时，FRP 筋与混凝土之间会产生不协调的变形，对结构的耐久性产生不利影响。各种纤维筋与钢筋、钢绞线的对比见表 4-1。

各种纤维筋与钢筋、钢绞线的对比　　　　　　表 4-1

项目	普通钢筋	钢绞线	GFRP 筋	AFRP 筋	CFRP 筋
密度(g/cm^3)	7.85	7.85	1.2～2.1	1.2～1.4	1.5～1.6
抗拉强度(MPa)	490～700	1400～1890	480～1600	1200～2550	600～3700
屈服强度(MPa)	280～420	1050～1400	—	—	—
弹性模量(GPa)	210	180～210	30～65	40～125	120～580
延伸率(%)	>10.0	>4.0	1.2～3.1	1.9～4.4	0.5～1.7
热胀系数(10^{-6}/℃)	11.7	11.7	8.0～10.0	6.0～2.0	0.6～1.0
应力松弛率(20℃时)(%)	—	3	5	7～20	1～3

4.1.3　基本受力性能

（1）抗拉性能

复合材料筋的抗拉性能可通过对其进行拉伸试验容易得到其应力-应变曲线如图 4-3 所示。可以看出，GFRP 筋应力-应变关系在达到极限强度前近似地可以看作一条斜直线，当荷载增加到极限抗拉强度的 40% 左右时，开始出现疑似基体树脂断裂的细微声响。随着荷载的逐渐增加，断裂声逐渐加剧，当接近极限抗拉强度时，断裂声绵密急促，此时增强纤维开始跟着发生断裂。当达到极限抗拉强度后，应力-应变关系曲线突然下降，没有出现明显的屈服阶段。在 GFRP 筋拉伸接近极限荷载时，可以明显看到筋材表明纤维出现断裂，并伴随有剧烈劈裂声，筋材整体发生炸裂式破坏，呈现出明显的脆性破坏特征如图 4-4 所示。

（2）与混凝土的粘结性能

复合材料筋与混凝土之间具有良好的界面粘结性能，是复合材料配筋混凝土构件得以实现的基础。复合材料筋与混凝土之间粘结力的组成主要包括化学胶结力、摩阻力和机械咬合力。

化学胶结力，即复合材料筋与混凝土接触面上的化学吸附作用力。这种力的来源是在

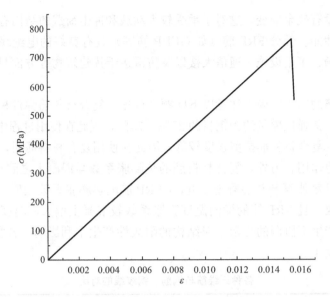

图 4-3　GFRP 筋应力-应变曲线

图 4-4　GFRP 筋破坏形态

浇筑混凝土时水泥浆体向复合材料筋表面渗透以及水泥水化时水泥晶体的生长和硬化,从而使水泥胶体与复合材料筋表面产生吸附胶着作用。通常情况下,化学胶结力很小,当复合材料筋与混凝土的界面发生相对滑移时就消失,仅在局部无滑移区段内起作用。

摩阻力,主要是指复合材料筋表面与混凝土接触面产生的摩擦力。摩阻力的大小与接触面的粗糙程度以及径向的挤压力有关。对于光圆的复合材料筋,在产生相对滑移后,两者之间的粘结力则主要来源于摩阻力。由于复合材料光圆筋表面通常非常光滑,其粘结力明显小于光圆钢筋与混凝土之间的粘结力,因此在混凝土结构中通常不采用复合材料光圆筋。

机械咬合力,是由复合材料筋表面宏观上的凹凸不平与混凝土之间的相互咬合、挤压产生的。这种力存在于复合材料螺纹筋与混凝土的界面上,往往显著大于化学胶结力和摩阻力,成为螺旋筋与混凝土粘结力的主要来源。

复合材料筋与混凝土界面上沿筋方向的剪切应力称为粘结应力。粘结应力沿筋材长度方向分布不均匀：在筋材自由端以及混凝土自由端均为零，在中间部分连续分布。粘结应力的存在，本质上是复合材料筋材应力沿长度方向从零逐渐增大的过程，也就是筋材内部拉应力的变化形成了粘结应力，这一过程也是筋材与混凝土逐步建立共同工作的过程。

4.1.4 工程应用

复合材料筋的主要应用是代替钢筋，用于耐腐蚀、无磁等特殊要求的混凝土结构中。

复合材料配筋混凝土桥面板及路面是复合材料筋的一种典型应用。在寒冷地区由于防冻盐和化雪盐的大量使用，常常导致钢筋混凝土路面、桥面中的钢筋严重腐蚀。而采用复合材料筋代替普通钢筋则可有效解决该问题。例如，美国西弗吉尼亚州的 Mackingleyville 桥大量使用复合材料配筋混凝土桥板如图 4-5 所示，这是美国第一座使用 FRP 筋材增强桥板的公路桥，全长 5000m，于 1993 年开始修建，1996 年 10 月通车，目前使用情况良好。

图 4-5　Mackingleyville 桥

复合材料配筋混凝土在工业建筑中具有很好的应用前景。生活废水和工业废水是钢筋的重大腐蚀根源，其他气态、固态和液态的化学品也可以造成钢筋的腐蚀。而复合材料筋耐蚀性胜过钢筋，因而它在污水处理厂、废水处理设备、石油化工设备、纸浆和造纸设备、液化气体设备、氮气罐、空气罐、矿物燃料管道、贮罐、冷却塔、烟囱、核电设备上都可以广泛使用。美国已有几家大的化学公司使用复合材料筋增强混凝土制造污水处理池和化工厂地面板，如图 4-6 所示。

图 4-6　复合材料筋混凝土结构

图 4-7　洋山港深水自动化码头
AGV 区域 FRP 配筋混凝土

另外，在复合材料筋在无磁要求的工程中也具有很好的应用优势。上海国际航运中心洋山深水港四期工程，采用了最新一代的自动化生产管理控制系统，其自动引导运输车（AGV 小车）需沿规定的导引路径行驶，对地面的无磁性要求非常高，传统钢筋混凝土路面无法满足 AGV 小车的使用要求。玻璃纤维增强复合材料筋（GFRP 筋）具有良好的电磁绝缘性能，以其代替路面上层的钢筋则可确保 AGV 小车的无磁性环境要求，因此在洋山四期工程得到大规模推广应用。在该工程中，GFRP 筋主要布置在 AGV 主通道区、AGV 装卸区、AGV 车道范围内的地下管线穿越段以及附近的综合管沟盖板等如图 4-7 所示。

复合材料筋在城市地铁施工中的应用广泛。和普通钢筋相比，复合材料筋轻质高强，静剪切力很高而动剪切力较低，除了现场切割外，无法进行其他现场加工如焊接弯曲等操作。在城市地铁地下连续墙的盾构机进洞位置采用 GFRP 筋代替钢筋，可以使盾构机在进洞时直接切削围护墙前进，从而避免了事前进行人工切割钢筋和凿除门洞等工作，不仅简化了施工工艺，同时加快了施工速度，降低了施工成本和施工风险。深圳地铁 2 号线东延线工程的三段盾构区间在地下连续墙的盾构机进洞位置均采用 GFRP 筋代替部分钢筋作钢筋笼，GFRP 筋与钢筋连接共同使用。

与钢索相比，复合材料索除具有耐腐蚀的优点外，其比强度也高于钢索，因此在大跨度的斜拉桥或悬索桥中使用，可降低拉索自重，减小索自身的变形，从而更有利于结构受力。1996 年在瑞士的温特图尔建成了世界上第一座的 CFRP 斜拉桥 Stork 桥，在其 24 根斜拉桥的拉索中，2 根斜拉索采用了 CFRP 拉索，其余仍是高强钢绞线拉索。在国内，江苏大学西山校区也建设了国内第一座 CFRP 索斜拉桥如图 4-8 所示，另外在矮寨大桥中也首次将 CFRP 索作为岩锚吊索进行使用。

图 4-8　江苏大学西山校区 CFRP 索斜拉桥

4.2　拉挤型材

采用拉挤成型工艺制作的等截面直线形复合材料制品通常称为复合材料拉挤型材，简称拉挤型材或复合材料型材，如图 4-9 所示。拉挤型材具有工业化程度高、质量稳定等优点，在工程领域有诸多应用，如桥面板、房屋结构、钻井平台以及护栏系统等。同时，拉挤型材具有丰富的截面形式，其尺寸和形状可根据具体要求进行针对性设计，以满足不同工程领域的需求。

图 4-9　复合材料拉挤型材

4.2.1　基本受力性能

FRP 拉挤型材一般为薄壁构件，且其纤维主要沿型材纵向分布，使其具有较大的轴向强度和刚度，但其横向强度和剪切强度较小，易发生纵向劈裂破坏和局部屈曲破坏。这两种破坏模式不能充分发挥复合材料的抗拉和抗压强度，复合材料的使用效率较低。解决该问题的一个主要途径是增加拉挤型材的抗剪强度，目前可采取的方法主要有三种：采用新型高性能树脂（如聚氨酯）、采用多轴向织物进行拉挤、采用拉缠一体机进行生产。特别是后两种方法可有效增强拉挤型材的抗剪强度，从而提高拉挤型材的整体和局部受力性能。复合材料拉挤型材在结构中多以梁、柱、平板以及异形材等形式出现。

FRP 材料具有明显的各向异性特点，其破坏机理复杂且离散型大。FRP 拉挤型材为以单向纤维为主的薄壁构件，除具有同其他薄壁构件相类似的受力特点之外，板件厚度方向的力学性能及缺陷对整个构件的受力性能也具有显著影响。

（1）受弯性能

拉挤型材在受弯时，容易出现纵向劈裂破坏，主要是由于拉挤型材以纵向纤维为主，横向抗剪能力较差的缘故。对于空心薄壁型材，如矩形截面型材，在横向荷载作用下，型材上面层在加载点下方出现了明显的凹陷如图 4-10（a）所示，即上面板在截面横向发生弯曲，该方向产生了一定的横向弯矩；外荷载（即剪力）主要由两侧腹板承担，最终两侧腹板出现纵向劈裂破坏如图 4-10（b）所示。其他构件试验也表明该破坏形式是拉挤型材典型的破坏形式。

(a) 空芯型材上面层凹陷　　　　　(b) 空芯型材腹板纵向劈裂

图 4-10　FRP 拉挤型材三点弯曲破坏模式

（2）轴心受压性能

复合材料拉挤型材轴心受压破坏主要包括端面压塌、纤维劈裂、板件失稳以及整体失稳 4 种基本破坏模式。端面压塌的试件破坏板件端面处基体材料粉碎，端头纤维失去约束和固定而向周边扩散；纤维劈裂包括板件纵向开裂和层间分层剥离两种主要情形，主要是由于纤维之间剪切强度较低造成的；板件失稳破坏是指拉挤型材的某个板件在局部发生屈曲，同时伴随纤维撕裂等情况；整体失稳破坏是由于构件长细比较大而产生的，除整个构件发生较大的屈曲变形以外，板件局部尤其是板件边角、相交处会发生局部挤压、撕裂破坏。

4.2.2　工程应用

复合材料拉挤型材种类繁多，在很多领域均具有广泛应用。例如复合材料桥面板、复合材料桁架桥、复合材料框架结构、复合材料门窗框等。例如韩国制造的复合材料拉挤桥面板，具有梯形空腔截面、侧面具有卡槽用于板与板之间的连接如图 4-11 所示，该桥面板在韩国汉江大桥等多座桥梁的拓宽改造中得到应用，其应用优势在于复合材料桥面板具有轻质高强的特点，用于主桥侧面拓宽时，可不显著增加桥梁自重，从而不需对原桥墩进行加固改造，因此可显著缩短工期、降低施工难度和节约成本。

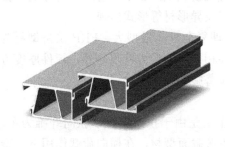

图 4-11　复合材料桥面板及其应用

另外，将复合材料型材上面复合一层混凝土层，可形成复合材料-混凝土组合梁构件。

该组合梁受弯时，上部混凝土主要承受压力、下部复合材料拉挤型材承受拉力，通过组合可使复合材料的利用更加充分，且复合材料型材可作为永久性模板，方便施工。与钢-混凝土组合梁相比，复合材料-混凝土组合梁具有更好的耐锈蚀、耐腐蚀性能，在潮湿、酸碱环境以及海洋环境中具有更显著的应用优势。在复合材料-混凝土组合梁中，拉挤型材截面形式多样，常见的主要有工字型截面和腹板上伸的箱型截面如图 4-12 所示。同其他形式的组合梁类似，为保证两者共同工作，在复合材料型材与混凝土接触部位应设有可靠的剪力连接件。

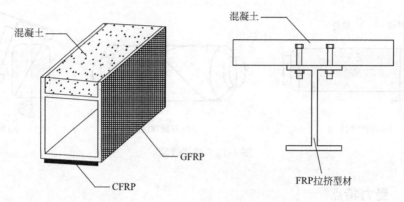

图 4-12　复合材料-混凝土组合梁

4.3　缠绕管材

复合材料缠绕管材是采用缠绕工艺制作的以环向纤维为主的管形复合材料制品。由于缠绕工艺高度可设计性和灵活性，其产品断面尺寸可根据需要自由确定，直径从几毫米到几米甚至十几米不等，壁厚也可以从几毫米到几百毫米不等。复合材料缠绕管的主要应用作为各种高压容器、输送管道而广泛应用于军事和民用领域；近些年也开始作为复合材料约束混凝土柱、墩结构的外约束而应用于结构领域。

4.3.1　缠绕线型

纤维缠绕在芯模表面上的排布模式，称为缠绕线型。主要包括环向缠绕，螺旋缠绕和纵向缠绕。

环向缠绕如图 4-13（a）所示。芯模绕自轴匀速转动，导丝头在筒身区间作平行于轴线方向的运动；芯模自传一周，导丝头近似平移一个纱片宽度的距离。如此循环，直至纱片均匀不满芯模筒身段表面为止。环向缠绕只能在筒身段进行，而不能在，纤维在芯模表面的切线方向与芯模轴线的夹角一般为 85°～90°，因此能够提供很大环向强度，但其纵向强度很小。

螺旋缠绕如图 4-13（b）所示。芯模绕自轴匀速转动，导丝头依照特定速度沿芯模轴线方向往复运动，直至缠绕达到指定厚度为止。螺旋缠绕中，缠绕纤维与芯模旋转轴线之间的夹角称为缠绕角。当缠绕角接近 90°时，实际上完成的就是环向缠绕，因此环向缠绕亦称为高缠绕角螺旋缠绕。通常情况下，缠绕角的大小应控制在 15°～85°，从而保证缠绕制品同时具有环向强度和纵向强度。

纵向缠绕（又称平面缠绕，如图 4-13（c）所示）。导丝头在固定平面内做匀速圆周运动，芯模绕自轴缓慢匀速转动，导丝头转动一周后，芯模转动微小角度，对应于缠绕在芯模表面上近似一个纱片的宽度。因此可以将纵向缠绕看作是环向缠绕旋转 90°之后的缠绕形式。该缠绕形式中，缠绕角一般小于 25°。

根据以上不同缠绕线型的特点，在复合材料管材的生产中，主要采用环向缠绕和螺旋缠绕，而纵向缠绕适用于球形、椭球形及长径比小于 1 的短粗容器的生产。

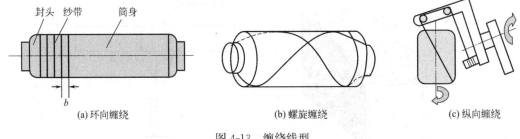

图 4-13　缠绕线型

4.3.2　受力特点

复合材料缠绕管根据工艺不同可分为螺旋缠绕复合材料管和环向缠绕复合材料管，两者的受力性能有所不同。

在环向缠绕复合材料管中，其缠绕角几乎接近 90°，意味着纤维在圆周上的分布更接近于垂直于轴的平面，因此具有很高的环向强度和模量，而在轴向方向的强度和模量则很低；对于螺旋缠绕复合材料管，由于纤维与环向和轴线均有一个显著的夹角，所以纤维受力时在环向和轴向上均有较大的分量，因此在环向和轴向上均有较大的强度和模量，且与缠绕角显著相关。

在螺旋缠绕中，管壁的纤维丝有明显的交叉重叠的现象，从而影响其受力性能：交叉点的纤维在受拉时会产生被拉直的趋势，会影响整体的环向刚度，也会引起分层破坏；另外纤维交叉会增大复合材料管壁中的孔隙率，而较大的孔隙率则是导致制品抗剪强度下降的主要原因。对于平面缠绕复合材料管，其管壁每层纤维是不交叉的，而是以完成的缠绕层逐层重叠，排列紧密，因此相对于螺旋缠绕管具有更好的环向强度。

4.3.3　复合材料管约束混凝土柱

复合材料缠绕管在结构工程中的主要应用之一是在复合材料缠绕管内部填入混凝土形成复合材料管约束混凝土柱。

复合材料管约束混凝土柱主要包括单层管约束混凝土以及双层管约束混凝土两种基本形式如图 4-14 所示。前者是将混凝土直接填入复合材料缠绕管中，形成实心结构，内部混凝土全部受到复合材料管的约束作用；后者采用了直径大小不等的两种复合材料管，两种复合材料管同心放置，在两层复合材料管之间填充混凝土，属于空心柱，可减小混凝土用量和自重，适用于直径较大的情况。

复合材料管约束混凝土柱的受力原理为：在轴心荷载作用下，复合材料缠绕管与内部

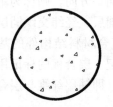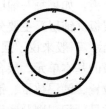

图 4-14　复合材料管约束混凝土基本形式

的混凝土共同承受压力并发生横向变形，当荷载较大时内部混凝土的横向变形发展将大于外部复合材料缠绕管，此时核心混凝土因横向变形受到限制而处于三向受力状态，从而提高柱子的承载能力和延性。在偏心荷载作用下，混凝土和复合材料管中的应力分布不均匀，导致复合材料管对内部的混凝土约束效果减弱，导致柱子的承载力和延性提高效果减小。因此复合材料管约束混凝土柱更适用于轴心受压的工况。

在复合材料管约束混凝土柱中，复合材料管可充当轻质量的模板，可减少传统的模板花费和施工时间；复合材料缠绕管可起到类似箍筋的作用，通过限制混凝土斜裂缝的开展起到抗剪加强的作用，从而提高构件的斜截面抗剪能力；内部混凝土的存在缓解了薄壁复合材料缠绕管的局部屈曲，增加了其稳定性；外部的复合材料馆还可保护内部的混凝土和钢筋，使其具有很好的耐海水腐蚀的性能。因此复合材料缠绕管约束混凝土柱在高层建筑、大跨度桥梁，特别是在地质条件复杂、盐度大、腐蚀性强及湿度高等不利环境中具有广阔的应用前景。

4.3.4　其他应用

复合材料缠绕管在众多领域具有重要应用，例如复合材料压力管道、复合材料储液罐、复合材料气瓶如图 4-15 所示、火箭外壳等。与传统材料相比，采用复合材料缠绕管的优势主要在于其轻质高强的特点、优良的受力性能以及其他特殊的性质。例如在压力管道的应用中，复合材料缠绕管与常见的铸铁管、钢管、钢筋混凝土管相比，具有显著的应用优

图 4-15　复合材料缠绕气瓶

势。首先具有良好的力学性能，其环向强度与钢管相当，且其密度小、重量轻，方便运输与安装；另外具有良好的耐腐蚀性能、不锈蚀，具有更高的使用寿命；管内不易结垢，因此流阻力小，可以显著提高输送效率；可设计性强，可根据具体的受力使用要求，选择合理的原材料、缠绕角度以及承压层厚度，实现材料的合理利用。

4.4　层合板

4.4.1　基本概念

单层板和层合板。在复合材料中，由纤维和基体组成的铺层以不同方向紧密层叠结合

在一起，形成多向层合板，如果每一铺层都处于同一方向，则称为单向层合板。其中每一铺层称为单层板。单层板（铺层）主要分为无纬铺层、经纬交织铺层和斜向交织铺层三种常见类型如图 4-16 所示。一般来说，层合板是复合材料结构件的基本组成单元，而单层板（铺层）又是层合板的基本单元。层合板的标记。层合板的标记用于记录层合板每一铺层的信息，包括铺层位置、铺层数量、铺层角度（即铺层纤维与层合板坐标轴的夹角）以及铺层纤维的种类。常见标记规则及示例如下：

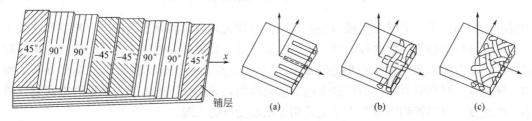

图 4-16　复合材料层合板及铺层类型

（1）将全部铺层的铺层角度在"［］"内自左至右依次列出，并采用"/"分隔，同时在"［］"外用下角标 T 表示该表记为全部铺层。例如 $[0/45/90/45/0]_T$ 表示该层合板共有 5 层铺层，每层的铺层角度自上至下依次为 0°、45°、90°、45°、0°。一般情况下右下角标 T 可省略，记为 $[0/45/90/45/0]$。

（2）当层合板铺层为偶数且左右铺层方式对称时，称为对称铺层，为使标价简化，可仅列出对称轴左侧的铺层，并在 ［］ 外添加下角标"S"。例如，全部铺层为 $[0/45/90/90/45/0]$ 的层合板即为对称铺层，可简化记为 $[0/45/90]_S$。

（3）当层合板铺层为奇数且中心铺层两侧的铺层方式对称时，称为有中心层的对称铺层，简化的标记方式是在对称铺层的基础上，在中心铺层的铺层角度上方添加"—"。例如全部铺层为 $[0/45/90/45/0]$ 即为有中心层的对称铺层，可简化标记为 $[0/45/\overline{90}]_S$。

（4）当层合板相邻铺层的铺层角度正负相反时，可合并记为 ± 或 ∓。例如 $[0/\pm45/]_S$ 表示全铺层为 $[0/45/-45/-45/45/0]$ 的层合板；而 $[0/\mp45/]_S$ 则表示全铺层为 $[0/-45/45/45/-45/0]$ 的层合板。

（5）当层合板中多个连续相邻铺层的铺层方式相同时，可将连续相同铺层的数量采用下角标方式标记在该铺层角度后方。例如全部铺层为 $[0/45/45/45/90/45/45/0]$ 的层合板可简化标记为 $[0/45_3/90/45_2/0]$。

（6）对于经纬交织铺层和斜向交织铺层，则用"（）"表示该铺层。例如 $[0/(0/90)/(\pm45)/0]$，表示共有该层合板共有 4 个铺层，其中第 2 铺层为经纬交织铺层，第 3 铺层为斜向交织铺层。

（7）当层合板每一铺层采用不同纤维时，则在对应铺层角度后以下角标方式添加纤维种类符号，C 表示碳纤维，G 表示玻璃纤维，A 表示芳纶纤维。例如 $[0_C/45_G]_S$ 表示碳纤维与玻璃纤维的混合铺层。

4.4.2　基本受力特点

层合板一般是由 2 层或 2 层以上不同的单向板（铺层）构成，并没有确定的材料主方向，与单向板相比，具有以下受力特点。

耦合效应。层合板各铺层的力学性质不同，各铺层对外荷载的响应（即应力-应变关系）规律亦不相同，从而导致层合板在某一荷载类型作用下产生与之相对应的变形类型之外的变形，称为层合板受力的耦合效应。例如当非对称层合板受拉时，在层合板内部会出现剪切变形，称为拉剪耦合；除此之外，层合板中还存在拉弯耦合和弯扭耦合效应。

层间破坏。在外荷载作用下，层合板各铺层共同受力，由于相邻铺层的受力性质不同，导致铺层与铺层之间存在面内的剪切应力，称为层间应力。当层间应力较大或层间粘结性能较差时，层合板将发生层间破坏。由于层合板的层间强度较小，所以当发生层间破坏时，层合板各铺层内的应力一般还较小，还可以继续承受荷载，因此对于特定荷载工况来说，层间破坏并不意味着层合板的最终破坏。

逐层渐进式破坏。层合板在承受外荷载时，不同铺层由于受力特性和应力状态的差异，很难同时发生破坏，其破坏一般是逐层发生的，直至达到最终破坏。由于破坏是逐层渐进式发生的，因此其荷载-位移曲线会呈现多折线的特点。在整个失效过程中，存在第一层失效和最终失效两个特征状态，分别对应第一层失效强度和最终失效强度，是复合材料层合板设计中两个重要的强度指标。对于重要的结构件，在进行结构设计时应采用层合板的第一层失效强度，以确保足够的安全性。

4.4.3　应用形式

复合材料层合板作为基本组成单元，可形成多种形式的复合材料结构件，例如作为复合材料夹芯板的上下面板以及复合材料加筋壁板的蒙皮等，可满足不同领域的使用要求。

复合材料加筋壁板是最为常见的一种复合材料结构件，其由复合材料层压板与复合材料筋条复合而成，其中加筋壁板可有效提高复合材料层合板的面外刚度和稳定性。在飞机制造领域，很早就开始采用复合材料加筋壁板制作飞机机身隔板、翼面肋腹板等，图 4-17 即为我国制造的某型号宽体客机大尺寸复合材料机身曲面壁板试验件；近些年在玻璃钢渔船制造中，也大量采用了加筋的复合材料层合板壳，既可作为船体外壳，也可作为船舱隔板等。

图 4-17　大尺寸复合材料
机身曲面加筋壁板

复合材料层合板设计灵活，不同铺层对其受力性能影响较大，在使用中为了消除不利的受力响应，其铺层应当遵循以下几个铺设原则：

（1）均衡对称原则。除了特殊需要外，结构一般均设计成均衡对称层合板形式，以避免拉-剪、拉-弯耦合而引起固化后的翘曲变形。

（2）定向原则。在满足受力的情况下，铺层方向数应尽量少，以简化设计和施工的工作量。一般多选择 $0°$、$90°$ 和 $\pm 45°$ 等 4 种铺层方向。

（3）按承载取向原则。铺层的纤维轴向应与内力的拉压方向一致，以最大限度利用纤维轴向的高性能。

（4）铺设顺序原则。主要从三方面考虑：应使各定向单层尽量沿层合板厚度均匀分布，避免将同一铺层角的铺层集中放置。如果不得不使用时，一般不超过 4 层，以减少两种定向层的开裂和边缘分层。另外，铺设顺序对层合板稳定性承载能力影响很大，这一因素也应考虑。

（5）最小比例原则。为使复合材料的基体沿各个方向均不受载，对于由方向为 0°、90°、±45°铺层组成的层合板，其任一方向的最小铺层比例应为 6%～10%。

4.5 夹芯结构

4.5.1 基本形式

复合材料夹芯结构，是以复合材料作为上下面层、以轻质材料作为芯材构成新型组合构件，通常为板壳形式，又称为复合材料夹层结构。其中复合材料面层可以为各种类型的复合材料板材，主要承受弯曲变形引起的正应力；而轻质芯材主要包括泡沫类材料、蜂窝类材料和轻木类材料，提供足够的截面惯性矩和抗弯刚度，且承受剪应力，如图 4-18 所示。

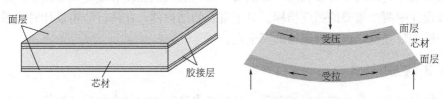

图 4-18　复合材料夹层结构的基本组成与受力原理

芯材与面板之间也可采取特殊的界面构造，如：齿槽式、点阵式和格构式增强技术，提高面板与芯材之间的抗剥离和协调工作能力，同时增强芯材的受压受剪性能，如图 4-19 所示。

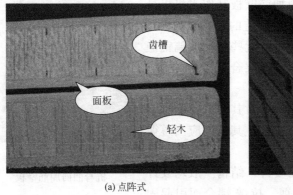

(a) 点阵式　　　　　　　　　　(b) 格构式

图 4-19　面板与芯材界面构造

复合材料夹层结构可以达到理想的结构性能（强度、刚度、疲劳和冲击韧性等），具有轻质、耐腐蚀、电磁屏蔽等特征。与常用的复合材料层合板相比，具有更加鲜明的轻质高强的特征。在承受弯曲荷载时，远离中性轴的纤维铺层在抗弯刚度中可提供较大的贡献，因此在设计主要承受弯矩的结构件时，为了充分发挥纤维材料的抗拉性能和较大幅度地降低结构件的质量，将弹性模量大、强度高的材料配置在远离中性轴的部位，而中性轴附近受力较小，可使用强度和模量较低的轻质材料，复合材料夹层结构的设计概念由此产生，其夹层效应可如表 4-2 所示，设原复合材料层合板厚度为 t，在质量略微增加的情况下，当上、下面板至中性轴的高度取为 $4t$ 时，其抗弯刚度为层合板结构的 48 倍，抗弯强度为 12 倍。

复合材料的夹层效应　　　　　　　　　　　　　　　　表 4-2

质量	抗弯刚度	抗弯强度
1	1	1
≈1	12	6
≈1	48	12

夹芯结构目前已广泛应用于航空航天、船舶和交通运输等领域，成为飞机、汽车以及船舶等结构物的主要受力构件。近些年，随着 FRP 在土木工程中的应用日益增多，复合材料夹芯板也开始应用于土木工程领域，如将其用于桥面板、永久性路面以及快速铺设道路垫板等。与传统的结构材料相比，复合材料夹芯板具有低能耗、施工速度快、不需维护、隔热保温以及耐海洋环境腐蚀等优势，在土木工程和海洋工程等领域具有良好的应用前景。

在航空航天领域，复合材料夹芯板的成型工艺主要有灌注发泡成型、RTM 成型、预制胶接成型和共固化成型 4 种，而在土木工程领域应用较多的则是后两种工艺。预制胶接成型是使用特定的粘结材料将预先成型的面层和芯材连接形成夹芯结构，该方法制造方便，但其界面力学性能较差，从而影响板材的整体受力性能；共固化成型一般是采用真空导入方法将预先包裹有纤维布的芯材与面层的纤维布一次整体固化成型，可使面层和芯材形成有效的连接，从而改善界面性能，使板材具有良好的整体性。

2001 年美国犹他大学的 Larry E. Stanley 等人提出了缝纫泡沫复合材料夹层结构的新概念，用芳纶纤维将碳纤维复合材料面板和泡沫芯材缝在一起，采用真空导入成型工艺将低温固化树脂注入并固化，制成缝纫泡沫复合材料夹层结构，其具备了复合材料蜂窝夹层结构的优点，避免了蜂窝夹层板的主要缺点（较易发生面层与芯材的剥离），并对提高结构强度尤其是剪切强度的效果十分明显。美国波音公司已将缝纫泡沫夹层结构复合材料用于最新的先进战区运输机计划。图 4-20 为美国将缝纫增强泡沫复合材料夹层板应用于桥面板工程。

图 4-20　复合材料夹层结构用于桥面板工程

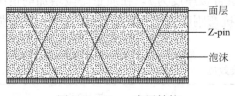

图 4-21 X-cor 夹层结构

另外采用植入 Z-pin 的方式制作 X-cor 夹芯结构如图 4-21 所示，也可以达到增强泡沫芯材的目的。X-cor 增强结构可设计性强，通过改变 Z-pin 直径、材料、植入角度、密度等参数，可以实现结构力学性能和重量的最优化，同时降低制造成本和维修费用。X-cor 增强泡沫复合材料夹层结构可以替代蜂窝夹层结构，成为飞机和直升机主承力结构的重要结构材料。Sikorsky 飞机公司近几年进行了这种材料在旋翼飞机上的应用研究，并制定了其在新型飞行器上的设计方针，其中包括在研的 RAH-66 科曼奇武装直升机。

4.5.2 复合材料夹芯结构

由于 FRP 的力学性能与其成型工艺直接相关，不同成型工艺之间在原材料的选择、板材受力性能以及生产成本等方面均有较大差异，因此对于复合材料夹芯板来说，成型工艺的选择和研究是其制备、设计和应用中的关键。以蜂窝、泡沫和轻木等作为芯材的复合材料夹芯结构是工程应用中极为广泛的结构形式，通过芯材以增大截面惯性矩，获得较高的抗弯强度和刚度。但传统复合材料夹芯构件在制造与服役过程中极易发生面层与芯材界面剥离破坏，严重制约其轻质高强特性的发挥。因此针对上述难题，在普通复合材料夹芯板中，沿板面纵横方向均布置格构腹板形成格子状的双向腹板（称为格构腹板，简称格构，如图 4-22 所示），即成为双向及空间格构增强型复合材料夹芯结构。其中格构腹板将上、下复合材料面板一次成型与泡沫芯材有机形成整体结构，由于双向腹板的约束作用，极大地提高了面板与芯材的抗剥离能力和协同工作能力；同时，还显著地增强了泡沫芯材的受压、受剪性能。该新型复合材料夹芯板可采用真空导入工艺一体化成型如图 4-23 所示。

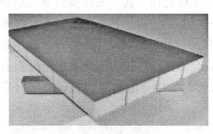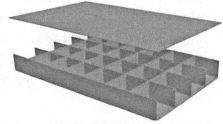

图 4-22 格构增强复合材料夹芯板

新型的格构增强复合材料夹芯结构如图 4-24 所示，以低成本速生轻木（泡桐木、杨木等非结构材）为芯材，以复合材料为面层及格构腹板，通过工业化成型工艺制备梁、板、柱等构件。

该新型构件是基于树脂传递模塑工艺（包括真空导入和 RTM 工艺），复合材料面层、格构腹板与轻木芯材在模具内整体一次成型，格构腹板将面层与芯材有机形成一体，极大地提高了面层与芯材的抗剥离能力和协同工作能力，显著增强了芯材的受压、受剪性能。复合材料面层主要承受正应力，同时完全包覆木芯起防腐耐久作用；复合材料格构腹板承受抗剪、抗压和抗剥离作用；木芯起辅助成型和承载作用，且为格构腹板及面层提供弹性

(a) 芯材铺放

(b) 树脂导入

(c) 切割成型

图 4-23 格构增强复合材料夹芯板真空导入工艺

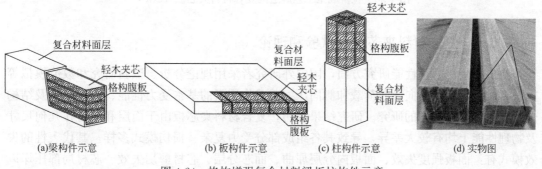

(a) 梁构件示意 　　　 (b) 板构件示意 　　　 (c) 柱构件示意 　　　 (d) 实物图

图 4-24 格构增强复合材料梁板柱构件示意

支撑，防止局部压陷和局部屈曲，同时芯材可改善截面应力分布，有效减弱面层与格构腹板相交处的应力集中，大幅延迟劈裂破坏；轻木单体受复合材料格构腹板及面层六面约束，强度及延性得以大幅提高。

4.5.3 拉挤成型复合材料夹芯结构

拉挤成型复合材料夹芯结构，是采用拉挤成型工艺连续化生产的复合材料夹芯构件，其外部为拉挤成型的复合材料外壳，内部为预制芯材。与传统的复合材料拉挤型材相对应，该制品可称为拉挤夹芯型材，其兼具夹芯构件和拉挤型材的优点，与拉挤型材相比，具有更好的力学性能，尤其是抗剪性能和局部抗压性能。

拉挤夹芯型材由于内部芯材对复合材料外壳具有较强的支撑作用，且芯材可承担大部分剪力，因此在横向荷载作用下，表现出与空芯型材不同的力学行为。拉挤夹芯型材一般发生上面板折断破坏，且其抗弯承载力比等截面的空芯型材相比显著提高。例如截面尺寸150mm×50mm、壁厚5mm、跨度700mm 的 GFRP 拉挤型材梁，在三点弯试验中其抗弯承载力约为 11.5kN；而对应的泡桐木芯材拉挤夹芯型材，其抗弯承载力约为 47.0kN；其中泡桐木芯材自身的抗弯承载力约为 2.7kN。因此拉挤夹芯梁的承载力约为拉挤空芯型材和泡桐木芯材之和的 3.3 倍。通过对泡桐木芯材-玻璃纤维增强树脂基复合材料夹芯板的拉挤生产工艺进行了研究，并已生产出厚度为 50mm 的板材样品，与真空导入工艺成型的板材相比，具有良好的工艺效果，在截面处如图 4-25 所示可看到芯材与面层结合紧密、未见气泡及分层等缺陷。从现有研究可以看到，复合材料夹芯板的拉挤成型工艺具有产品质量稳定、机械化程度高、成本较低、生产效率高的显著优势，可实现大规模工业化连续生产，是一种非常有工程前景和市场价值的新型工艺。

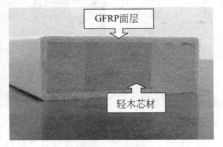

(a) 工厂试制CSP   (b) 试制的CSP截面

图 4-25　拉挤成型工艺制造的复合材料夹芯板（CSP）

4.5.4　复合材料夹芯结构试验和理论

在夹芯板材力学性能研究方面，国内外研究者采用理论分析、试验研究和数值模拟等方法，对夹芯板在横向弯曲荷载和侧向压缩荷载作用下的基本受力性能、失效模式及结构优化方面进行了大量的研究。研究结果表明，复合材料夹芯板由于面层和芯材在几何尺寸及物理性能上均有较大差异，导致其各组成部分受力复杂、损伤模式多样。其代表性的失效模式有：面板强度失效、面板内分层屈曲、面芯分层、芯材剪切失效、芯材局部压塌以及蜂窝孔间面板失稳等。其中在有关界面失效和芯材失效等失效形式中，面板的实际应力远小于其强度，无法充分发挥面板 FRP 的强度，材料的使用效率低。为解决这一问题，不同研究者对夹芯板进行了不同的优化和改进，包括采用 X-cor、缝纫泡沫和肋板增强等。X-cor 和缝纫泡沫需要专门的生产设备，相比之下肋板增强方式则更容易实现。

通过对肋板增强复合材料夹芯板进行了系列的试验研究如图 4-26 所示。图 4-26（a）为无肋板增强复合材料夹芯板，其典型失效模式为面层发生剥离、导致整个受压面层发生屈曲，板材承载力较低；图 4-26（b）为沿跨度方向布置纵向肋增强的夹芯板，由于纵向肋的约束作用，发生在两侧自由边的界面剥离破坏无法向板内部扩展，从而提高板材的承载能力；图 4-26（c）为沿板面纵横方向均布置双向肋的情况，由于双向肋的约束作用，未发生明显的界面剥离破坏，可进一步提高板材的承载能力。已有研究成果表明，夹芯板中的肋板可有效抑制芯材剪切和界面剥离等失效模式，从而显著提高板材承载能力和材料使用效率。

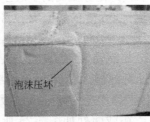

(a) 无肋板增强   (b) 单向肋板增强   (c) 双向肋板增强

图 4-26　复合材料夹芯板弯曲性能试验

格构增强复合材料夹芯板在受弯破坏时，主要以面层受压破坏为主，在芯材与复合材料面层之间无界面剥离产生，主要是由于格构与上下面层连接形成整体，抑制了界面剥离；而普通复合材料夹芯板在试验中发生了明显的界面剥离现象如图 4-27 所示。另外，与普通复合材料夹芯板相比，格构增强复合材料夹芯板表现出更大的抗弯刚度和极限承载能力。格构腹板的间距、厚度对该夹芯板的力学性能有显著影响。

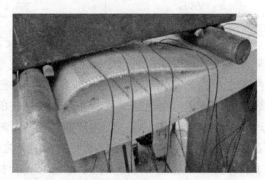

图 4-27　格构增强复合材料夹芯板与普通夹芯板对比

对采用泡桐木夹芯的格构增强复合材料梁进行了初步弯曲性能试验如图 4-28 所示，构件采用图 4-28（a）所示设横向格构腹板的梁截面形式。较同等截面泡桐木构件，设置玻璃纤维增强复合材料面层的木芯梁极限承载力提高约 3.5 倍；而仅设置两道横向格构腹板的木芯梁较无格构梁的刚度提高约 25%，且其力—跨中位移曲线为明显的双折线，构件延性大幅提升，具有了稳定的二次刚度。因此复合材料和木这两种脆性材料，通过格构腹板增强组合后的构件具备了延性破坏特点，且可实现基于延性需求的可控设计。

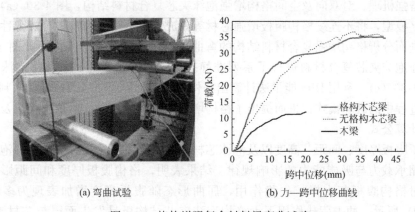

(a) 弯曲试验　　　　　　　　　(b) 力—跨中位移曲线

图 4-28　格构增强复合材料梁弯曲试验

拉挤成型的复合材料夹芯结构，其 FRP 面层与芯材间的有效连接是其良好受力的前提。对泡桐木芯材的拉挤夹芯型材进行的双悬臂梁试验研究表明，拉挤夹芯型材具有较好的界面性能，其界面应变能释放率均不低于对应的真空导入制作的夹芯构件，如表 4-3 所示。其中 PL 为拉挤构件，VA 为真空导入构件，G 表示泡桐木芯材表明预先进行开槽处理，槽深 2～3mm，间距 30mm。

泡桐木夹芯构件界面应变能释放率 表 4-3

试件	G_c平均值(kJ/m^2)	标准差(kJ/m^2)
PL	230.3	5.60
VA	187.6	7.16
PL-G	439.1	7.86
VA-G	403.4	12.27

对拉挤成型无格构木芯复合材料构件开展了试验研究如图 4-29 所示，较传统拉挤成型复合材料空心构件，内置泡桐木芯材后，抗弯承载力提高 4.5 倍，且为复合材料与泡桐木两者之和的 1.35 倍；作为受压构件时，传统复合材料空心薄壁构件极易发生局部失稳和纵向劈裂破坏，而泡桐木夹芯复合材料短柱的峰值承载力和轴向刚度不仅明显大于泡桐木短柱和复合材料空心短柱，而且也大于两者峰值承载力之和，其中平均峰值承载力约为两者之和的 1.48 倍，平均轴向刚度约为两者之和的 1.17 倍。因此该木芯复合材料构件获得了良好的组合效应，充分发挥了木芯和复合材料的强度，但试验中破坏现象还是以面层劈裂与界面剥离为主，由此证明了研究格构增强木芯复合材料构件的必要性。

(a) 格构增强泡沫夹芯复合材料梁板弯曲试验 　　　　(b) 无格构木芯复合材料构件弯曲与轴压试验

图 4-29　基本力学性能试验

格构增强机理。对双向及空间格构增强泡沫夹芯复合材料结构，图 4-30（a），通过建立等效十字模型，将不连续格构腹板增强芯材等效成连续芯材，求解其等效弹性模量和剪切模量，进而分析格构增强复合材料结构的弯曲、剪切等基本力学性能，如图 4-30（b）。对格构增强泡沫夹芯复合材料进行了系列准静态压缩与冲击吸能试验，将泡沫等效成弹簧，如图 4-30（c），利用 Ritz 能量法计算出格构腹板的临界屈曲压力值，从而判断腹板在冲击压缩过程中的破坏模式；进而提出了格构增强泡沫夹芯复合材料结构吸能及抗压承载力的理论计算公式。

揭示了腹板厚度、间距、高度以及泡沫芯材密度四类关键参数对格构增强泡沫夹芯复合材料压缩承载力与吸能能力的影响规律。结果表明，格构腹板厚度和间距影响权重最大；泡沫对格构腹板起支撑抗失稳作用，屈曲形态随腹板高度增加表现为多峰特征如图 4-30（d）所示。冲击荷载作用下无格构泡沫夹芯结构极易发生面层与芯材剥离破坏，结构瞬间整体失效，而格构增强复合材料不存在剥离现象，即使存在局部冲击损伤，由于其创新性的空间全封闭格构约束增强机制，整体结构仍能保持较高的承载能力。较传统无格构泡沫夹芯结构，其压缩承载能力提高 15 倍以上，吸能能力提高 20 倍以上。

4.5.5　工程应用

抢建抢修用复合材料垫板。以 GFRP 为面板，泡桐木为芯材，采用真空导入整体成型

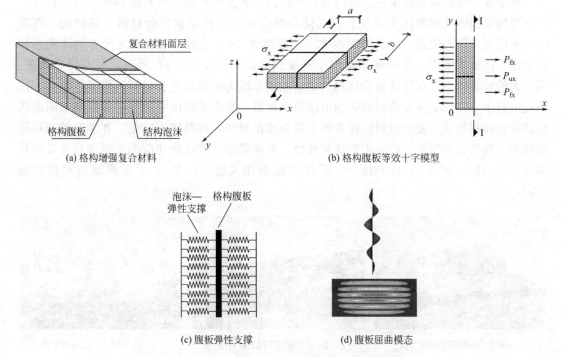

(a) 格构增强复合材料　　　　　　　　　　(b) 格构腹板等效十字模型

(c) 腹板弹性支撑　　　　　　　　(d) 腹板屈曲模态

图 4-30　格构增强泡沫夹芯复合材料及理论分析模型

工艺制作格构增强泡桐木夹芯复合材料垫板,具有轻质高强的显著优点如图 4-31 (a)、图 4-31 (b) 所示。垫板厚约 55mm,板重 22kg/m²,承载能力强,可在极恶劣场地土上快速拼装形成道路与场地,能经受重载车辆和坦克的反复碾压,且变形可恢复、无界面剥离破坏,已在军队、石油、人防等领域得到应用。

快速架设复合材料桥面板。以 Balsa 轻木为芯材、GFRP 为面层和格构腹板,采用真空导入整体成型工艺,制造了 8 块不同参数的复合材料夹芯桥面板。通过力学性能测试如图 4-31 (c) 所示,证明所研发的桥面板在减重 45% 的同时,其承载能力也比以前的桥面板提高了一倍多。随后对影响该桥面板力学性能的参数进行了分析,并进行了优化。

(a) 复合材料道面垫板结构　　(b) 道面垫板应用　　(c) 复合材料桥面板　　(d) 复合材料支柱

图 4-31　木芯复合材料构件的工程应用

环形夹芯复合材料支柱。基于煤矿支护柱研发需求,以 GFRP 为内、外面层,泡桐木为芯材,采用真空导入整体成型工艺制作复合材料环形夹芯柱,具有运输轻便、抗轴压能力强的优点,高 4m、外径 40cm、内径 30cm 的支柱重约 200kg,轴压承载力高达 2500kN 如图 4-31 (d) 所示。

桥梁复合材料防船撞系统。国内外首次提出了大型桥梁复合材料防船撞系统，设计了空间格构腹板增强的泡沫夹芯复合材料防撞结构和大直径筒状复合材料防撞结构。在美国，采用真空导入工艺一次成型跨度 12m、高度 0.9m、宽度 4.2m 的大尺寸泡沫夹芯腹板增强实体桥梁节段，并开展了重型车辆加载测试如图 4-32（a）所示，具有轻质高强、刚度大的显著优点。在我国复合材料桥梁防船撞系统为典型的复合材料三维实体结构。该系统由若干个三维实体复合材料防撞节段拼接而成，每个节段由空间格构腹板增强的泡沫夹芯复合材料构成。复合材料防撞系统能延长撞击时间，耗散撞击能量，并能有效减轻船舶撞损，且具有耐腐蚀、免维护的优异性能。此防船撞系统已成功应用于福建乌龙江大桥如图 4-32（b）、图 4-32（c）所示、广深高速沿江大桥（深圳段）、常溧线运河桥防撞工程。

(a) 复合材料实体桥梁节段　　　(b) 复合材料防撞实体成型　　　(c) 自浮式防撞系统安装

图 4-32　复合材料三维实体结构体系

另外，复合材料实体结构可作为浮箱体形成浮式结构如图 4-33 所示。实体浮箱内部为格构式增强结构，并填充泡沫或陶粒，外表采用玻璃纤维增强复合材料外壳，采用树脂真空导入一体化成型工艺制造完成，具有良好的耐腐蚀和整体受力性能。该浮箱可用于浮桥、浮式防波堤、水上临时平台等。

(a) 浮桥节段　　　　　　　　　(b) 城市浮桥

图 4-33　复合材料实体浮桥

参考文献

[1] 朱虹，钱洋. 工程结构用 FRP 筋的力学性能 [J]. 建筑科学与工程学报，2006，23（3）：26-31.
[2] 赵荣海. FRP 筋的特点及其在土木工程中的应用 [J]. 海峡科学，2008，11：67-69.
[3] 张洪达. FRP 筋混凝土框架结构抗震性能有限元分析 [D]. 济南大学，2014. 5：济南.

［4］ 刘宗全，岳清瑞，李荣，等. FRP 网格材在土木工程中的应用［C］. 第九届全国建设工程 FRP 应用学术交流会. 2015 年 5 月，中国，重庆.

［5］ 张品，杨连佼，李超. GFRP 筋在洋山全自动化码头中的应用［J］. 港工技术与管理，2016（3）：4-6.

［6］ 岳清瑞，曹锐，陈小兵，等. 纤维网格在建筑物结构加固改造中的应用［C］. 第二届全国土木工程用纤维增强复合材料（FRP）应用技术学术交流会论文集，2002：355-361.

［7］ 吕志涛. 高性能材料 FRP 应用于结构工程创新［J］. 建筑科学与工程学报，2005，22（1）：1-5.

［8］ Chao Wu，Yu Bai. Web crippling behaviour of pultruded glass fibre reinforced polymersections［J］. Composite Structures，2014：789-800.

［9］ 黎伟杰，冯鹏，叶列平. FRP 拉挤型材全截面轴压性能试验方法研究［J］. 工业建筑，2013，41（S）：111-115.

［10］ Teng J G，Yu T，Wong Y L. Behaviour of hybrid FRP-concrete-steel double-skin tubular columns. The 2nd International Conference on FRP Composites in Civil Engineering，Adelaide，Australia，2004：811-818.

［11］ 滕锦光，余涛，黄玉龙，董石麟，杨有福. FRP 管-混凝土-钢管组合柱力学性能的试验研究和理论分析［J］. 建筑钢结构进展，2006，8（5）：1-7.

［12］ 颜鸿斌，孙红卫，凌英，等. 树脂基复合材料/泡沫塑料夹层结构成型技术研究进展［J］. 宇航材料工艺，2004（1）：12-15.

［13］ Velicki A. Airframe Design Concepts for the Advanced Theater Transport［A］，In：48th International SAMPE Symposium. Long Beach. 2003，5.

［14］ Freitas G. Z-Fiber technology and products for enhancing composite design［A］，In：83rd Meeting of the AGARD SMP on "Bolted/Bonded Joints in Polymeric Composites"．Florence. 1996，9：2～8.

［15］ Kay B F. RWSTD Airframe Technology- Foundation For The 21St Century［A］，In：American Helicopter Socity 57th Annual Forum. Washington. 2001，5：911.

［16］ 方海，刘伟庆，万里. 格构增强型复合材料夹层结构的制备与受力性能［J］. 玻璃钢/复合材料，2009，（4）：67-69.

［17］ 陈向前，刘伟庆，方海. 双向纤维腹板增强复合材料夹层板受弯性能试验研究［J］. 实验力学，2012，27（4）：32-34.

［18］ 周强，刘伟庆，方海. 单向纤维腹板增强复合材料夹层结构的受弯性能试验研究［J］. 新型建筑材料，2011，（8）：32-36.

［19］ 方海，刘伟庆，万里. 点阵增强型复合材料夹层结构力学性能试验与分析［J］. 实验力学，2010，25（5）：522-528.

［20］ 冒一锋，刘伟庆，方海，万里. 复合材料夹层梁受弯破坏模式试验与理论分析［J］. 玻璃钢/复合材料，2010，（4）：10-14.

［21］ Qi Y，Xiong W，Liu W，et al. Experimental Study of the Flexural and Compression Performance of an Innovative Pultruded Glass-Fiber-Reinforced Polymer-Wood Composite Profile［J］. PLOS ONE，2015，10（10）.

［22］ 齐玉军，施冬，刘伟庆. 新型拉挤 GFRP-轻木组合梁弯曲性能试验研究［J/OL］. 建筑材料学报，http：//www.cnki.net/kcms/detail/31.1764.TU.20141210.1037.027.html.

［23］ 施冬，刘伟庆，齐玉军. 新型轻木-GFRP 夹芯板拉挤成型工艺及其界面性能［J］. 复合材料学报，2014，31（6）：1428-1435.

［24］ Frederick Stoll，Rob Banerjee. Engineered sandwich cores for large wind turbine blades.［C］. SAMPE 2008，May 18-22，2008，Long Beach，California.

［25］Mouritz A P，Gellerte，Burchill P，et al. Review of advanced composite structure for naval ships and submarines［J］. Composite Structures，2001，53：21-41.

［26］张建强，刘伟庆，方海，王曙光. 设置新型复合材料防撞装置的车-桥碰撞数值模拟［J］. 中外公路，2011，31（6）：200-204.

［27］李升玉，王曙光，刘伟庆，徐秀丽，方海. 船舶与桥墩防撞系统碰撞的数值仿真分析［J］. 自然灾害学报，2006，15（5）：100-106.

［28］钱长根，刘伟庆，方海，祝露，周叮. 吴淞江大桥桥墩抗船撞能力评估研究［J］. 公路工程，2013，（10）：60-66.

第 5 章 复合材料力学基本理论

本章详细介绍了复合材料力学基本理论。首先分析探讨了纤维材料的强度与模量，其次介绍了复合材料层合结构的基本力学性能以及宏观力学分析方法，最后本章对经典夹芯结构及新型格构增强夹芯结构的基本受力性能做了介绍，围绕受拉、受压、受弯以及低速冲击展开分析，给出了跨中挠度的计算公式，并对各种破坏模式下的破坏准则进行了阐述，给出各种破坏模式下极限强度的计算公式。最后，针对夹芯结构的设计问题，本章介绍了基于最小重量、基于强度以及基于刚度的设计方法，并给出算例，为工程师在此类夹芯结构设计方面提供参考。

5.1 单层复合材料板的基本力学性能

5.1.1 纤维单丝强度与模量

纤维在复合材料中起增强作用，是主要受力材料，能够使复合材料显现出较高的抗拉强度与刚度。因此，复合材料的力学性能在很大程度上取决于纤维的性能以及含量。纤维单丝是指拉丝漏板每个孔中拉出的丝。现绝大多数增强纤维基本上都是脆性材料，因此其应力—应变曲线近似于直线，如图 5-1 所示。从曲线获得有关数据后，便可计算得出单丝的强度和模量，其中单丝极限强度按 P_b/纤维横截面算出，P_b 为最大单丝荷载，单丝模量 E 由 $\Delta P / \Delta L$ 求出。

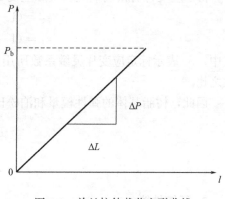

图 5-1 单丝拉伸载荷变形曲线

5.1.2 纤维束的力学性能

生产复合材料时，纤维通常以纤维束的形式来使用。人们很容易误认为纤维束的强度是纤维单丝强度的平均值。然而，实际上由于单丝纤维强度的分散性，以及纤维束中各纤维受力不均，导致纤维断裂有先后之分，受力大强度低的纤维先行断裂，而受力小强度高的纤维后断裂。从而导致纤维束的破坏是一个逐步断裂的过程，因此，纤维束的强度通常低于单根纤维的强度。为了研究复合材料的力学性能，必须先研究纤维束的弹性力学性能。纤维束的拉伸模量 E_t 为

$$E_t = \frac{\Delta P}{A} \cdot \frac{L}{\Delta L} / \left(1 - \frac{P}{\Delta L} \cdot K\right) \tag{5-1}$$

式中，A——纤维束中纤维的横截面面积；

K——回归直线的截距；

L——试件的标距。

5.1.3 树脂基体的力学性能

1. 拉伸性能

对于典型的工程用树脂，一般可通过将树脂加工成哑铃形的试样，如图 5-2 所示，置于万能试验机上进行拉伸。在试样上布置纵向和横向应变片，测得应变 ε_1' 和 ε_2'，则树脂基体的弹性模量 E_m'，泊松比 v_m' 和拉伸强度 σ_m 可表示为

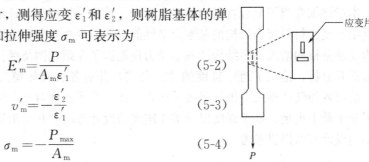

图 5-2 树脂拉伸示意图

$$E_m' = \frac{P}{A_m \varepsilon_1'} \tag{5-2}$$

$$v_m' = -\frac{\varepsilon_2'}{\varepsilon_1'} \tag{5-3}$$

$$\sigma_m = -\frac{P_{max}}{A_m} \tag{5-4}$$

式中，P——拉伸荷载；

P_{max}——极限拉伸荷载；

A_m——试样的横截面面积。

由于应变片有横向效应，实际应变 ε_1 和 ε_2 可通过下式来计算：

$$\begin{cases} \varepsilon_1 = (1 - v_0 H)(\varepsilon_1' - \varepsilon_2' H) \\ \varepsilon_2 = (1 - v_0 H)(\varepsilon_2' - \varepsilon_1' H) \end{cases} \tag{5-5}$$

式中，v_0 表示标定应变片灵敏系数所用梁材料的泊松比，H 为应变片横向和纵向灵敏系数之比。

因此，树脂基体的弹性模量和泊松比最终确定为：

$$E_m = \frac{P}{A_m \varepsilon_1} \tag{5-6}$$

$$v_m = -\frac{\varepsilon_2}{\varepsilon_1} \tag{5-7}$$

2. 压缩性能

树脂试样可制成方柱体（试样Ⅰ）或圆柱体（试样Ⅱ），如图 5-3 所示，将其置于万能试验机上，并保持上下两端面互相平行，且与中心线垂直，然后进行加载。压缩强度和模量可分别按式（5-8）、式（5-9）计算：

$$\sigma_{m,c} = -\frac{P_{max,c}}{A_m} \tag{5-8}$$

$$E_{m,c} = \frac{L_0 \Delta P}{A_m \Delta L} \tag{5-9}$$

式中，$P_{max,c}$——极限压缩荷载；

A_m——试样的横截面面积，$A_m = b \times h = \pi d^4 / 4$；

ΔP——对应于荷载-变形曲线上初始直线段的荷载增量值；

ΔL——与 ΔP 相应的变形增量；

L_0——试样初始高度。

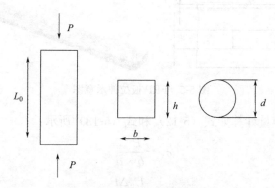

图 5-3 树脂压缩示意图

3. 弯曲性能

树脂试样可制成扁梁形式，如图 5-4 所示，将其置于万能试验机上进行三点弯加载。弯曲强度和模量可分别按式（5-10），式（5-11）计算：

$$\sigma_{m,f} = -\frac{3P_{max,f}L}{2bh^2} \tag{5-10}$$

$$E_{m,f} = \frac{L^3 \Delta P}{4bh^3 \Delta f} \tag{5-11}$$

式中，$P_{max,f}$——极限弯曲荷载；

　　　b，h——Ⅰ型试样的宽度和厚度；

　　　h——Ⅱ型试样的直径；

　　　ΔP——对应于荷载-变形曲线上初始直线段的荷载增量值，

　　　Δf——与 ΔP 相应的跨中挠度；

　　　L——跨距。

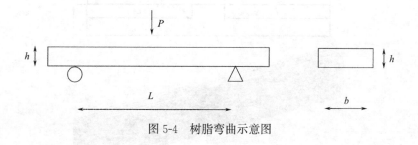

图 5-4 树脂弯曲示意图

5.1.4 单层板的力学性能测定

1. 拉伸性能

单层板试样外观如图 5-5 所示，试样端部采用加强片进行增强。在试样标距中部设置两片互相垂直的应变片，用以测量试件在两个方向的应变。夹具与试验机相连时，要确保试样受拉对中，采用万能试验机进行加载至破坏。

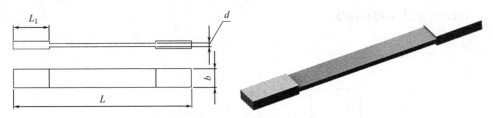

图 5-5   FRP 板拉伸示意图

拉伸强度和弹性模量计算如式（5-12）和式（5-13）所示：

$$\sigma_t = \frac{P_{max}}{b \cdot d} \tag{5-12}$$

$$E_t = \frac{L_0 \Delta P}{bd \Delta L} \tag{5-13}$$

式中 P_{max}——极限拉伸荷载；

　　b，d——试样的宽度和厚度；

　　ΔP——对应于荷载-变形曲线上初始直线段的荷载增量值；

　　ΔL——与 ΔP 相应的变形增量；

　　L_0——试样初始高度。

2. 压缩性能

单层板进行压缩性能试验，在试样两端采用加强片进行增强，加强片较受拉试样更长，以确保采用短标距试件进行试验，避免发生失稳及端部破坏。单层板的抗压强度和压缩模量如图 5-6 所示。

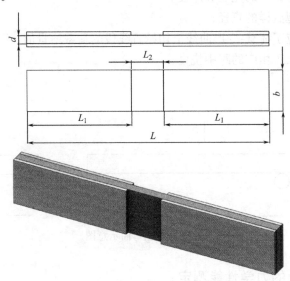

图 5-6   FRP 板压缩示意图

$$\sigma_c = \frac{P_{max}}{b \cdot d} \tag{5-14}$$

$$E_c = \frac{L_0 \Delta P}{bd \Delta L} \tag{5-15}$$

式中，$P_{\max}$——极限压缩荷载；

　　b，d——试样的宽度和厚度；

　　ΔP——对应于荷载-变形曲线上初始直线段的荷载增量值；

　　ΔL——与 ΔP 相应的变形增量；

　　L_0——试样初始高度。

3. 面内剪切性能

单层板的平面内剪切性能可通过偏轴 45°拉伸试验进行研究。面内剪切试样的加工尺寸、方法均与 FRP 单层板的拉伸试验相同，如图 5-7 所示。剪切强度如式（5-16）所示：

$$\sigma_t = \frac{P_{\max}}{2b \cdot d} \tag{5-16}$$

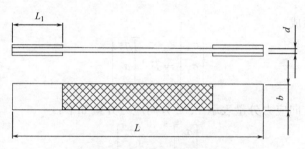

图 5-7　FRP 板面内剪切示意图

5.2　复合材料层合结构基本受力性能

5.2.1　单层材料任意方向本构关系

实际使用单层材料层合板时往往单层材料的主方向与层合板总坐标 $x-y$ 不一致。为了能在统一的 $x-y$ 坐标中计算材料的刚度，平面应力状态下可应用应力转轴和应变转轴公式计算单层材料在非主方向即 x，y 方向上的弹性系数与材料主方向的弹性系数之间的关系。

1. 应力转轴公式

在材料力学中可用主方向坐标中应力分量表示 $x-y$ 坐标中应力分量的转换方程：

$$\begin{bmatrix} \sigma_x \\ \sigma_y \\ \tau_{xy} \end{bmatrix} = \begin{bmatrix} \cos^2\alpha & \sin^2\alpha & -2\sin\alpha\cos\alpha \\ \sin^2\alpha & \cos^2\alpha & 2\sin\alpha\cos\alpha \\ \sin\alpha\cos\alpha & -\sin\alpha\cos\alpha & \cos^2\alpha - \sin^2\alpha \end{bmatrix} \begin{bmatrix} \sigma_1 \\ \sigma_2 \\ \tau_{12} \end{bmatrix} \tag{5-17}$$

图 5-8 所示为两种坐标之间的关系，α 表示从 2 轴转向 1 轴的角度，以逆时针转为正，这些方程由斜截面截开三角形单元体考虑平衡条件而得出。图 5-9 表示单元体在 x 方向平衡，由此可得

$$\sigma_x = \sigma_1\cos^2\alpha + \sigma_2\sin^2\alpha - 2\tau_{12}\sin\alpha\cos\alpha$$

同理，

$$\sigma_y = \sigma_1\sin^2\alpha + \sigma_2\cos^2\alpha + 2\tau_{12}\sin\alpha\cos\alpha$$

$$\tau_{xy} = \sigma_1\sin\alpha\cos\alpha - \sigma_2\sin\alpha\cos\alpha + \tau_{12}(\cos^2\alpha - \sin^2\alpha)$$

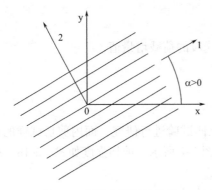 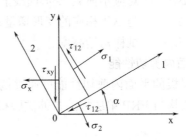

图 5-8　两种坐标间的关系　　　　　　　图 5-9　单元体平衡

将式（5-17）写成

$$
\begin{bmatrix} \sigma_x \\ \sigma_y \\ \tau_{xy} \end{bmatrix} = T^{-1} \begin{bmatrix} \sigma_1 \\ \sigma_2 \\ \tau_{12} \end{bmatrix}
$$

用 x，y 坐标方向应力分量表示 1、2 方向应力分量如下：

$$
\begin{bmatrix} \sigma_1 \\ \sigma_2 \\ \tau_{12} \end{bmatrix} = T \begin{bmatrix} \sigma_x \\ \sigma_y \\ \tau_{xy} \end{bmatrix} \tag{5-18}
$$

T 称为坐标转换矩阵，T^{-1} 是此矩阵的逆阵，它们的展开式分别为

$$
\boldsymbol{T} = \begin{bmatrix} \cos^2\alpha & \sin^2\alpha & 2\sin\alpha\cos\alpha \\ \sin^2\alpha & \cos^2\alpha & -2\sin\alpha\cos\alpha \\ -\sin\alpha\cos\alpha & \sin\alpha\cos\alpha & \cos^2\alpha - \sin^2\alpha \end{bmatrix} \tag{5-19}
$$

$$
\boldsymbol{T}^{-1} = \begin{bmatrix} \cos^2\alpha & \sin^2\alpha & -2\sin\alpha\cos\alpha \\ \sin^2\alpha & \cos^2\alpha & 2\sin\alpha\cos\alpha \\ \sin\alpha\cos\alpha & -\sin\alpha\cos\alpha & \cos^2\alpha - \sin^2\alpha \end{bmatrix} \tag{5-20}
$$

2. 应变转轴公式

平面应力状态下单层板在 $x-y$ 坐标中应变分量为 ε_x，ε_y，γ_{xy}，主方向与 x 轴夹角为 α，主方向应变分量为 ε_1、ε_2 和 γ_{12}，对于边长为 $\mathrm{d}x$、$\mathrm{d}y$，对角线 $\mathrm{d}l$ 沿主方向 l 的矩形单层板单元，由应变的结果可得单层板对角线长度 $\mathrm{d}l$ 的增量为

$$
\varepsilon_1 \mathrm{d}l = \varepsilon_x \mathrm{d}x\cos\alpha + \varepsilon_y \mathrm{d}y\sin\alpha + \gamma_{xy}\mathrm{d}y\cos\alpha
$$

考虑到 $\mathrm{d}x = \mathrm{d}l\cos\alpha$，$\mathrm{d}y = \mathrm{d}l\sin\alpha$，则得出

$$
\varepsilon_1 = \varepsilon_x\cos^2\alpha + \varepsilon_y\sin^2\alpha + \gamma_{xy}\sin\alpha\cos\alpha
$$

同理有

$$
\varepsilon_2 = \varepsilon_x\sin^2\alpha + \varepsilon_y\cos^2\alpha - \gamma_{xy}\sin\alpha\cos\alpha
$$

$$
\gamma_{12} = -2\varepsilon_x\sin\alpha\cos\alpha + 2\varepsilon_y\sin\alpha\cos\alpha + \gamma_{xy}(\cos^2\alpha - \sin^2\alpha)
$$

将以上三式写成矩阵形式，有

$$\begin{bmatrix} \varepsilon_1 \\ \varepsilon_2 \\ \gamma_{12} \end{bmatrix} = \begin{bmatrix} \cos^2\alpha & \sin^2\alpha & \sin\alpha\cos\alpha \\ \sin^2\alpha & \cos^2\alpha & -\sin\alpha\cos\alpha \\ -2\sin\alpha\cos\alpha & 2\sin\alpha\cos\alpha & \cos^2\alpha-\sin^2\alpha \end{bmatrix} \begin{bmatrix} \varepsilon_x \\ \varepsilon_y \\ \gamma_{xy} \end{bmatrix} \tag{5-21}$$

反过来有

$$\begin{bmatrix} \varepsilon_x \\ \varepsilon_y \\ \gamma_{xy} \end{bmatrix} = \begin{bmatrix} \cos^2\alpha & \sin^2\alpha & -\sin\alpha\cos\alpha \\ \sin^2\alpha & \cos^2\alpha & \sin\alpha\cos\alpha \\ 2\sin\alpha\cos\alpha & -2\sin\alpha\cos\alpha & \cos^2\alpha-\sin^2\alpha \end{bmatrix} \begin{bmatrix} \varepsilon_1 \\ \varepsilon_2 \\ \gamma_{12} \end{bmatrix} \tag{5-22}$$

对比式（5-21）和式（5-20），可得

$$\begin{bmatrix} \varepsilon_1 \\ \varepsilon_2 \\ \gamma_{12} \end{bmatrix} = (\boldsymbol{T}^{-1})^{\mathrm{T}} \begin{bmatrix} \varepsilon_x \\ \varepsilon_y \\ \gamma_{xy} \end{bmatrix} \tag{5-23}$$

对比式（5-22）和式（5-21），可得

$$\begin{bmatrix} \varepsilon_x \\ \varepsilon_y \\ \gamma_{xy} \end{bmatrix} = \boldsymbol{T}^{\mathrm{T}} \begin{bmatrix} \varepsilon_1 \\ \varepsilon_2 \\ \gamma_{12} \end{bmatrix} \tag{5-24}$$

3. 任意方向上的应力—应变关系

在正交各向异性材料中，平面应力状态主方向有下列应力应变关系式

$$\begin{bmatrix} \sigma_1 \\ \sigma_2 \\ \tau_{12} \end{bmatrix} = \begin{bmatrix} Q_{11} & Q_{12} & 0 \\ Q_{12} & Q_{22} & 0 \\ 0 & 0 & Q_{66} \end{bmatrix} \begin{bmatrix} \varepsilon_1 \\ \varepsilon_2 \\ \gamma_{12} \end{bmatrix} = Q \begin{bmatrix} \varepsilon_1 \\ \varepsilon_2 \\ \gamma_{12} \end{bmatrix} \tag{5-25}$$

现用 $\overline{Q}$ 表示 $T^{-1}Q(T^{-1})^{\mathrm{T}}$ 则在 x-y 坐标中应力—应变关系可表示为

$$\begin{bmatrix} \sigma_x \\ \sigma_y \\ \tau_{xy} \end{bmatrix} = \overline{Q} \begin{bmatrix} \varepsilon_x \\ \varepsilon_y \\ \gamma_{xy} \end{bmatrix} = \begin{bmatrix} \overline{Q}_{11} & \overline{Q}_{12} & \overline{Q}_{16} \\ \overline{Q}_{12} & \overline{Q}_{22} & \overline{Q}_{26} \\ \overline{Q}_{16} & \overline{Q}_{26} & \overline{Q}_{66} \end{bmatrix} \begin{bmatrix} \varepsilon_x \\ \varepsilon_y \\ \gamma_{xy} \end{bmatrix} \tag{5-26}$$

式中，矩阵 $\overline{Q}$ 表示代表主方向的二维刚度矩阵 Q 的转换矩阵，它有 9 个系数，一般都不为零，并有对称性，有 6 个不同系数。它与 Q 大不相同，但是由于是正交各向

$$\begin{aligned}
\overline{Q}_{11} &= Q_{11}\cos^4\alpha + 2(Q_{12}+2Q_{66})\sin^2\alpha\cos^2\alpha + Q_{22}\sin^4\alpha \\
\overline{Q}_{12} &= (Q_{11}+Q_{22}-4Q_{66})\sin^2\alpha\cos^2\alpha + Q_{12}(\sin^4\alpha+\cos^4\alpha) \\
\overline{Q}_{22} &= Q_{11}\sin^4\alpha + 2(Q_{12}+2Q_{66})\sin^2\alpha\cos^2\alpha + Q_{22}\cos^4\alpha \\
\overline{Q}_{16} &= (Q_{11}-Q_{12}-2Q_{66})\sin\alpha\cos^3\alpha + (Q_{12}-Q_{22}+2Q_{66})\sin^3\alpha\cos\alpha \\
\overline{Q}_{26} &= (Q_{11}-Q_{12}-2Q_{66})\sin^3\alpha\cos\alpha + (Q_{12}-Q_{22}+2Q_{66})\sin\alpha\cos^3\alpha \\
\overline{Q}_{66} &= (Q_{11}+Q_{22}-2Q_{12}-2Q_{66})\sin^2\alpha\cos^2\alpha + Q_{66}(\sin^4\alpha+\cos^4\alpha)
\end{aligned} \tag{5-27}$$

异性单层材料，仍只有 4 个独立的材料弹性常数。在 x-y 坐标中即使正交各向异性单层材料显示出一般各向异性性质，剪应变和正应力之间以及剪应力和线应变之间存在耦合影响，但是它在材料主方向上具有正交各向异性特性，故称为广义正交各向异性单层材料，以与一般各向异性材料区别。$\overline{Q}$ 的 6 个系数中 $\overline{Q}_{11}$，$\overline{Q}_{12}$，$\overline{Q}_{22}$，$\overline{Q}_{66}$ 是 θ 的偶函数，

$\overline{Q}_{16}$，$\overline{Q}_{26}$ 是 α 的奇函数。

现在用应力表示应变，在材料主方向单层材料有下列关系式：

$$\begin{bmatrix} \varepsilon_1 \\ \varepsilon_2 \\ \gamma_{12} \end{bmatrix} = \begin{bmatrix} S_{11} & S_{12} & 0 \\ S_{12} & S_{22} & 0 \\ 0 & 0 & S_{66} \end{bmatrix} \begin{bmatrix} \sigma_1 \\ \sigma_2 \\ \tau_{12} \end{bmatrix} = S \begin{bmatrix} \sigma_1 \\ \sigma_2 \\ \tau_{12} \end{bmatrix} \tag{5-28}$$

转换到 x-y 坐标方向有

$$\begin{bmatrix} \varepsilon_x \\ \varepsilon_y \\ \gamma_{xy} \end{bmatrix} = T^{\mathrm{T}} \begin{bmatrix} \varepsilon_1 \\ \varepsilon_2 \\ \gamma_{12} \end{bmatrix} = T^{\mathrm{T}} S \begin{bmatrix} \sigma_1 \\ \sigma_2 \\ \tau_{12} \end{bmatrix} = T^{\mathrm{T}} S T \begin{bmatrix} \sigma_x \\ \sigma_y \\ \tau_{xy} \end{bmatrix} = \overline{S} \begin{bmatrix} \varepsilon_x \\ \varepsilon_y \\ \gamma_{xy} \end{bmatrix} \tag{5-29}$$

式中，$\overline{S} = T^{\mathrm{T}} S T$，$\overline{S}_{ij}$ 为

$$\left.\begin{aligned} \overline{S}_{11} &= S_{11}\cos^4\alpha + 2(S_{12}+2S_{66})\sin^2\alpha\cos^2\alpha + S_{22}\sin^4\alpha \\ \overline{S}_{12} &= S_{12}(\sin^4\alpha+\cos^4\alpha) + (S_{11}+S_{22}-S_{66})\sin^2\alpha\cos^2\alpha \\ \overline{S}_{22} &= S_{11}\sin^4\alpha + (2S_{12}+S_{66})\sin^2\alpha\cos^2\alpha + S_{22}\cos^4\alpha \\ \overline{S}_{16} &= (2S_{11}-2S_{12}-S_{66})\sin\alpha\cos^3\alpha - (2S_{22}-2S_{12}-S_{66})\sin^3\alpha\cos\alpha \\ \overline{S}_{26} &= (2S_{11}-2S_{12}-S_{66})\sin^3\alpha\cos\alpha + (2S_{22}-2S_{12}-S_{66})\sin\alpha\cos^3\alpha \\ \overline{S}_{66} &= 4(S_{11}+S_{22}-2S_{12}-\frac{1}{2}S_{66})\sin^2\alpha\cos^2\alpha + S_{66}(\sin^4\alpha+\cos^4\alpha) \end{aligned}\right\} \tag{5-30}$$

其中 $\overline{S}_{11}$，$\overline{S}_{12}$，$\overline{S}_{22}$，$\overline{S}_{66}$ 是 α 的偶函数，$\overline{S}_{16}$，$\overline{S}_{26}$ 是 α 的奇函数。另外 $\overline{S}$ 与 S 不同，有 6 个系数，S 各系数可用 4 个独立的弹性常数表示和计算，$\overline{S}$ 也可由这些弹性常数求得。

5.2.2 各向同性单层复合材料的强度

对于各向同性材料的强度理论，常用的强度理论有以下几种。

1. 最大正应力理论

按此理论，材料进入危险（或破坏）状态是由于最大正应力 σ_1（或 $|\sigma_3|$）达到一定极限值：

$$\sigma_1 \leqslant \sigma_{\mathrm{tm}}, \quad |\sigma_3| \leqslant \sigma_{\mathrm{cm}} \tag{5-31}$$

式中，σ_{tm} 和 σ_{cm} 分别是材料单向拉伸和压缩的极限应力（屈服极限或强度极限）。

2. 最大线应变理论

材料破坏是由于其最大线应变 ε_1（或 $|\varepsilon_3|$）达到一定极限值：

$$\varepsilon_1 \leqslant \varepsilon_{\mathrm{tm}}, \quad |\varepsilon_3| \leqslant \varepsilon_{\mathrm{cm}} \tag{5-32}$$

式中，$\varepsilon_{\mathrm{tm}}$ 和 $\varepsilon_{\mathrm{cm}}$ 分别是材料拉伸和压缩时的极限应变。

3. 最大剪应力理论

材料破坏是由于最大剪应力达极限值：

$$\tau_{\max} \leqslant \tau_{\mathrm{m}} \tag{5-33}$$

4. 最大歪形能理论

材料进入危险状态是由于歪形能达到一定极限值：

$$U_{\mathrm{y}} \leqslant U_{\mathrm{ym}} \tag{5-34}$$

式中

$$U_y = \frac{1+\nu}{3E}(\sigma_1^2 + \sigma_2^2 + \sigma_3^2 - \sigma_1\sigma_2 - \sigma_2\sigma_3 - \sigma_3\sigma_1), \quad U_{ym} = \frac{1+\nu}{3E}\sigma_{tm}^2 \tag{5-35}$$

式中，σ_{tm} 是单向拉伸时的极限应力，由此得

$$\sigma_1^2 + \sigma_2^2 + \sigma_3^2 - \sigma_1\sigma_2 - \sigma_2\sigma_3 - \sigma_3\sigma_1 \leqslant \sigma_{tm}^2 \tag{5-36}$$

对不同材料可能适用于不同的强度理论。

5.2.3　正交各向异性单层材料的强度理论

大多数试验测定的材料强度是建立在单向应力状态基础上的，但实际结构问题常涉及平面应力状态或空间应力状态，这里讨论正交各向异性单层材料的强度，故涉及平面强度理论。假设材料宏观上是均匀的，不考虑某些细观破坏机理。

1. 最大应力理论

在这个理论中，各材料主方向应力必须小于各自方向的强度，否则即发生破坏。对于拉伸应力有

$$\left. \begin{array}{l} \sigma_1 < X_t \\ \sigma_2 < Y_t \\ |\tau_{12}| < S \end{array} \right\} \tag{5-37}$$

对于压缩应力有

$$\sigma_1 > -X_c, \quad \sigma_2 > -Y_c \tag{5-38}$$

注意这里 σ_1、σ_2 指材料第 1、2 主方向的应力，而不是各向同性材料中的主应力。另外 S 与 τ_{12} 的符号无关。如上述 5 个不等式中任一个不满足，则材料分别以与 X_t，X_c，Y_t，Y_c 或 S 相联系的破坏机理而破坏。该理论中，各种破坏模式之间没有相互影响，即实际上是 5 个分别的不等式。在应用最大应力理论时，所考虑材料中的应力必须转换为材料主方向的应力，如图 5-10 所示。

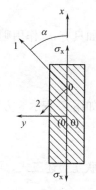

图 5-10　偏轴的单向载荷

2. 最大应变理论

最大应变理论与最大应力理论很相似，这里受限制的是应变，对于拉伸和压缩强度不同的材料，如下不等式中有任一个不满足，即认为材料破坏。

$$\left. \begin{array}{l} \varepsilon_1 < \varepsilon_{x_t}, \ \varepsilon_1 > -\varepsilon_{x_c} \\ \varepsilon_2 < \varepsilon_{Y_t}, \ \varepsilon_2 > -\varepsilon_{x_c} \\ |\gamma_{12}| < \gamma_S \end{array} \right\} \tag{5-39}$$

式中，ε_{Xt}，ε_{Xc} 分别是 1 方向最大拉伸、最大压缩线应变；ε_{Yt}，ε_{Yc} 分别是 2 方向最大拉伸、最大压缩线应变；γ_S 是 1-2 平面内最大剪应变。

像剪切强度一样，最大剪应变不受剪应力方向的影响，在应用此理论前必须将总坐标系中的应变转换为材料主方向的应变 ε_1，ε_2，γ_{12}。

对于承受偏轴向单向载荷的单层复合材料，其极限应力可利用广义应力应变关系和线弹性破坏限制条件，用下列关系式表示最大应变理论：

$$\left.\begin{array}{l} \sigma_x < X/(\cos^2\alpha - \upsilon_{21}\sin^2\alpha) \\ \sigma_x < Y/(\sin^2\alpha - \upsilon_{12}\cos^2\alpha) \\ \sigma_x < S/\sin\alpha\cos\alpha \end{array}\right\} \tag{5-40}$$

3. Hill—Tsai 强度理论

Hill 于 1928 年对各向异性材料提出了一个屈服准则：

$$\begin{aligned} &(G+H)\sigma_1^2 + (F+H)\sigma_2^2 + (F+G)\sigma_3^2 - 2H\sigma_1\sigma_2 - 2G\sigma_1\sigma_3 \\ &- 2F\sigma_2\sigma_3 + 2L\tau_{23}^2 + 2M\tau_{31}^2 + 2N\tau_{12}^2 = 1 \end{aligned} \tag{5-41}$$

式中 F、G、H、L、M、N 为各向异性材料的破坏强度参数，如以 $L=M=N=3F=3G=3H$ 及 $2F=1/\sigma_S$ 代入上式则得

$$(\sigma_1-\sigma_2)^2 + (\sigma_2-\sigma_3)^2 + (\sigma_3-\sigma_1)^2 + 6(\tau_{12}^2 + \tau_{23}^2 + \tau_{31}^2) = 2\sigma_S^2 \tag{5-42}$$

式中，σ_S 为各向同性材料的屈服极限。

采用单层复合材料通常用的破坏强度 X、Y、S 来表示 F、G、H、L、M、N。如只有 τ_{12} 作用，其最大值为 S，则有

$$2N = \frac{1}{S^2} \tag{5-43}$$

若只有 σ_1 作用，则由式（5-41）有

$$G+H = \frac{1}{X^2} \tag{5-44}$$

如只有 σ_2 作用则得

$$F+H = \frac{1}{Y^2} \tag{5-45}$$

如用 Z 表示 3 方向的强度，且只有 σ_3 作用，则得

$$F+G = \frac{1}{Z^2} \tag{5-46}$$

联立上述三式，可解得 F、G、H 如下：

$$\begin{aligned} 2H &= \frac{1}{X^2} + \frac{1}{Y^2} - \frac{1}{Z^2} \\ 2G &= \frac{1}{X^2} + \frac{1}{Z^2} - \frac{1}{Y^2} \\ 2F &= \frac{1}{Y^2} + \frac{1}{Z^2} - \frac{1}{X^2} \end{aligned} \tag{5-47}$$

对于纤维在 1 方向的单层材料，在 1-2 平面内，平面应力情况为 $\sigma_3 = \tau_{12} = 0$。

根据几何特性，纤维在 2 方向和 3 方向的分布情况相同，可知 $Y=Z$，则 $H = \frac{1}{2X^2} = G$，$F+H = \frac{1}{Y^2}$。由此式（5-42）化为

$$\frac{\sigma_1^2}{X^2} - \frac{\sigma_1\sigma_2}{X^2} + \frac{\sigma_2^2}{Y^2} + \frac{\tau_{12}^2}{S^2} = 1 \tag{5-48}$$

这是由单层复合材料强度 X、Y 和 S 表示的基本破坏准则，称为 Hill-Tsai 强度理论。

4. Tsai—Wu 张量理论

上述各强度理论与实验结果之间有不同程度的不一致，改善两者之间一致性的明显方法是增加理论工程中的项数。为此 Tsai 和 Wu 以张量形式提出新的强度理论。

他们假定在应力空间中的破坏表面存在下列形式：

$$F_i\sigma_i + F_{ij}\sigma_i\sigma_j = 1 \ (i, \ j = 1, \ 2, \ \cdots, \ 6) \tag{5-49}$$

式中，F_i 和 F_{ij}，分别是二阶和四阶强度系数张量，除了 $\sigma_4 = \tau_{23}$，$\sigma_5 = \tau_{31}$，$\sigma_6 = \tau_{12}$ 外，应用简写符号，此工程很复杂，F_i 有 6 个系数，F_{ij} 有 21 个系数。对于正交各向异性单层材料，式（5-41）可化为

$$F_1\sigma_1 + F_2\sigma_2 + F_6\sigma_6 + F_{11}\sigma_1^2 + F_{22}\sigma_2^2 + F_{66}\sigma_6^2 + 2F_{16}\sigma_1\sigma_6 + 2F_{26}\sigma_2\sigma_6 + 2F_{12}\sigma_1\sigma_2 = 1 \tag{5-50}$$

如同 Hoffman 理论一样，上式中应力的一次项对拉压强度不同的材料是有用的；应力的二次项对描述应力空间中的椭球面时，是常见的项；F_{12}，F_{16} 和 F_{26} 项是新出现的，它们用于描述 1 和 2 方向正应力之间及 $\sigma_1\sigma_6$，$\sigma_2\sigma_6$ 之间的相互作用。

张量 F_i，F_{ij} 的某些系数可用 X_t，X_c，Y_t，Y_c，S 确定，如 1 方向拉伸时，$\sigma_1 > 0$，$\sigma_2 = \sigma_6 = 0$，则有

$$F_1 X_t + F_{11} X_t^2 = 1 \tag{5-51}$$

而压缩时有

$$-F_1 X_c + F_{11} X_c^2 = 1 \tag{5-52}$$

其中 X_t，X_c 均取正值，联立以上两式求解得

$$F_1 = \frac{1}{X_t} - \frac{1}{X_c}, \ F_{11} = \frac{1}{X_t X_c} \tag{5-53}$$

同理

$$F_2 = \frac{1}{Y_t} - \frac{1}{Y_c}, \ F_{22} = \frac{1}{Y_t Y_c} \tag{5-54}$$

由于材料主方向的 S 与剪应力 σ_6 的正负号无关，因此可得

$$F_6 = F_{16} = F_{26} = 0, \ F_{66} = \frac{1}{S^2} \tag{5-55}$$

余下有待确定的张量系数 F_{12} 是 $\sigma_1\sigma_2$ 项的系数，它反映双向正应力的相互作用。此时式（5-50）变为

$$F_1\sigma_1 + F_2\sigma_2 + F_{11}\sigma_1^2 + F_{22}\sigma_2^2 + F_{66}\sigma_6^2 + 2F_{12}\sigma_1\sigma_2 = 1 \tag{5-56}$$

5.2.4　层合板刚度的宏观力学分析

通常将用多层单层板粘合在一起组成整体的结构板，称为层合板。每层单层板的材料主方向可以各不相同，而所组合的层合板就不一定有确定的材料主方向，层合板一般选择结构的自然轴方向为坐标系统。例如矩形板取垂直于两边方向为坐标系统，选定坐标后，对层合板进行标号，规定层合板中单层板材料主方向与坐标轴夹角，以逆时针方向为正，

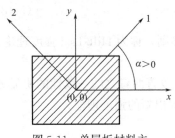

图 5-11　单层板材料主
方向与坐标轴夹角

顺时针方向为负，图 5-11 所示 α 角为正。

对由等厚度单层板组成的层合板，可以用角度表示。对不同厚度单层板组成的层合板，除用角度表示外，还需注明各层厚度，例如 $0°t/90°2t/45°3t$，在此层合板中，第一层厚度为 t，第二层厚度为 $2t$，第三层厚度为 $3t$。

实际应用时，往往层合板的某些刚度系数为零，这样需通过几种典型层合板分析，探讨层合板刚度与各单层板刚度及铺设方式之间的规律。先从单层板刚度入手，以下介绍几种典型层合板的刚度计算：

1. 各向同性单层板

各向同性材料，$E_1 = E_2 = E$，$\nu_{21} = \nu_{12} = \nu$，有下式

$$Q = \begin{bmatrix} Q_{11} & Q_{12} & 0 \\ Q_{12} & Q_{11} & 0 \\ 0 & 0 & Q_{66} \end{bmatrix} = \begin{bmatrix} \dfrac{E}{1-\upsilon^2} & \dfrac{\upsilon E}{1-\upsilon^2} & 0 \\ \dfrac{\upsilon E}{1-\upsilon^2} & \dfrac{E}{1-\upsilon^2} & 0 \\ 0 & 0 & \dfrac{E}{2(1+\upsilon)} \end{bmatrix} \tag{5-57}$$

可得

$$A_{11} = \frac{Et}{1-\upsilon^2} = A = A_{22},\ A_{12} = \upsilon A$$

$$A_{66} = \frac{Et}{2(1+\upsilon)} = \frac{1-\upsilon}{2}A,\ A_{16} = A_{26} = 0$$

$$B_{ij} = 0,\ D_{11} = \frac{Et^3}{12(1-\upsilon^2)} = D = D_{22},\ D_{12} = \upsilon D$$

$$D_{66} = \frac{Et^3}{2(1+\upsilon)} = \frac{1-\upsilon}{2}D$$

$$D_{16} = D_{26} = 0$$

代入可得

$$\left.\begin{aligned} \begin{bmatrix} N_x \\ N_y \\ N_{xy} \end{bmatrix} &= \begin{bmatrix} A & \upsilon A & 0 \\ \upsilon A & \upsilon A & 0 \\ 0 & 0 & \dfrac{1-\upsilon}{2}A \end{bmatrix} \begin{bmatrix} \varepsilon_x^0 \\ \varepsilon_y^0 \\ \gamma_{xy}^0 \end{bmatrix} \\ \begin{bmatrix} M_x \\ M_y \\ M_{xy} \end{bmatrix} &= \begin{bmatrix} D & \upsilon D & 0 \\ \upsilon A & \upsilon D & 0 \\ 0 & 0 & \dfrac{1-\upsilon}{2}D \end{bmatrix} \begin{bmatrix} K_x \\ K_y \\ K_{xy} \end{bmatrix} \end{aligned}\right\} \tag{5-58}$$

2. 特殊正交各向异性单层板

对坐标轴 x，y 与材料主方向相重合的正交各向异性单层板，有下式

$$Q = \begin{bmatrix} Q_{11} & Q_{12} & 0 \\ Q_{12} & Q_{22} & 0 \\ 0 & 0 & Q_{66} \end{bmatrix} = \begin{bmatrix} \dfrac{E_1}{1-\upsilon_{12}\upsilon_{21}} & \dfrac{\upsilon_{21}E_2}{1-\upsilon_{12}\upsilon_{21}} & 0 \\ \dfrac{\upsilon_{12}E_1}{1-\upsilon_{12}\upsilon_{21}} & \dfrac{E_2}{1-\upsilon_{12}\upsilon_{21}} & 0 \\ 0 & 0 & G_{12} \end{bmatrix} \tag{5-59}$$

在几何中面（$t/2$ 处，$z=0$）有下列结果

$$A_{11} = Q_{11}t, \; D_{11} = \frac{Q_{11}}{12}t^3$$

$$A_{12} = Q_{12}t, \; D_{12} = \frac{Q_{12}}{12}t^3$$

$$A_{22} = Q_{22}t, \; B_{ij} \equiv 0, \; D_{22} = \frac{Q_{22}}{12}t^3$$

$$A_{16} = A_{26} = 0, \; D_{16} = D_{26} = 0$$

$$A_{66} = Q_{66}t, \; D_{66} = \frac{Q_{66}}{12}t^3$$

由式可得

$$\left. \begin{array}{c} \begin{bmatrix} N_x \\ N_y \\ N_{xy} \end{bmatrix} = \begin{bmatrix} A_{11} & A_{12} & 0 \\ A_{12} & A_{22} & 0 \\ 0 & 0 & A_{66} \end{bmatrix} \begin{bmatrix} \varepsilon_x^0 \\ \varepsilon_y^0 \\ \gamma_{xy}^0 \end{bmatrix} \\ \begin{bmatrix} M_x \\ M_y \\ M_{xy} \end{bmatrix} = \begin{bmatrix} D_{11} & D_{12} & 0 \\ D_{12} & D_{22} & 0 \\ 0 & 0 & D_{66} \end{bmatrix} \begin{bmatrix} K_x \\ K_y \\ K_{xy} \end{bmatrix} \end{array} \right\} \tag{5-60}$$

3. 一般正交各向异性单层板

正交各向异性材料单层板的材料主方向与坐标轴不重合，其刚度系数为

$$\overline{Q} = \begin{bmatrix} \overline{Q}_{11} & \overline{Q}_{12} & \overline{Q}_{16} \\ \overline{Q}_{12} & \overline{Q}_{22} & \overline{Q}_{26} \\ \overline{Q}_{16} & \overline{Q}_{26} & \overline{Q}_{66} \end{bmatrix} \tag{5-61}$$

及 $A_{ij} = \overline{Q}_{ij}t$，$B_{ij} \equiv 0$，$D_{ij} = \dfrac{1}{12}\overline{Q}_{ij}t^3$。因此，

$$N = A\varepsilon^0, \quad M = DK \tag{5-62}$$

4. 各向异性单层板

$$Q = \begin{bmatrix} Q_{11} & Q_{12} & Q_{16} \\ Q_{12} & Q_{22} & Q_{26} \\ Q_{16} & Q_{26} & Q_{66} \end{bmatrix} \tag{5-63}$$

这和一般正交各向异性单层板形式相同，但其中 Q_{ij} 和 $\overline{Q}_{ij}$ 含义不同，因此有

$$A_{ij} = Q_{ij}t, \; B_{ij} \equiv 0, \; D_{ij} = \frac{Q_{ij}}{12}t^3 \tag{5-64}$$

5.2.5 层合板强度的宏观力学分析

像刚度一样，层合板由基本元件单层板组成，因此主要由单层板强度来预测层合板强度。该方法的基础是计算每一层单层板的应力状态。由于复合材料的各向异性和不均匀性，破坏形式复杂，对于层合复合材料板，某一单层板的破坏不一定等同于整个层合板的破坏。虽然由于某个或某几个单层板破坏带来层合板的刚度降低，但层合板仍可能承受更高的载荷，继续加载直到层合板全部破坏，这时的外载荷称为层合板的极限载荷，层合板强度分析的主要目的是确定其极限载荷。

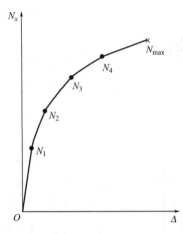

图 5-12 层合板载荷与变形曲线

图 5-12 所示为层合板的载荷与变形的特性曲线。图中 N_1，N_2，N_3，N_4⋯ 依次为层合板中各单层板相继发生破坏时的载荷，在 N_1 时开始有某单层板破坏，这时层合板刚度有所减低，即直线斜率减小，表示相同载荷增量时其变形比原来增大，随着外载荷增加，破坏层数愈多，刚度愈低，因此图中曲线由斜率依次减小的各折线组成。当达到层合板极限载荷时，层合板刚度为零，在 N_1 点后已有单层板破坏，刚度不能恢复到原来状态，称 N_1 点为层合板的"屈服"点，这种特性与金属材料的屈服现象相似，但机理完全不同。在此区间层合板载荷与变形呈线性关系。

现在来讨论层合板的强度理论。层合板有多种强度理论，使用的实验方法与单层板相似，但试件用三层对称角铺设层合板，受单向拉伸时内力和应变关系为 $B_{ij}=0$。

$$\begin{bmatrix} N_x \\ N_y \\ N_{xy} \end{bmatrix} = \begin{bmatrix} N_1 \\ 0 \\ 0 \end{bmatrix} = \begin{bmatrix} A_{11} & A_{12} & A_{16} \\ A_{12} & A_{22} & A_{26} \\ A_{16} & A_{26} & A_{66} \end{bmatrix} \begin{bmatrix} \varepsilon_x^0 \\ \varepsilon_y^0 \\ \gamma_{xy}^0 \end{bmatrix} \qquad (5\text{-}65)$$

因

$$\begin{bmatrix} \varepsilon_x^0 \\ \varepsilon_y^0 \\ \gamma_{xy}^0 \end{bmatrix} = \begin{bmatrix} A_{11}' & A_{12}' & A_{16}' \\ A_{12}' & A_{22}' & A_{26}' \\ A_{16}' & A_{26}' & A_{66}' \end{bmatrix} \begin{bmatrix} N_1 \\ 0 \\ 0 \end{bmatrix} \qquad (5\text{-}66)$$

即 $\varepsilon_x^0 = A_{11}' N_1$，$\varepsilon_y^0 = A_{12}' N_1$，$\gamma_{xy}^0 = A_{16}' N_1$。

由单层板的应力—应变关系得每一层的应力为

$$\begin{bmatrix} \sigma_x \\ \sigma_y \\ \tau_{xy} \end{bmatrix}_k = \begin{bmatrix} \overline{Q}_{11} & \overline{Q}_{12} & \overline{Q}_{16} \\ \overline{Q}_{12} & \overline{Q}_{22} & \overline{Q}_{26} \\ \overline{Q}_{16} & \overline{Q}_{26} & \overline{Q}_{66} \end{bmatrix}_k \begin{bmatrix} A_{11}' \\ A_{12}' \\ A_{16}' \end{bmatrix} N_1 \qquad (5\text{-}67)$$

5.3　复合材料夹芯结构的基本受力性能

5.3.1　轴心受拉构件的受力性能

在轴心受拉构件中，截面上的拉应力是均匀分布的。由于复合材料没有明显的屈服点，在达到材料的极限强度前，应力-应变曲线近似为一条直线。所以，在计算轴心受拉构件强度承载力时，应以材料极限强度为强度准则，考虑工程中各种安全因素后，应采用比极限强度小的设计值（f_d）进行计算。轴心受拉构件的设计承载力（P_d）为

$$P_d = A f_d \tag{5-68}$$

式中，A 为构件截面面积。

5.3.2　轴心受压构件的受力性能

1. 复合材料面层对各向同性芯材的约束

对于各向同性芯材，由于受复合材料面层约束，实际服役中处于三轴受压状态。芯材的约束抗压强度（f'_F）可使用约束混凝土抗压强度计算公式得出，如式（5-69）所示。

$$\frac{f'_F}{f_F} = 1 + k_l k_s \frac{f_l}{f_F} \tag{5-69}$$

式中　f_F 为非约束芯材抗压强度；f_l 为复合材料面层对芯材的横向约束强度，可由式（5-70）计算；k_l 为有效约束系数，矩形截面为 2.98，圆形截面为 2.0 [35]；k_s 为截面形状系数，可由式（5-70）计算。

$$f_l = \frac{f_{W_t} t}{2\sqrt{a^2 + b^2}} \tag{5-70}$$

式中，f_{W_t} 为复合材料面层拉伸强度。

$$k_s = \frac{b}{a} \frac{A_e}{A_F} \tag{5-71}$$

$$\frac{A_e}{A_F} = \frac{1 - \left[\left(\dfrac{b}{a}\right)(a - 2R_F)^2 + \left(\dfrac{a}{b}\right)(b - 2R_F)^2\right]}{3 A_F} \tag{5-72}$$

式中，A_e 为有效约束面积，A_F 为芯材面积，a 和 b 为截面长和宽，R_F 为转角半径。

2. 复合材料面层对各向异性芯材的约束

对于各向异性芯材，如木材、蜂窝等，须通过 Tsai-Wu 准则计算芯材的三轴抗压强度。芯材所受横向压力（P_w）可由式（5-73）计算。

$$P_w + \frac{t_s}{R_w} \sigma_{s,h} = 0 \tag{5-73}$$

式中，R_w 为芯材半径；$\sigma_{s,h}$ 为复合材料面层横向应力。

由 Tsai-Wu 准则可知，强度张量多项式为

$$F_1 \sigma_1 + F_2 \sigma_2 + F_3 \sigma_3 + 2F_{12}\sigma_1\sigma_2 + 2F_{13}\sigma_1\sigma_3 + 2F_{23}\sigma_2\sigma_3 + F_{11}\sigma_1^2 + F_{22}\sigma_2^2 + F_{33}\sigma_3^2 = 1$$

$$\tag{5-74}$$

式中，F_1、F_2、F_3、F_{12}、F_{13}、F_{23}、F_{11}、F_{22} 和 F_{33} 均为强度参数，可由单轴压缩试验

测得。

芯材的二次屈服方程为

$$f = \sigma_e^2(\sigma_i,\ \alpha_i,\ M_{ij}) - k^2 = 0 \tag{5-75}$$

式中，σ_e 为有效应力，α_i 为屈服面中点，k 和 M_{ij} 为屈服面形状参数。

屈服方程为

$$f = \sigma_e^2(\sigma_i,\ \alpha_i,\ M_{ij}) - (\varphi + M_{ij}\sigma_i\sigma_j) = 0 \tag{5-76}$$

在弹塑性阶段，屈服面方程为

$$f = \sigma_e^2[\sigma_i,\ \alpha_i,\ M_{ij}(\varepsilon_p)] - k^2(\varepsilon_p) = 0 \tag{5-77}$$

3. 极限承载力

夹芯构件轴向受压极限承载力可由式（5-78）计算。

$$P_{pre} = 0.67 f_w A_w + f_s A_s \tag{5-78}$$

式中，A_w 和 A_s 为芯材和面层截面面积；f_w 为芯材抗压强度；f_s 为面层轴向抗压强度。若面层对芯材有约束作用，公式中芯材抗压强度代替为约束芯材抗压强度 f_w'。

5.3.3 经典夹芯梁板的受弯性能

复合材料夹芯结构的受力性能与其芯材和面板的基本材性、几何尺寸与布置以及所受外荷载情况等密切相关，如图 5-13 所示。本章分别以"f"和"c"表示面板（facing）和芯材（core）。

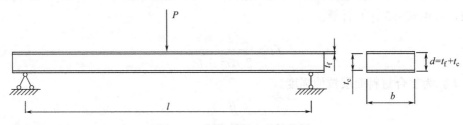

图 5-13　复合材料夹芯结构梁

1. 抗弯刚度

Allan 于 1969 年提出，夹芯结构横截面的整体等效抗弯刚度 D 等于各部分抗弯刚度之和，因此可得：

$$D = 2(EI)_f + (EI)_0 + (EI)_c = E_f\frac{bt_f^3}{6} + E_f\frac{bt_f d^2}{2} + E_c\frac{bt_c^3}{12} \tag{5-79}$$

若 $3\left(\dfrac{d}{t_f}\right)^2 > 100$，即 $d/t_f > 5.77$ 或 $t_c/t_f > 4.77$，式（5-79）中，第一项即小于第二项的 $1/100$，因此第一项可以忽略。

在芯材的弹性模量相对于面板弹性模量弱得多的情况下，如 PVC 泡沫、聚氨酯泡沫等，若 $\dfrac{6E_f t_f d^2}{E_c t_c^3} > 100$，式（5-79）中，第三项即小于第二项的 $1/100$，因此第三项可以忽略。

因此，夹芯结构的抗弯刚度 D 可近似用式（5-80）表示：

$$D = (EI)_0 = E_f \frac{bt_f d^2}{2} \tag{5-80}$$

但若芯材的弹性模量较大，如木质芯材，包括轻木、泡桐木等，第三项存在一定贡献，不能忽略。因此，夹芯结构的抗弯刚度 D 可近似用式（5-81）表示：

$$D = (EI)_0 + (EI)_c = E_f \frac{bt_f d^2}{2} + E_c \frac{bt_c^3}{12} \tag{5-81}$$

2. 抗剪刚度

当 $E_c \ll E_f$，$t_f \ll t_c$ 时，复合材料夹芯梁的等效抗剪刚度 AG 可由式（5-82）表示：

$$AG = \frac{bG_c d^2}{t_c} \tag{5-82}$$

式中，G_c 为芯材的剪切模量。

3. 正应力

复合材料夹芯结构受弯时，其拉、压应力（正应力）主要由面板承担，可由式（5-83）表示：

$$\sigma_f = \frac{MzE_f}{D} \tag{5-83}$$

式中，$t_c/2 < |z| < t_c/2 + t_f$。

因此，面板的最大和最小正应力可分别由式（5-84）和式（5-85）表示：

$$\sigma_{f\max} = \frac{MzE_f}{D} = \frac{M\left(\frac{t_c}{2} + t_f\right)E_f}{D} = \frac{M\left(\frac{t_c}{2} + t_f\right)E_f}{\left(\frac{E_f bt_f d^2}{2}\right)} = \frac{Mt_c}{bt_f d^2} + \frac{2M}{bd^2} \tag{5-84}$$

$$\sigma_{f\min} = \frac{MzE_f}{D} = \frac{M\left(\frac{t_c}{2}\right)E_f}{D} = \frac{M\left(\frac{t_c}{2}\right)E_f}{\left(\frac{E_f bt_f d^2}{2}\right)} = \frac{Mt_c}{bt_f d^2} \tag{5-85}$$

由于 $t_f \ll t_c$，则可以用式（5-86）表示面板所受的正应力：

$$\sigma_f \approx \frac{Mt_c}{bt_f d^2} \approx \frac{Md}{bt_f d^2} = \frac{M}{bt_f d} \tag{5-86}$$

而其相对应的面板所受的正应力为：

$$\sigma_f \approx -\frac{Mt_c}{bt_f d^2} \approx -\frac{Md}{bt_f d^2} = -\frac{M}{bt_f d} \tag{5-87}$$

而由弯曲引起的芯材所受的正应力为：

$$\sigma_{f\max} = \frac{MzE_c}{D} = \frac{M\left(\frac{t_c}{2}\right)E_c}{D} = \frac{M\left(\frac{t_c}{2}\right)E_c}{\left(\frac{E_f bt_f d^2}{2}\right)} = \frac{Mt_c E_c}{E_f bt_f d^2} \leqslant \frac{MdE_c}{E_f bt_f d^2} = \frac{ME_c}{E_f bt_f d} \approx 0 \tag{5-88}$$

4. 剪应力

由普通梁受弯理论可知，均质梁截面距中性轴为 z_1 处的剪应力可表示为：

$$\tau = \frac{QS}{Ib} \tag{5-89}$$

式中，Q 为横截面上的剪力，I 为整个截面对中性轴的惯性矩，b 为高度为 z_1 处的截面宽度，S 为截面上距中性轴为 z_1 的横线以下部分面积对中性轴的静矩，如图 5-14 所示。

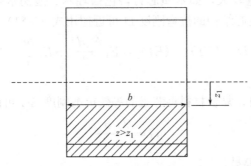

图 5-14 $z>z_1$ 部分示意图

对于夹芯梁，考虑面板与芯材的弹性模量后，式（5-90）可修正为：

$$\tau = \frac{Q}{Db} \sum (SE) \tag{5-90}$$

式中，D 为整个截面的抗弯刚度，$\sum (SE)$ 为截面上距中性轴为 z_1 的横线以下各部分面积对中性轴的静矩与弹性模量的积。

因此，夹芯结构芯材的剪应力可表示为：

$$\tau = \frac{Q}{D} \left\{ E_f \frac{t_f d}{2} + \frac{E_c}{2} \left(\frac{t_c^2}{4} - z^2 \right) \right\} \tag{5-91}$$

总结以上分析结果，复合材料夹芯梁的面板正应力与芯材剪应力分布参，如图 5-15 所示。

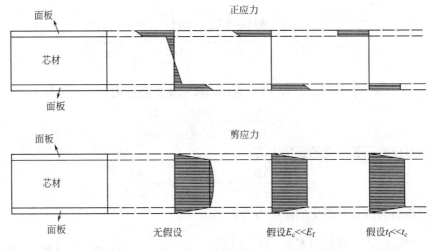

图 5-15 面板与芯材的正应力与剪应力

5. 变形与挠度

夹芯梁在外荷载作用下所产生的挠度由两部分组成：弯曲变形 w_1 与剪切变形 w_2。弯曲变形 w_1 可由经典梁受弯理论求解，如图 5-16（b）所示，在受跨中节点力 P 作用下，截面 aa、bb、cc、dd、ee 旋转，但始终保持与主梁中性轴垂直，显然夹芯梁上面板受压，下面板受拉。

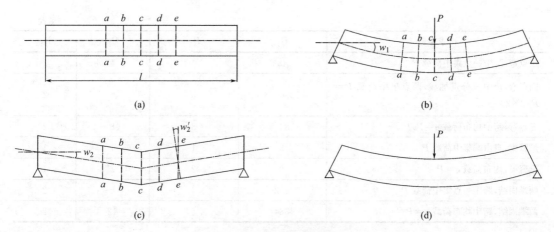

图 5-16　夹芯梁的挠度

夹芯梁的剪切变形参见图 5-16（c），点 a、b、c、d、e 仅产生竖向位移，未发生水平方向移动。剪切变形可由图 5-17 所示的几何关系 $\mathrm{d}w_2/\mathrm{d}x$ 以及芯材的剪应变 γ 计算，距离 de 可表示为 $d(\mathrm{d}w_2/\mathrm{d}x)$，同时距离 de 等于距离 cf，即等于 γc，而芯材任意截面处的剪应力 $\tau=\dfrac{Q}{bd}$，则剪应变为 $\gamma=\dfrac{Q}{Gbd}$，因此：

$$\frac{\mathrm{d}w_2}{\mathrm{d}x}=\gamma\,\frac{c}{d}=\frac{Q}{Gbd}\,\frac{c}{d}=\frac{Q}{AG} \tag{5-92}$$

式中，AG 即为夹芯梁的等效剪切刚度，可根据夹芯结构所受剪力情况，求解其剪切变形 w_2。

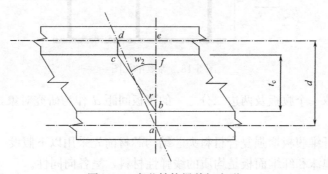

图 5-17　夹芯结构梁剪切变形

常规边界条件下，夹芯梁的最大位移由式（5-93）表示。经整理计算，将具体数值列于表 5-1，可供实际工程参考。

$$w=w_1+w_2=\frac{Pl^3}{B_1D}+\frac{Pl}{B_2AG} \tag{5-93}$$

夹芯梁的最大挠度　　　　　　　　　　　　　　　　　　　　表 5-1

待求系数	B_1	B_2	B_3	B_4
夹芯梁跨度 L	$w_1=\dfrac{Pl^3}{B_1D}$	$w_2=\dfrac{Pl}{B_2AG}$	$M=\dfrac{Pl}{B_3}$	$Q=\dfrac{P}{B_4}$

续表

待求系数	B_1	B_2	B_3	B_4
三点弯,跨中一点集中荷载 P	48	4	4	2
四点弯,跨中三分点加载,两点集中荷载 $P=P/2\times2$	1296/23	6	6	2
三点弯,跨中均布荷载 $q=P/l$	384/5	8	8	2
悬臂梁,自由端集中荷载 P	3	1	1	1
悬臂梁,均布荷载 $q=P/l$	8	2	2	1
两端固结,跨中一点集中荷载 P	192	4	8	2
两端固结,跨中均布荷载 $q=P/l$	384	8	12	2

5.3.4 格构增强夹芯结构的受力性能

1. 芯材等效刚度

目前工程和理论对于这种具有比较复杂芯材的夹芯结构大都采用等效的方法进行处理，即将芯材按照一定的原则进行等效，以得到均质连续化的芯材，这样便于运用现有的经典夹芯板理论进行求解。

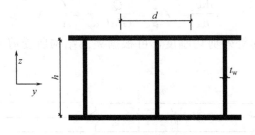

图 5-18   等效单元图

具体等效时取一个腹板及两边二分之一的腹板间距 d 作为研究对象，截取单元芯材可参照图 5-18。

在等效单向纤维腹板增强复合材料夹芯结构芯材前先采用以下假设：

（a）聚氨酯泡沫和纤维面板是均质的线弹性材料，呈各向同性。

（b）聚氨酯泡沫和纤维面板完全粘结在一起成为一个整体，无孔隙，变形符合平截面假定。

（c）由纤维面板和聚氨酯泡沫构成的夹芯结构是宏观均质的，线弹性的，并且无初应力。

当单元芯材受到沿 x 方向的压力时，由于粘结为一个整体，所以腹板和泡沫在 x 方向上的应变 ε_x 相同。设轴向荷载为 P_x，则腹板和泡沫上的荷载分量分别为 P_x^W，P_x^F。有

$$P_x = P_x^W + P_x^F \tag{5-94}$$

式（5-94）两边除以 $\varepsilon_x A$ 得

$$\frac{\sigma_x}{\varepsilon_x} = \frac{\sigma_x^W}{\varepsilon_x} \times \frac{A_W}{A} + \frac{\sigma_x^F}{\varepsilon_x} \times \frac{A_F}{A} \tag{5-95}$$

式中，σ_x 为单元芯材 x 方向的总应力；σ_x^W、σ_x^F 分别为腹板和泡沫的 x 方向的应力；A、A_W、A_F 分别为单元芯材、腹板和泡沫的横截面面积。

由于单元芯材各部分在 x 方向上的应变相同，因此可得

$$E_x = E_W \times V_W + E_F \times V_F \tag{5-96}$$

E_W 为腹板弹性模量；E_F 为泡沫弹性模量；V_W、V_F 为单元芯材中腹板和泡沫的体积分数，其中 $V_W + V_F = 1$。

同理可得芯材 z 方向的弹性模量为

$$E_z = E^W \times V^W + E^F \times V^F \tag{5-97}$$

考虑单元芯材 y 方向作用有拉力或压力 P_y 产生均布荷载状态，应力 $\sigma_y = \dfrac{P_y}{A_y}$，显然 $\sigma_y = \sigma_y^F = \sigma_y^W$，式中 σ_y^F、σ_y^W 分别为泡沫和腹板 Y 方向的应力。

单元芯材腹板和泡沫 Y 方向上应变可表示为：

$$\varepsilon_y^F = \frac{\sigma_y^F}{E_y^F}, \ \varepsilon_y^W = \frac{\sigma_y^W}{E_y^W} \tag{5-98}$$

式中，ε_y^F、ε_y^W 分别为泡沫和腹板 Y 方向的应变。

腹板和泡沫的变形可写为：

$$\delta_y^F = \varepsilon_y^F t_F, \ \delta_y^W = \varepsilon_y^W t_W \tag{5-99}$$

则单元芯材 y 方向的总变形 δ_y 可写为：

$$\delta_y = \delta_y^F + \delta_y^W = \varepsilon_y^F t_F + \varepsilon_y^W t_W \tag{5-100}$$

单元芯材 y 方向的总应变 ε_y 可表达为：

$$\varepsilon_y = \frac{\delta_y}{d} = \varepsilon_y^F \frac{t_F}{d} + \varepsilon_y^W \frac{t_W}{d} \tag{5-101}$$

两边除以 σ_y 取倒数可得：

$$E_y = 1 \Big/ \left(\frac{V_F}{E_F} + \frac{V_W}{E_y^W} \right) \tag{5-102}$$

式中，E_y^W 为腹板 y 方向弹性模量；E_F 为泡沫弹性模量；t_W、t_F 为单元芯材中腹板和泡沫 y 方向的厚度，其中 $d = t_W + t_F$。

在单元芯材中，若腹板沿 Y 方向的厚度 t_W 远小于腹板间距 d，可忽略腹板 Y 方向弹性模量对芯材 y 方向弹性模量 E_y 的贡献即 $E_y = E_F$。

在正轴 XZ 方向，单元芯材的剪应力所产生的剪切变形相当于在腹板和泡沫在剪应力作用下剪切变形的叠加，剪切负荷等效体积单元如下图 5-19 所示。

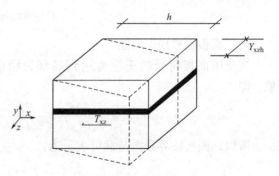

图 5-19 剪切负荷等效体积单元

静力关系为：

$$\tau_{xz} = \tau_W V_W + \tau_F V_F \tag{5-103}$$

几何关系为：

$$\gamma_{xz} = \gamma_W = \gamma_F \tag{5-104}$$

物理关系为：

$$\tau_{xz} = \gamma_{xz} G_{xz}, \ \tau_W = \gamma_W G_W, \ \tau_F = \gamma_F G_F \tag{5-105}$$

将式（5-105）代入式（5-103）可得

$$G_{xz} = G_W V_W + G_F V_F \tag{5-106}$$

式中　τ_{xz}、τ_W、τ_F 为正轴 xz 方向单元芯材、腹板和泡沫的剪应力；γ_{xz}、γ_W、γ_F 为正轴 xz 方向单元芯材、腹板和泡沫的剪应变；G_W、G_F 为正轴 xz 方向单元芯材中腹板和泡沫的剪切模量。

剪切模量 G_{xy} 和 G_{yz} 的推导与 E_y 类似，可得单元芯材 xy、yz 方向的剪切模量

$$G_{xy} = 1 / \left(\frac{V_F}{G_F} + \frac{V_W}{G_{xy}^W} \right) \tag{5-107}$$

$$G_{yz} = 1 / \left(\frac{V_F}{G_F} + \frac{V_W}{G_{yz}^W} \right) \tag{5-108}$$

式中，G_{xy}^W、G_{yz}^W 为正轴 xy 和 yz 方向腹板的剪切模量。

在单元芯材中，当腹板沿 y 方向的厚度 t_W 远小于腹板间距 d 时，可忽略腹板 xy、yz 方向剪切模量对单元芯材 xy、yz 方向剪切模量的贡献即 $G_{xy} = G_{yz} = G_F$。

2. 受弯承载力

（1）面板受压屈服或受拉断裂

树脂基纤维面板所受的正应力 σ_f 大于其受压屈服或受拉断裂强度 σ_{yf}，即：

$$\sigma_f = \frac{M}{b t_f d_f} \geqslant \sigma_{yf} \tag{5-109}$$

当芯材弹模较大时，上面板受压屈服破坏形式较易发生。取面板临界屈服应力

$$\sigma_f = \frac{M}{b t_f d_f} = \frac{PL}{6 b t_f d_f} = \sigma_{yf} \tag{5-110}$$

则面板临界屈服荷载可表示为：

$$P = 6 \sigma_{yf} b d_f \frac{t_f}{L} \tag{5-111}$$

（2）面板临界局部屈曲

当受压面板所受的正应力达到局部失稳应力，受压面板发生局部屈曲（起皱）现象，即：

$$\sigma_f = \frac{M}{b t_f d_f} = \frac{PL}{6 b t_f d_f} = 0.5 \sqrt[3]{E_f E_c G_c} \tag{5-112}$$

所以，面板临界屈曲荷载可表示为：

$$P = 3 b d_f \frac{t_f}{L} (E_f E_c G_c)^{\frac{1}{3}} \tag{5-113}$$

（3）芯材临界剪切荷载

复合材料夹芯梁受弯时，芯材主要承受剪应力，其所受的正应力较小，简化计算时一般忽略不计，因此芯材一般呈现受剪破坏，其所受的剪应力 τ_c 大于其抗剪强度 τ_{yc}，即：

$$\tau_c = \frac{Q}{b d_f} = \frac{P}{2 b d_f} \geqslant \tau_{yc} \tag{5-114}$$

所以，芯材临界剪切荷载可表示为：

$$P = 2\tau_{yc}bd_f \tag{5-115}$$

（4）芯材局部凹陷

当荷载极度局域化时，在集中力作用处芯材易产生局部凹陷。因此应确保荷载分布最小面积为：

$$A \geqslant \frac{P}{\sigma_{yc}} \tag{5-116}$$

芯材临界局部凹陷荷载可表示为：

$$P = bt_f\left(\frac{\pi^2\sigma_{yc}^2 E_f d_f}{3L}\right)^{\frac{1}{3}} \tag{5-117}$$

单向纤维腹板增强复合材料夹芯梁与一般夹芯梁不同，芯材由腹板和聚氨酯泡沫组合构成，采用上述一般夹芯结构的极限荷载计算方法计算单向纤维腹板增强复合材料夹芯梁的极限破坏荷载时，芯材的模量采用本章的等效芯材模量。

3. 腹板的临界屈曲荷载计算

在单向纤维腹板增强复合材料夹芯结构中，泡沫起到了支撑面板和腹板的关键作用。在无泡沫填充的夹芯结构中，腹板在受到竖向承载力时，易发生屈曲，甚至发生结构失效。

在 Winkle 弹性基础里的桩受到轴向力 P 的作用，总的势能 V 由桩的应变能 V_s、势能和地基反力能 V_e 之和构成

$$V = V_s + V_e \tag{5-118}$$

柱屈曲后由于受到弯曲而产生的应变能 V_s 为

$$V_s = 0.5\frac{EI\theta^2}{l} \tag{5-119}$$

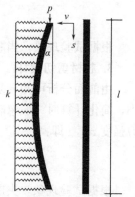

式中 l 为桩的长度，EI 为桩的弯曲刚度，θ 为桩轴的转角，s 为沿桩轴方向上的坐标。势能和地基反力能之和 V_e 可表述为

$$V_e = 0.5\int_0^l kv^2 \mathrm{d}s - P\left(l - \int_0^l \cos\alpha \, \mathrm{d}s\right) \tag{5-120}$$

式中，k 为地基反力模量，v 为桩的横向位移。

接下来以 Winkle 弹性基础桩力学模型建立泡沫支撑下腹板力学模型如图 5-20 所示。

腹板的横向位移 v 和腹板转角 α 关系为

$$0 < s < l/2 \text{ 时}, v = s\sin\alpha \tag{5-121}$$

$$l/2 < s < l \text{ 时}, v = (l-s)\sin\alpha \tag{5-122}$$

图 5-20　腹板力学模型

$$V_e = 0.5\int_0^l kv^2 \mathrm{d}s - P\left(l - \int_0^l \cos\alpha \, \mathrm{d}s\right) = 0.5\int_0^{\frac{l}{2}} ks^2\sin^2\alpha \, \mathrm{d}s + 0.5\int_{\frac{l}{2}}^l k(l-s)^2\sin^2$$

$$\alpha ds - Pl(1-\cos\alpha) = 0.5k\sin^2\alpha\frac{l^3}{12} - Pl(1-\cos\alpha) \tag{5-123}$$

$$V = V_s + V_e = 0.5\frac{EI\theta^2}{l} + 0.5kl^3\sin^2\alpha/12 - Pl(1-\cos\alpha) \tag{5-124}$$

对 V 求关于 α 的导数并等于 0，取 $\theta = 2\alpha$，可得

$$\frac{4EI\alpha}{l} + kl^3 \sin\alpha \cos\alpha / 12 - Pl\sin\alpha = 0 \tag{5-125}$$

则

$$P = \frac{4EI\alpha}{l^2 \sin\alpha} + \frac{l^2 k \cos\alpha}{12} \tag{5-126}$$

则临界屈曲荷载为

$$P = \frac{4EI}{l^2} + \frac{l^2 k}{12} \tag{5-127}$$

式中 k 为泡沫弹性模量。

5.3.5 复合材料夹芯结构破坏准则

复合材料夹芯结构在受弯负荷状态下，由于其应力分布以及组分材料与尺寸布置，呈现出不同的破坏形态。根据本文试验结果以及相关文献，可总结如下破坏准则：

1. 面板受压屈服或受拉断裂

树脂基纤维面板所受的正应力 σ_f 大于其受压屈服或受拉断裂强度 σ_{yf}，即：

$$\sigma_f = \frac{M}{bt_f d} \geqslant \sigma_{yf} \tag{5-128}$$

根据试验现象，当芯材弹模较大时，上面板受压屈服破坏形式较易发生。

2. 受压面板屈曲

当受压面板所受的正应力达到局部失稳应力，受压面板发生局部屈曲（起皱）现象，即：

$$\sigma_f = \frac{M}{bt_f d} = 0.5\sqrt[3]{E_f E_c G_c} \tag{5-129}$$

根据试验现象，当芯材弹模较低时，上面板受压屈曲破坏形式较易发生。

3. 芯材剪切破坏

由前面分析可知，复合材料夹芯梁受弯时，芯材主要承受剪应力，其所受的正应力较小，简化计算时一般忽略不计，因此芯材一般呈现受剪破坏，其所受的剪应力 τ_c 大于其抗剪强度 τ_{yc}，即：

$$\tau_c = \frac{Q}{bd} \geqslant \tau_{yc} \tag{5-130}$$

根据试验现象，夹芯梁的跨度较小时，该破坏形式较易发生。

若考虑芯材拉压破坏，其所受的正应力 σ_c 大于其屈服强度 σ_{yc}，即：

$$\sigma_c = \frac{E_c}{E_f} \sigma_f \geqslant \sigma_{yc} \tag{5-131}$$

4. 面板与芯材剥离破坏

面板与芯材通过树脂相粘结，在荷载作用下，粘结强度等于芯材的剪切强度 τ_c，当粘结无缺陷时，很少出现剥离现象，但若面板与芯材间界面含有缺陷时，在温度应力、疲劳载荷以及老化等作用下有时会扩展而破坏。当其大于界面粘结处的剪切应力 τ_{ya} 时，即发生剥离破坏，即：

$$\tau_c = \frac{Q}{bd} \geqslant \tau_{ya} \tag{5-132}$$

剥离破坏现象的发生往往与芯材表面处理、界面增强技术以及树脂性能相关。

5. 芯材局部凹陷

当荷载极度局域化时，在集中力作用处芯材易产生局部凹陷。因此应确保荷载分布最小面积为：

$$A \geqslant \frac{P}{\sigma_{yc}} \tag{5-133}$$

此外，复合材料夹芯梁在循环荷载作用下，较易发生面板屈曲或屈服破坏以及芯材剪切破坏，可通过试验测定相应的疲劳强度。但从相关复合材料夹芯结构疲劳方面的研究文献来看，复合材料在 200 万次寿命下其疲劳强度为静强度的 40%～60%，与钢材、混凝土等传统结构材料的疲劳性能相近。

5.4　复合材料结构冲击性能

5.4.1　复合材料结构冲击性能表征

复合材料结构冲击性能沿用金属材料冲击韧性试验方法，应用最广泛的是摆锤冲击试验，即 Charpy 冲击试验和 Izod 试验。如图 5-21 所示，前者是将试样简支于支座上，靠摆锤在跨中冲击；后者是将试样的一端固支，另一端自由，靠摆锤在悬臂端冲击。这两种方法之间的关系并不明确。根据其试验结果，将复合材料结构的冲击强度定义为

（1）Charpy 试验（简支梁试验）

$$\text{冲击强度} = \frac{\text{试样断裂所需冲击能量}}{\text{试样断面面积}} \ (\text{J/m}^2);$$

（2）Izod 试验（悬臂梁试验）

$$\text{冲击强度} = \text{试样断裂所需冲击能量 (J)};$$

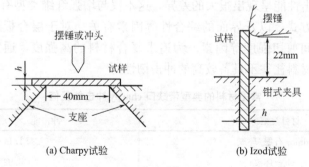

(a) Charpy试验　　(b) Izod试验

图 5-21　冲击试验示意图

图 5-21 为复合材料结构 Charpy 试验中几种典型的 $P\text{-}\Delta L$ 曲线。其中曲线下包络的面积反映了试样的冲击断裂能量，根据冲击断裂能和冲击强度来衡量材料结构的抗冲击性能。同时，可以把 $P\text{-}\Delta L$ 曲线分为两部分，即裂纹引发区（Initiation phase）和裂纹扩展区（Propagation），把相应的包络面积定义为断裂引发能 U_I 和裂纹扩展能 U_P。U_I 表示材

料结构受到冲击而开裂的起始能量，随冲击荷载增加，材料的弹性应变能增大；U_P 表示材料结构裂纹扩展直至断裂所吸收的能量。

据此，Beaument 引入了韧性指数 DI（Ductility Index）：

$$DI = \frac{U_P}{U_I} \tag{5-134}$$

显然，$P\text{-}\Delta L$ 曲线的总包络面积 $U_T = U_I + U_P$，当 $U_P = 0$ 时，表示该材料结构是脆性的。DI 值越大，表示材料结构韧性越好，如图 5-22 所示。

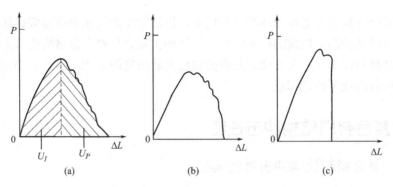

图 5-22　几种典型冲击荷载-变形曲线

和普通 Charpy 试验相比较，用 $P\text{-}\Delta L$ 曲线可更好地反映材料结构的冲击性能。若用传统的冲击强度来衡量，若两种材料结构的总冲击性能相等，即 $U_{I1} + U_{P1} = U_{I2} + U_{P2}$，则认为两种材料结构的冲击强度相等，但两者的韧性指数则不一定相同，并有可能表现出不同的断裂形式。

5.4.2　复合材料层合结构冲击性能

在表 5-2 中列举了几种常见的金属和复合材料的冲击强度。从中可以看出，复合材料可以表现出很高的韧性，也会出现比普通钢或铝合金还低的情况（高模量碳/环氧树脂）。不同复合材料的冲击性能呈现出很大的差异，这不仅与增强纤维类型有关，还与两相的相对含量、纤维排列方式，以及界面的综合性等因素有关。对于层合板还必须考虑铺层顺序，铺设角度和层间剪切强度等因素。为追求复合材料的高强度，通常以高模量纤维增强，但高模量复合材料往往不具备较高的冲击韧性。

常见材料的典型带缺口 charpy 冲击能量值　　　　　　　　　　　　表 5-2

材料类型	冲击能/$\times 10^5 J \cdot m^{-2}$
Modmor 石墨/环氧	1.14
Kevlar/环氧	6.93
S 玻璃/环氧	6.93
聚芳酰胺/环氧	1.16
硼/环氧	0.78
4130 合金钢	5.92
4340 合金钢	2.15

续表

材料类型	冲击能/$\times 10^5 \mathrm{J \cdot m^{-2}}$
2024-T3 铝合金	0.84
6061-T6 铝合金	1.53
7075-T6 铝合金	0.67

断口形貌也显示高弹性模量复合材料往往比低模量材料的韧性差。碳/环氧复合材料冲击破坏形式是冲断，断口整齐，纤维断裂是试样主要的破坏模式；玻璃/环氧复合材料则为纤维拔出和分层的破坏模式，从而可以吸收更多的能量。表 5-3 中数据表明，石墨纤维 GY-70/环氧材料呈现最低的吸收能量。至于 E 玻璃纤维复合材料的韧性指数值低，则由于 E 型纤维的高应变吸收能力使得起始能量很高的结果。Kevlar49/环氧材料也表现出纤维拔出，同时在受冲击的压缩面产生屈服，而且试样在受力过程中不完全断裂。

单向复合材料冲击性能　　　　　　　　　　　　　　　　　　表 5-3

材料类型	L/h[①]	动态弯曲强度 $10^5 \mathrm{MPa}$	E_I N·m	U_I $10^5 \mathrm{J \cdot m^{-2}}$	U_I $10^5 \mathrm{J \cdot m^{-2}}$	DI[②]
E-玻璃纤维	16.1	1.94	19.01	6.21	4.66	0.37
石墨纤维 (Thornel 300)	14.6	1.58	6.51	1.90	0.86	1.2
石墨纤维 (GY-70)	12.6	0.48	0.47	0.12	0.12	0
Kevlar 49	10.5	0.67	12.05	2.29	0.76	2.2

注：①矩形梁试验的跨高比；②韧性指数 $DI = E_P/E_I = U_P/U_I = (U_T - U_I)/U_I$

高弹性模量复合材料通过在纤维中掺入低弹性模量纤维，可使其抗冲击性能提高。如凯夫拉（Kevlar）纤维增加到 20% 时，高模量碳纤维复合材料的抗冲击性能几乎提高一倍。

由于复合材料结构的各向异性，使得纤维和外力的取向成为影响冲击性能的主要因素。对单向纤维复合材料，这种情况最为严重，纤维方向与受力方向垂直时，冲击性能最好；随纤维方向和受力方向夹角减小，冲击性能连续下降，而当纤维方向与受力方向平行时最低。对于层合板，还与铺层性质有关。表 5-4 为试样以准各向同性铺层 [45/90/0/-45] 的层合板冲击性能，冲击性能的方向性与铺层纤维的类型有关。

由于复合材料的破坏不是通过单一主裂纹的形式断裂，它是通过形成损伤区，以损伤区扩展直至断裂方式进行。因此与其疲劳性能一样，复合材料的冲击性能对缺口不敏感如表 5-4。

单向复合材料冲击性能　　　　　　　　　　　　　　　　　　表 5-4

材料类型	冲击方向	总冲击能($\times 10^4 \mathrm{J \cdot m^{-2}}$)	
		有缺口	无缺口
5206/5206	纵向	8.41	9.25
	横向	6.94	6.94

续表

材料类型	冲击方向	总冲击能($\times 10^4 \text{J} \cdot \text{m}^{-2}$)	
		有缺口	无缺口
5206/玻璃纤维	纵向	29.4	27.3
	横向	8.62	5.68
5206/Kevlar 49	纵向	18.10	14.10
	横向	7.99	7.78
5206/Nomex	纵向	5.25	5.25
	横向	5.05	5.04

5.4.3　复合材料夹芯结构冲击性能

1. 局部变形冲击响应模型

当系统为刚性支撑时，通常只考虑冲击面板表面产生的局部变形，此时的冲击响应过程可以近似地等效为一个考虑冲头惯性力、面板及芯材变形阻力的单自由度系统，其冲击动力学简化模型如图 5-23 所示。其中，M 为冲头的质量，m 为上层面板局部有效质量，u 为上层面板的局部挠度，P_d 为上层面板的局部非线性弹簧响应，Q_d 为芯材抗压阻尼力。

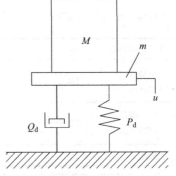

图 5-23　局部变形冲击响应模型

此时，冲击作用下局部瞬时响应可以用以下非线性微分方程表示：

$$(M+m)u'' + P_d(u) + Q_d = 0 \tag{5-135}$$

$$P_d(u) = \frac{32}{15}\sqrt{2D_d q_d u} \tag{5-136}$$

$$Q_d = \pi R^2 q_d \tag{5-137}$$

式中，D_d 为动态弯曲刚度，需要通过高应变率层合板弯曲刚度矩阵获得；q_d 为芯材的动态压缩强度，需通过试验获得。

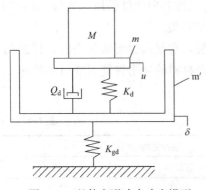

图 5-24　整体变形冲击响应模型

2. 整体变形冲击响应模型

当系统为简支支撑时，局部变形 u 和整体变形 δ 并不相同，此时的冲击响应过程可以近似地等效为一个双自由度系统，其冲击动力学简化模型如图 5-24 所示。其中，m' 为夹芯结构的有效质量，δ 为夹芯结构的整体挠度，K_d 为上层面板的局部刚度，K_{gd} 为夹芯结构的整体刚度。

此时，双自由度的动力方程可以表示如下：

$$(M+m)(u''+\delta'') + P_d(u) + Q_d = 0 \tag{5-138}$$

$$Q_d + P_d(u) = m'\delta'' + K_{gd}\delta \tag{5-139}$$

由于上层面板非线性弹簧响应使得方程求解困难，

在计算时可以假设上层面板的弹簧响应为线性的，则有：

$$P_{d}(u) \approx K_{d}u \tag{5-140}$$

5.4.4　复合材料结构低速冲击后剩余强度

1. 复合材料层合板的剩余拉伸强度

低速冲击后复合材料层合板往往含有一定程度的损伤，其在拉伸荷载作用下往往会发生树脂基体开裂、纤维拉断和基纤剪切三种主要的破坏模式，这三种失效模式往往同时发生，因此层合板的剩余拉伸强度会有显著的下降。关于低速冲击后层合板剩余拉伸强度的计算已有较多的报道，本文主要介绍用以预测剩余拉伸强度的经典宏观唯象方法。Husman 等将冲击后层合板的剩余拉伸强度表示为冲击能的函数，提出了一种预测剩余拉伸强度的数学模型。

$$\frac{\sigma_{R}}{\sigma_{0}} = \sqrt{\frac{W_{s} - K\overline{W}_{KE}}{W_{s}}} \tag{5-141}$$

式中，σ_{R} 是材料剩余拉伸强度，σ_{0} 是材料未受损时的拉伸强度，W_{s} 为单位体积功和厚度比值，$\overline{W}_{KE}$ 为冲击能与厚度比值，K 为有效损伤常数。

Caprino 等基于断裂力学提出了一种预测冲击后残余拉伸强度的模型，该模型将剩余强度表示为冲击能阈值和冲击能比值的函数，认为冲击能低于阈值时，材料的剩余拉伸强度不变，而冲击能又可表示为冲击产生的凹痕深度的函数 I，该模型如式（5-142）所示：

$$\frac{\sigma_{R}}{\sigma_{0}} = \left[\frac{U_{0}}{U_{op}^{*} \cdot W^{P}}\left(\frac{I_{0}}{I}\right)^{1/\beta}\right]^{\alpha} \tag{5-142}$$

式中，σ_{R} 是材料剩余拉伸强度，σ_{0} 是材料未受损时的拉伸强度，U_{0} 是拉伸冲击能阈值，U 是冲击能，W 是纤维的面密度，I_{0}、U_{op}^{*}、β 均为试验确定的参数。

2. 复合材料层合板的剩余压缩强度

相比复合材料层合板低速冲击后的拉伸强度，由于存在压缩屈曲问题，其剩余压缩强度分析较为复杂。

Papanicolaou 等认为低速冲击时弯曲应力是导致层合板薄弱区域产生分层的主要原因，而在压缩荷载作用下，分层后的子板会产生屈曲变形，因此冲击产生的弯曲应力极大影响了层合板的剩余压缩强度。所提出的剩余压缩强度预测模型如下：

$$\frac{\sigma_{R}}{\sigma_{0}} = \frac{[D_{ik}]_{R}}{[D_{ik}]_{0}} \tag{5-143}$$

式中，σ_{R} 是材料剩余压缩强度，σ_{0} 是材料未受损时的压缩强度，$[D_{ik}]_{0}$ 是冲击前材料的弯曲刚度矩阵，$[D_{ik}]_{R}$ 是冲击后材料的弯曲刚度矩阵。

Hosur 等通过对碳纤维复合材料层合板进行冲击试验和冲击后压缩试验得出了冲击能和剩余压缩强度之间的经验公式：

$$\sigma_{R} = (E - E_{ic})m_{1} + \sigma_{U}, \ E_{ic} < E < E_{L}$$
$$\sigma_{R} = (E - E_{L})m_{2} + \sigma_{RL}, \ E_{L} < E \tag{5-144}$$

式中，σ_{R} 是材料剩余压缩强度，σ_{U} 是初始未受损时的压缩强度，E 是冲击能，E_{ic} 是强度开始降低对应的冲击能，E_{L} 是剩余强度降低幅度开始减小时对应的冲击能，m_{1} 和 m_{2} 是试验曲线的斜率，σ_{RL} 是 E_L 与相对的压缩强度，未知参数均可通过试验获得。

5.5 复合材料结构疲劳性能

5.5.1 复合材料结构疲劳损伤机理

复合材料与金属材料的最大差异在于不同的微观结构，复合材料的损伤演化、疲劳机理和失效模式也与金属材料也有极大的差别。复合材料结构的疲劳损伤是一个渐进累积的缓慢随机过程，其损伤尺度、损伤类型以及演化过程都比金属复杂许多，具有多种明显的失效破坏形式。在疲劳交变载荷的作用下，复合材料微裂纹、微孔隙等结构内部的初始缺陷进一步演化扩展，产生多种形式的损伤及相互耦合作用，当损伤达到一定容限时结构断裂失效。根据复合材料层合板的多层结构设计特性，其内部损伤可分为单层层内损伤及层间损伤两种形式。单层层内损伤又称弥散损伤，包括基体横向微裂纹、基体和纤维之间的界面脱粘以及部分纤维断裂及拔出；层间损伤主要为层间边缘的裂纹扩展以及局部分层等多种形式，如图 5-25 所示。

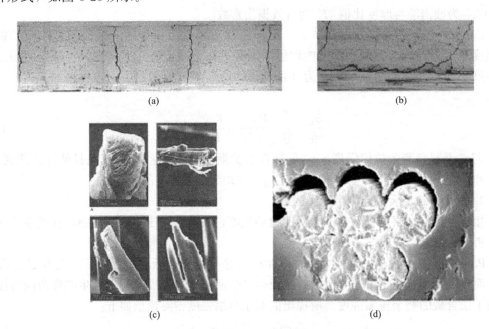

(a) 基体微裂缝；(b) 界面分层；(c) 纤维断裂；(d) 纤维/基体脱粘

图 5-25　复合材料层合板疲劳损伤机理

在疲劳交变循环载荷作用下，以上几种基本损伤模式相继交错出现，形成多种损伤共同耦合作用下的损伤域。研究表明，复合材料的疲劳损伤演化是非线性的，疲劳交变载荷作用下的损伤演化扩展大致分为以下几个阶段：①初始损伤萌生阶段，在此过程中各单层内基体产生大量微裂纹，且裂纹之间没有相互作用；②相对缓慢的损伤累积准饱和阶段，在这个过程中基体微裂纹进一步扩展，同时出现基纤界面脱粘，产生层内及层间损伤的相互作用，在严重区形成损伤局部化，循环次数到达一定阶段出现特征饱和损伤状态（Characteristic Damage State-CDS）；继续加载，约在疲劳寿命的 50% 出现局部分层；之后分层不断扩展伴随部分随机纤维折断或拔出；③快速失效破坏阶段，在该过程多种损伤的累积及相互作用使得裂纹进一步扩展，整个结构瞬间失效破坏，材料"突然死亡"，如图 5-26 所示。

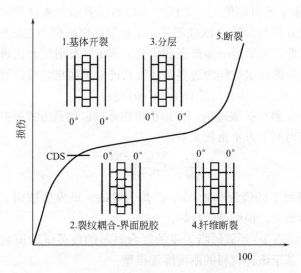

图 5-26　纤维增强复合材料损伤演化

5.5.2　复合材料结构疲劳损伤模型

对材料的疲劳性能研究方法很多，有 S-N 曲线法、能量法、Markov 链法、剩余强度、剩余刚度理论，一般从剩余强度和剩余刚度的角度进行疲劳分析情况较多。通过对比可以发现剩余强度理论具有衡量定义明确且准确度高的特点，但是该方法通常需要将试件进行破坏，试验过程较为复杂；剩余刚度理论同样具有物理意义明确的特点，并且在试验的过程中可以以某个动参量作为刚度退化的指标，无需对试件进行完全破坏，利于试验的追踪研究，因此在分析研究时，剩余刚度法更具有优势。

Han 和 Hwang 基于对材料疲劳性能的研究，建立了三种以弹性模型损伤为参量的疲劳损伤模型，其中以第三种损伤模型与试验的结果吻合较好，该式可以写成：

$$D = \frac{r}{1-r}\left[\frac{F_0}{F(n)} - 1\right] \tag{5-145}$$

式中，r 即为疲劳试验中设定的疲劳应力比，$F(n)$ 则表示疲劳损伤的模量。Kam 则使用了该损伤模型对承受常幅疲劳载荷层合板的疲劳性能展开研究，该层合板主要组成部分则以石墨/纤维复合材料为主。

Sidoroff 和 Subagio 则通过对单向的玻璃纤维/环氧树脂复合材料进行三点弯疲劳试验所得到的结果建立起以应变控制为主的损伤模型，该模型可以写成：

$$\frac{\mathrm{d}D}{\mathrm{d}N} = \frac{A(\Delta\varepsilon)^c}{(1-D)^b} \tag{5-146}$$

式中，D 为疲劳的累积损伤，A，b，c 为常数（与材料特性有关），$\Delta\varepsilon$ 为应变幅值。该模型同时适用于材料的拉伸，当为压缩疲劳试验时该模型则为 0。

Yang 提出的以纤维为主要组成的复合材料剩余刚度模型在疲劳研究中使用较广，特别是在层合板的疲劳累积损伤的研究中，该模型的解又被称为刚度降解：

$$\frac{dE(n)}{dn} = -E(0)Qvn^{v-1} \tag{5-147}$$

式中，v 与疲劳应力水平 S 可以使用一个线性函数加以表示，通过对试验数据的拟合可以得到具体关系，参数 v 则与参数 Q 线性相关。该模型在以树脂为主题的复合材料疲劳累积损伤研究中符合度较低，需要进一步修正和研究。Wu 等人则对上式进行了积分，在以起始循环次数和疲劳寿命循环次数作为边界条件对其进行了简化，可以写成：

$$E_c(n) = E(0)Qn^v \tag{5-148}$$

Ye 则参考了 Paris 裂纹扩展理论，将累积损伤通过以加载方式控制为主的函数，累积损伤值与最大疲劳应力的平方呈指数关系：

$$\frac{dD}{dN} = C\left(\frac{\sigma_{max}^2}{D}\right)^n \tag{5-149}$$

式中，N 为该应力等级下的疲劳寿命，n、C 均为尝试。该模型被用于以模压法工艺成型的复合材料疲劳寿命预测，预测结果良好。

Whitworth 通过以石墨/环氧树脂为主的复合材料的疲劳试验研究，引入了相对疲劳寿命的概念，提出了基于该种材料的刚度降解模型：

$$\left[\frac{E(N^*)}{E(0)}\right]^a = 1 - H\left(1 - \frac{S}{R(0)}\right)^a N^* \tag{5-150}$$

式中，N^* 为相对疲劳寿命，S 为疲劳应力等级，$R(0)$ 为静态极限强度，$E(0)$ 为材料初始弹性模量，a、H 为材料常数（与疲劳应力等级有关）。

Lemaitre 经典损伤公式表达形式比大多数的非线性累积损伤公式模型简单，函数意义明确，同时准确度高于线性累积损伤公式，因此 Lemaitre 经典损伤公式也被广泛应用于科学研究和实际工程中。在试验中追踪试件的动挠度，作为试件损伤的物理指标。

Lemaitre 经典损伤公式提出："损伤仅仅通过有效应力影响（改变）材料的变形。"该理论采用了应变等效的理论基础，在公式中也是采用材料的弹性模量 E 作为衡量材料累积损伤的标准

$$D = 1 - \frac{\overline{E}}{E_0} \tag{5-151}$$

式中，D ——材料的累积损伤值，大小在 $0\sim1$ 之间；

$\overline{E}$ ——即时材料的弹性模量，又称为有效弹性模量；

E_0 ——没有损伤时材料的弹性模量。

该理论简化了方程的原型，公式中的参数为弹性模量，而弹性模量则可以通过动态采集仪器进行跟踪采集，试验数据简单而有效，适用于不同种类材料的疲劳研究。

谢和平、李玲、齐红宇等人认为，在衡量材料的疲劳累积损伤时，应当考虑加载过程中试件产生的塑性变形，应当对 Lemaitre 损伤公式加以修正以提高计算的准确性，修正后的公式可以写成

$$D = 1 - \frac{\varepsilon - \varepsilon'}{\varepsilon}\left(\frac{E'}{E}\right) \tag{5-152}$$

式中，E' ——材料卸载时的弹性模量；

E ——材料初始时的弹性模量；

ε'——材料卸载后的残余塑性应变。

5.5.3　复合材料结构疲劳寿命预测

疲劳寿命是指结构或材料在一定的疲劳循环应力作用下发生失效或破坏时记录下的循环次数或时间。当材料应用到实际的工程结构中时,其不单要承受常规的静力载荷,保证具有一定的强度和刚度等外,还要保证在疲劳应力的循环下不至于破坏或一定的使用时间内部发生失效,以保证结构的最终安全性。疲劳的破坏和失效方式多样,同时对于疲劳寿命预测的方法和模型也有很多,主要可将其分为以断裂力学为基础的疲劳裂纹扩展分析方法、局部应力应变法、以有限元软件为平台的有限元法以及最为常用的名义应力法。

1. 裂纹扩展法

以裂纹扩展为依据的疲劳寿命预测模型中,通常可以将其分为两阶段疲劳裂纹寿命预测模型、三阶段疲劳裂纹寿命预测模型和多阶段疲劳裂纹寿命预测模型。通常情况下二阶段疲劳裂纹寿命预测模型的主要分为裂纹形成阶段和裂纹扩展阶段两个阶段;而三阶段疲劳裂纹寿命预测模型则认为裂纹的形成是由无裂纹至小裂纹的形成最终出现大裂纹的一个过程;多阶段裂纹扩展阶段则是对"三阶段"中小裂纹阶段的细化,具体可将其解读为:微观小裂纹、物理小裂纹和结构小裂纹三个阶段。

通过几个模型的对比可以发现,疲劳裂纹寿命预测模型中的核心是疲劳裂纹的扩展速率,可将其表达为:

$$\frac{\Delta a}{\Delta N} \text{ 或 } \frac{\mathrm{d}a}{\mathrm{d}N} \tag{5-153}$$

其表示在疲劳载荷的循环作用下材料裂纹增长量的平局值,它与裂纹长度 a 以及应力或应变的幅值有关。当裂纹扩展速率可以确定时,通过积分即可对疲劳寿命做出初步的预测。同时裂纹扩展速率与应力强度因子幅值也有一定的关系,应力因子幅值可以表达为:

$$\Delta K = K_{\max} - K_{\min} \tag{5-154}$$

式中,$K_{\max}$ 和 $K_{\min}$ 分别表示在疲劳循环载荷最大应力 $\sigma_{\max}$ 和最小应力 $\sigma_{\min}$ 作用下材料在弹性范围内表现出的强度因子。在疲劳裂纹扩展理论模型经典的并且与应力因子幅值有关的当属 Irring 经验公式和 Paris 公式。

Irring 公式可表示为:

$$\frac{\mathrm{d}a}{\mathrm{d}N} = \frac{A(\Delta K)^2 \left[(\Delta K)^2 - (\Delta K_{\mathrm{th}})^2\right]}{\sigma_{\mathrm{y}}^2 (K_{\mathrm{IC}} - K^2)} \tag{5-155}$$

式中,A——材料常数;

K_{IC}——Ⅰ型裂纹的应力强度因子临界值;

ΔK_{th}——裂纹扩展门槛值。

Paris 经验公式则是 Paris 通过对中部预设穿透型裂纹的平板进行拉伸和三点弯疲劳试验,记录循环次数和裂纹扩展长度进行总结并分析与应力强度因子幅值关系而得出,公式可表达为:

$$\frac{\mathrm{d}a}{\mathrm{d}N} = C(\Delta K)^m \tag{5-156}$$

式中,C 和 m 均为材料的常数,不同的是 C 与材料自身的熟悉和试验的条件有关,而 m

与材料的尺寸参数以及加载形式关系不大。除此之外，与疲劳裂纹扩展公式模型还有关系的还有 Laird 塑性钝化模型、再成核模型以及 Forman 模型公式等。

综上可得，疲劳裂纹扩展公式模型最根本的思想就是以疲劳裂纹扩展公式为基础，计算裂纹从萌发到因疲劳裂纹断裂时临界裂纹值，最终得出材料的疲劳寿命，Paris 的疲劳寿命裂纹可以通过下式表达：

$$N_P = \int dN = \frac{1}{C}\int_{a_\mathrm{i}}^{a_c} \frac{da}{(\Delta K)^m} = \frac{1}{C(\Delta\sigma)^m}\int_{a_\mathrm{i}}^{a_c} f(a)^{-m} da \qquad (5\text{-}157)$$

式中，$\Delta\sigma$——名义应力幅值，通过力-时间确定；

$f(a)$——以裂纹长度为参数的函数，与加载试件自身形状无关；

a_c——I 初始裂纹长度，可以通过某种探查方法确定；

a_i——临界裂纹长度，由材料的疲劳失效准则确定。

以疲劳裂纹扩展的寿命预测公式模型起源较早，更多适用于密闭的空间下由于压力作用而萌发的裂纹研究，但需要对裂纹的开展做持续性的追踪，难度较大，同时该方法着重强调裂纹的开展直至材料的破坏没有考虑到由于疲劳载荷的作用而导致结构失稳的情况，因而将该方法应用于实际工程中时考虑欠佳。

2. 局部应力应变法

局部应力应变法的使用前提有一个重要的假设："当同种材料制成的试件危险部位的最大应力应变历史与光滑试件的应力应变历史相同，则它们的疲劳寿命亦相同"。当采用局部应力应变法对试件进行考虑分析时，首先是要考虑到疲劳载荷的形式以及试件的几何尺寸，通过分析得到有较为严重损伤的局部名义应力谱。结合所得的 $\sigma\text{-}\varepsilon$ 循环曲线，得出局部危险部位的应力应变谱。以试验所得的 $\varepsilon\text{-}N$ 曲线，同时选取合适的疲劳累积损伤准则就可以对材料或结构的累积损伤进行判定，最终确定其疲劳寿命。

通过对局部应力应变法的了解可以看出局部应力应变法考虑了试件的初始尺寸、变形以及加载的方式，更加贴近实际中的情况，但该方法将危险缺口处的应力应变等同为光滑样本的情况，从预测结果上来说可能会造成一定的误差。对局部应变进行采集则会产生大量的待处理数据，同时新型材料众多，对局部应力应变法的推广使用造成了一定的局限。

3. 名义应力法

名义应力法是材料疲劳研究中最为常用的方法之一，一般是以试验试件的 $S\text{-}N$ 曲线进行表述。该曲线反映了疲劳载荷 S 与材料的循环寿命 N 的曲线关系。经典的 $S\text{-}N$ 曲线可以将材料的疲劳强度区间进行划分。一般情况下该曲线可以将区间划分为静强度区间、低周区间、有限寿命疲劳区间、疲劳持久区间以及变幅疲劳强度区间。静强度区间反映了材料承受的荷载达到或已经超过其的极限承载能力，试件即将或已经发生了破坏，此时的试件不能够承受循环载荷的作用；在低周区间时，材料能够承受疲劳载荷但载荷已经超过了材料的屈服极限，试件在经过相对较少的循环次数之后就可能发生失效或破坏，一般情况下以循环次数的 10^4 为该区间的上限；有限寿命疲劳区间又称为高周区间，在此区间的材料疲劳寿命一般可以达到 $10^4 \sim 10^7$，也有的文献将 10^6 作为该区间的疲劳循环次数的上限；当材料达到 10^7 以上的疲劳寿命时，则进入了疲劳持久区间，一般认为在此区间的材料在承受疲劳载荷时不会发生疲劳破坏，所以该区间也称无限寿命区间；以上区间为恒幅疲劳载荷的作用，除此之外的区间便是变幅疲劳强度区间。

一般情况下，试验时的疲劳载荷是以恒幅的形式进行加载，疲劳载荷的输入方式一般也是正弦波或渐进正弦波的方法得出材料的 *S-N* 曲线，对材料的疲劳性能进行分析；实际的工程中则可以对试验数据进行适当的修正对工程的应用进行指导，也可以进行简单的一定的疲劳循环，通过经验公式对后期的疲劳曲线以及疲劳寿命做出初步的判断，这种情况一般适用于能够拥有高周循环次数的结构构件。

5.6　复合材料结构蠕变性能

5.6.1　复合材料结构蠕变机理

复合材料的蠕变机理一般定义为：基体在长期荷载作用下，由于它的高弹变形松弛特性，分子运动单元逐渐沿力场方向重新排列，使卷曲着的分子链伸直，甚至被拉断，所以随时间的延续基体产生蠕变。纤维在蠕变过程中发生下列变化：（1）纤维局部伸直，这种伸直要求树脂同时蠕变，而树脂则有约束纤维回到初始位置的倾向；（2）纤维和树脂的界面存在着平行于纤维的剪应力，如果应力持续，则会引起界面破坏，或使个别纤维断裂；（3）随着蠕变的发展，应力超过了所能承受应力的那些单独纤维束，随机逐根断裂，从而出现蠕变速率增大。当树脂基复合材料发生蠕变时，材料的微观结构保持不变，纤维和基体作为一个整体发生变形，树脂传递纤维之间的应力，这样，复合材料的蠕变是由于基体材料的粘弹性流动引起的。当作用力的垂直分力作用在纤维上时，引起纤维上产生微观断裂，这种断裂也可能是由于连续纤维材料的热膨胀系数存在差异引起的，例如，在纤维末端存在着几何不连续，再加上所使用基体的脆性，也加速了微观断裂的形成，正是这种断裂发展机理引起树脂基复合材料即使在很小的应力状态下，也会出现非线性的、与应力水平相关的流变特性。

5.6.2　复合材料结构蠕变预测模型

蠕变模型可以分为两类，第一类是基于材料本身蠕变物理意义通过微观或细观力学和热力学建立的物理模型；第二类为参数法唯象蠕变模型，其特点是对蠕变试验现象进行数学描述，但不反映蠕变本身的实际物理意义。主要的理论模型有：

（1）Maxwell 模型

由一个理想弹簧和理想粘壶串联而成。该模型对模拟应力松弛过程和高聚物的动态力学行为有用，但是对模拟蠕变是不成功的。

（2）Kelvin 模型

由一个理想弹簧和理想粘壶并联而成。该模型可以用来模拟高聚物的蠕变过程和动态力学行为，但不可以模拟应力松弛过程。

（3）Burgers 模型

其模型可以认为是 Maxwell 和 Kelvin 模型串联而成的。在单向力作用下，Burgers 模型能够模拟线性高聚物的蠕变变形过程。Burgers 模型虽能反映高聚物蠕变物理过程，但在高聚物蠕变规律表征方面略显不足。

（4）多元件模型

考虑到前三种模型模拟高聚物粘弹行为过于简单，所以采用多元件组合来模拟。广义的 Maxwell 模型是任意多个 Maxwell 单元并联而成，广义的 Kelvin 模型是任意多个 Kelvin 单元串联而成的。

（5）Boltzman 模型

依据将聚合物假定为"热流变简单流体"的线性粘弹性理论建立。该模型认为每个负荷对于复合材料蠕变变形的贡献是独立的，总的蠕变是各个负荷引起蠕变的线性叠加，适用于呈现线性粘弹行为的复合材料，可以根据有限的试验数据，去预测很宽范围内的力学性能。该模型可用于受剪或者拉剪双向受力行为的聚合物。

（6）Schapery 模型

由于多数聚合物仅在较低应力和较低温度下呈现线性粘弹行为，为克服 Boltzman 模型的局限性，从不可逆过程热力学熵增原理和自由能概念出发，建立等温单向应力条件下非线性粘弹本构方程。

理论模型由于其内在的复杂性，适用范围限制较多，通用性和易用性缺失，限制了其具体应用，一般多用于理论分析。为此，研究者多用参数法唯象蠕变模型。

（7）Findley 模型

该模型由 Findley 在 1944 年提出，并成功应用于高分子材料的蠕变研究，包括泡沫和玻璃钢型材。其表达式为：

$$\varepsilon(t) = \varepsilon_0 + mt^n$$

式中，ε_0 为与应力有关的初始弹性应变；m 为与应力和温度有关的系数；n 为与应力无关而与温度有关的材料常数。该模型适用于较低应力水平条件下复合材料的一维蠕变研究，其形式简单，模型中经验常数可以从蠕变试验数据中估算。

（8）Sun 和 Gates 模型

从塑性理论发展来的复合材料蠕变模型。该模型首先应用于单向增强的高分子聚合物复合材料，后被推广应用到层合板。该模型可用于材料承受较大应力、呈现非线性行为的研究，其优点在于用短时间加载卸载试验的应力和时间数据可以预测长期的蠕变行为。

（9）蠕变主曲线法

目前复合材料蠕变的研究多以粘弹性理论为基础，在线粘弹性范围内，考虑时间、温度、纤维体积分数等因素得到蠕变主曲线，然后通过时间和温度、湿度、纤维体积分数等影响因素间的等效原理，依靠移位因子由参考条件下的短期蠕变试验推出各种条件下的长期蠕变，应用广泛。

参数法唯象蠕变模型摆脱了固定函数式的束缚，仅为一个数学模型，且参数除了是材料特征常数外，还与温度、应力相关，从而更多地考虑了整个蠕变发展过程，简单易于实施，因此工程应用性较好。

参考文献

[1] H G ALLEN. Analysis and design of structural sandwich panels [M]. London: Pergamon Press，1969.

[2] 李顺林，王兴业. 复合材料结构设计基础 [M]. 武汉：武汉工业大学出版社，1993.

[3] 孙春方，薛元德，胡培. 复合材料泡沫夹芯结构力学性能与试验方法 [J]. 玻璃钢/复合材料，2005

（2）：3-6.

[4] J DAI，H T HAHN. Flexural behavior of sandwich beams fabricated by vacuum-assisted resin transfer molding [J]. Composite Structures，2000，61：247-253.

[5] L WANG，W Q LIU，L WAN，H FANG，D HUI. Mechanical performance of foam-filled lattice composite panels in four-point bending：Experimental investigation and analytical modeling [J]. Composites Part B：Engineering，2014，67：270-279.

[6] Husman G E，Whitney J M，Halpin J C. Residual strength characterization of laminated composites subjected to impact loading [M] //Foreign object impact damage to composites. ASTM International，1975.

[7] Caprino G，Lopresto V. The significance of indentation in the inspection of carbon fibre-reinforced plastic panels damaged by low-velocity impact [J]. Composites science and technology，2000，60（7）：1003-1012.

[8] Murthy C R L，Hosur M V，Ramurthy T S. Compression after impact testing of carbon fiber reinforced plastic laminates [J]. Journal of Composites，Technology and Research，1999，21（2）：51-64.

[9] 刘鹏飞，赵启林，王景全. 树脂基复合材料蠕变性能研究进展 [J]. 玻璃钢/复合材料，2013（3）：109-117.

[10] Maksimov R D，Sokolov E A，Mochalov V P. Effect of temperature and moisture on the creep of polymeric materials 1. One-dimensional extension under stationary temperature-moisture conditions [J]. Polymer Mechanics，1975，11（3）：334-339.

[11] Schapery R A. A theory of non-linear thermoviscoelasticity based on irreversible thermodynamics [M]. American Society of Mechanical Engineers，1966.

[12] Huang J S，Gibson L J. Creep of sandwich beams with polymer foam cores [J]. Journal of Materials in Civil Engineering，1990，2（3）：171-182.

[13] Huang J S，Gibson L J. Creep of polymer foams [J]. Journal of Materials Science，1991，26（3）：637-647.

[14] Taylor S B，Manbeck H B，Janowiak J J，et al. Modeling structural insulated panel（SIP）flexural creep deflection [J]. Journal of Structural Engineering，1997，123（12）：1658-1665.

[15] Shenoi R A，Allen H G，Clark S D. Cyclic creep and creep-fatigue interaction in sandwich beams [J]. Strain Analysis for Engineering Design，1997，32（1）：1-18.

[16] Holmes M，Rahman T A. Creep behaviour of glass reinforced plastic box beams [J]. Composites，1980，11（2）：79-85.

[17] Bank L C，Mosallam A S. Creep and failure of a full-size fiber-reinforced plastic pultruded frame [J]. Composites Engineering，1992，2（3）：213-227.

[18] Mottram J T. Short- and long-term structural properties of pultruded beam assemblies fabricated using adhesive bonding [J]. Composite Structures，1993，25（1-4）：387-395.

[19] Scott D W，Lai J S，Zureick A H. Creep behavior of fiber-reinforced polymeric composites：A review of the technical literature [J]. Journal of Reinforced Plastics and Composites，1995，14（6）：588-617.

[20] Choi Y，Yuan R L. Time-dependent deformation of pultruded fiber reinforced polymer composite columns [J]. Journal of Composites for Construction，2003，7（4）：356-362.

[21] Sun C T，Chen J L. A micromechanical model for plastic behavior of fibrous composites [J]. Composites Science and Technology，1991，40（2）：115-129.

[22] Sun C T, Chung I, Chang I Y. Modeling of elastic-plastic behavior of LDF and continuous fiber reinforced AS-4/PEKK composites [J]. Composites Science and Technology, 1992, 43 (4): 339-345.

[23] Gates T S. Effects of elevated temperature on the viscoplastic modeling of graphite/polymeric composites [M]. High Temperature and Environmental Effects on Polymeric Composites. ASTM International, 1993.

[24] Gates T S. Matrix-Dominated Stress/Strain Behavior in Polymeric Composites: Effects of Hold Time, Nonlinearity, and Rate Dependency [M]. Eleventh Volume: Composite Materials—Testing and Design. ASTM International, 1993.

[25] Mcmurray M K, Amagi S. The effect of time and temperature on flexural creep and fatigue strength of a silica particle filled epoxy resin [J]. Journal of Materials Science, 1999, 34 (23): 5927-5936.

[26] Nakada M, Miyano Y, Cai H, et al. Prediction of long-term viscoelastic behavior of amorphous resin based on the time-temperature superposition principle [J]. Mechanics of Time-Dependent Materials, 2011, 15 (3): 309-316.

[27] Sakai T, Somiya S. Analysis of creep behavior in thermoplastics based on visco-elastic theory [J]. Mechanics of Time-Dependent Materials, 2011, 15 (3): 293-308.

第6章 复合材料耐久性

　　随着复合材料在基础设施领域中的广泛应用，复合材料的耐久性问题引起了研究者的极大关注。由于基础设施工程中复合材料主要应用在室外，特别是在高温潮湿、化学试剂侵蚀、紫外线照射、冻融、沿海海水潮汐等作用下，复合材料的耐久性研究具有重要意义。

　　复合材料在基础设施领域的应用不过 20 余年，至今为止没有复合材料在基础设施领域中长期耐久性数据，因此考察复合材料是否满足长期使用要求的唯一方法是采用加速老化试验来预测复合材料的使用寿命。加速老化试验的统一定义最早由美罗姆航展中心于 1967 年提出，指在保持失效机理不变的条件下，通过加大试验应力来缩短试验周期的一种老化试验方法。加速老化试验采用加速应力水平来进行产品的寿命试验，从而缩短了试验时间，提高了试验效率，降低了试验成本。其研究使高可靠长寿命产品的可靠性评定成为可能。加速老化试验中常采用如下措施：适当提高介质重要成分的浓度，如提高盐雾的浓度；增大反应速度，如提高温度和增大相对湿度；增加发生反应过程的频数，如在变温变湿的试验箱中快速模拟自然界中凝雾、结露和蒸发过程，实现多次干湿循环；缩短腐蚀过程的诱导期，如掺入氯盐，提高氯离子的含量。人工气候加速试验具有试验周期短，试验条件可以严格控制，试验重现性较好，试验成本、复杂程度低，试验结果可靠性较高的优点。

　　影响复合材料耐久性的主要环境因素有温度、湿度、紫外线照射、化学介质（酸、碱、盐等）的侵蚀以及多因素耦合作用等。由于复合材料是多相组成的材料，它的腐蚀不同于单一组分的材料，有自己的特点。表 6-1 为复合材料常见的腐蚀形式，尽管表中分为可逆和不可逆变化，但是事实上，任何变化都不可能是可逆变化，仅有程度上的差异而已。其中对任意组分的破坏均会引起复合材料的腐蚀。

6.1 温度

　　温度对复合材料性能的影响主要在于，纤维与树脂基体之间的热膨胀系数不同，在温度的作用下产生残余应力，从而引起微裂纹的扩展与界面的脱粘，具体表现为影响其力学性能以及吸湿性能。材料的拉伸性能是力学性能的重要方面，而作为重要环境指标的温度对材料拉伸性能有一定影响。复合材料层合板在拉—拉疲劳荷载作用下，随着循环次数的增强复合材料自热温度逐渐增加，并且应力水平越高其增长速率越大。试验过程中温度升高，可以看作是材料结构性能变化的标志，因此可以用温升来表征材料的损伤。用这种方法可以得到与采用刚度降低、剩余强度表示损伤一致的结论。

复合材料的腐蚀形式   表 6-1

组分	可逆变化	不可逆变化
树脂	①水的溶胀 ②温度引起的柔韧化 ③分子局部区域物理有序	①水解导致的化学破坏 ②与化学药品反应引起的化学破坏 ③紫外辐射导致的化学变化 ④热导致的化学变化 ⑤应力(与溶胀和外加应力相关的)引起的化学破坏 ⑥分子局部区域的物理有序 ⑦浸提引起的化学成分改变 ⑧沉淀与溶胀引起的空位和裂缝 ⑨消除溶胀不均而产生的表面银纹和裂缝 ⑩热塑性高聚物含量对长期稳定性的化学影响
界面	柔韧界面	①上面①~④的化学变化 ②内应力(与收缩、溶胀和外加应力相关的)引起的脱粘 ③界面的溶出
纤维	无	①腐蚀引起的强度损失 ②纤维的溶出 ③紫外辐射引起的化学破坏

复合材料层合板在不同环境温度下冲击拉伸实验的结果表明，复合材料是应变率、温度相关的材料，在同一应变率下，当环境温度升高时，弹性模量和抗拉强度明显降低。室温以上温度环境下，该材料具有动态韧性。根据两种不同温度（室温、80℃）条件下复合材料拉伸强度试验数据，利用简单线性回归方法，对不同温度条件下材料拉伸强度进行拟合，预报低温（−55℃）条件下的拉伸强度，通过与试验结果对比，发现两者偏差仅为 0.82，精度非常高，为今后复合材料的应用提供一定的参考。

虽然碳纤维、玻璃纤维以及玄武岩纤维能够耐高温，可以在高温下保留大部分的强度和刚度，但是大多数聚合物基体容易受高温影响。一旦服役温度达到玻璃化转变温度（T_g）以下约 20℃，树脂的弹性降低。此外，纤维与树脂的界面在高温下容易剥离。因此，高温下复合材料强度和刚度将迅速降低。另一方面，低温和冻融循环也会对复合材料性能有影响，主要表现在影响树脂与纤维的热膨胀系数差异或者影响复合材料与混凝土、钢材等其他组合材料的热膨胀系数差异，从而导致界面剥离。

6.1.1 高温对复合材料性能的影响

高度对复合材料弯曲性能、剪切性能以及其他力学性能有一定的影响。根据不同的温度和加载速率下进行的三点弯曲试验，认为复合材料的弯曲高温长时失效机理为纤维拉伸延迟断裂；同时复合材料的弯曲强度取决于树脂基体的粘弹性性能；复合材料弯曲强度的时间温度相关性成立。对于纤维增强复合材料，随着温度升高，弯曲强度、弯曲模量、抗拉强度和抗拉模量都会下降，而对弯曲和抗拉强度的影响最大。高温对纤维增强复合材料与混凝土的抗剪切粘结强度的影响如下：当温度达 70℃时，抗剪切粘结强度降低程度非常大，且破坏形态发展为树脂与混凝土粘结层的破坏。考虑温度因素可以预测复合材料的寿命，如图 6-1 所示，根据试验数据推测出复合材料分别在年平均温度 10℃和 50℃的情况下使用 200 年后拉伸强度保留率为 75％和 67％。

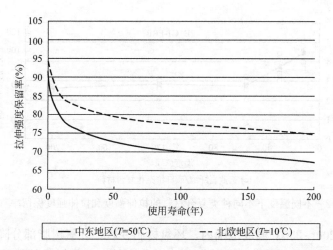

图 6-1 复合材料分别在年平均温度 10℃ 和 50℃ 下寿命预测曲线

图 6-2 为不同温度下碳纤维复合材料、玻璃纤维/碳纤维杂化复合材料、玄武岩纤维/碳纤维杂化复合材料的拉伸强度和拉伸强度保留率。当温度从 16℃ 上升到 55℃ 时，三种复合材料的拉伸强度均显著降低，并且在超过其玻璃化转变温度 T_g（55℃）后，稳定保持在 67%。图 6-3 为碳纤维、玻璃纤维、碳/玻璃杂化纤维增强环氧树脂复合材料暴露于 25~300℃ 温度范围内 45 分钟的失效模式。如图 6-3 所示，在 100~150℃ 温度范围内，三种试件都与在室温下的试件有相似的失效模式——沿着试件长度方向的不同位置处出现脆

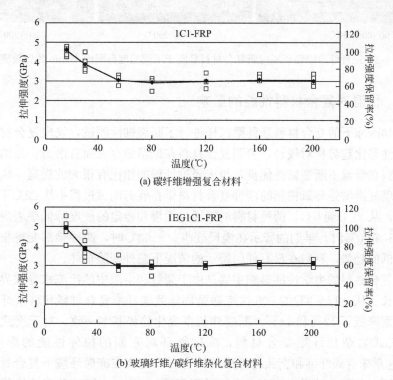

图 6-2 不同温度下不同种类复合材料的拉伸强度和拉伸强度保留率（一）

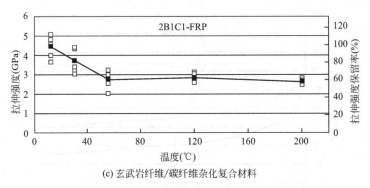

(c) 玄武岩纤维/碳纤维杂化复合材料

图 6-2　不同温度下不同种类复合材料的拉伸强度和拉伸强度保留率（二）

性纤维断裂；在200～250℃温度范围内，环氧树脂变软，环氧树脂部分降解，导致试件开裂；在300℃下，环氧树脂燃烧，纤维断裂，试件失效。环氧树脂的热稳定性随着温度的升高而降低，从而导致树脂/纤维界面剥离。一旦温度超过树脂的燃点，树脂不能对纤维表面提供保护，从而降低其力学性能，缩短其使用寿命。

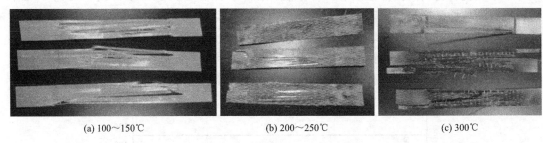

(a) 100～150℃　　　　　　　　(b) 200～250℃　　　　　　　　(c) 300℃

图 6-3　三种纤维增强环氧树脂复合材料暴露于不同温度范围内45min的失效模式

6.1.2　低温对复合材料性能的影响

对室温和冷冻下的复合材料悬臂梁试样进行了断裂韧性测试，发现复合材料在冷冻状态下断裂韧性恶化趋势相对较轻，表明复合材料在低温储存方面有潜力；经纳米技术处理后，复合材料在低温下断裂韧性优良，与未经过处理的相比有很大的提高。碳纤维增强环氧树脂和玻璃纤维增强环氧树脂的两种复合材料梁在疲劳测试过程中从22℃下降到－66℃时硬度降低，从22℃到0℃，两种材料的梁通过缓慢和稳定的硬度降低率表现了比较明显的疲劳警示；在0℃时，早期的警示在慢慢变少；－60℃时，两种梁都变得很硬，而且表现出不再降低的趋势，材料在没有任何警示的情况下意外变脆损坏。

低温对复合材料的力学性能影响主要是由于裂缝和空隙中的冷冻水导致界面剥离以及微裂纹的增长。从－17～8℃的200次冻融循环导致碳纤维复合材料和玻璃纤维复合材料拉伸强度分别降低了12%和14%，断裂伸长率变化趋势基本一致。对于玄武岩纤维复合材料和碳-玄武岩杂化纤维复合材料，冻融循环对它们的拉伸性能的影响可以忽略（图6-4），这意味着碳纤维和玄武岩纤维的结合可以提高在冻融环境下复合材料的拉伸性能稳定性。同时，研究结果表明，在更低的温度下（－60～0℃）玻璃纤维复合材料的剪切和抗弯强度并没有受到影响，并且拉伸强度和弹性模量在－40℃～50℃温度范围内基本

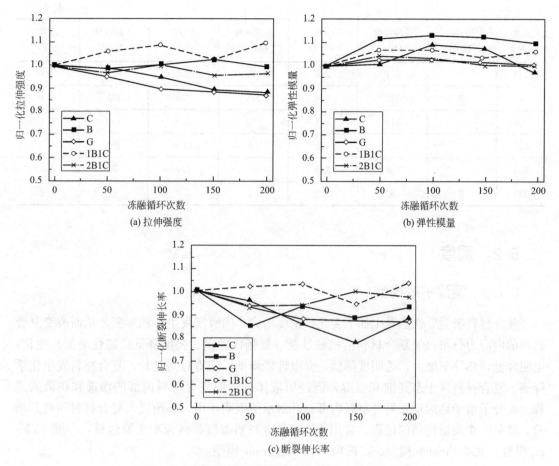

图 6-4　冻融循环作用下的复合材料归一化拉伸性能

稳定，如表 6-2 所示。类似的结论表明在 $-17.8℃\sim4.4℃$ 温度范围内冻融循环，不论是在干燥空气、蒸馏水还是盐水环境下，最多 1250 小时和 625 次循环造成的复合材料的抗弯强度、弹性模量以及损耗因子都没有明显变化。

复合材料在不同温度下的试验结果　　　　　　　　　　　　　　　　表 6-2

温度 （℃）	试件 数量	拉伸强度 （MPa）	COV （％）	剪切强度 （MPa）	COV （％）	弯曲强度 （MPa）	COV （％）
−100	5	897	3.7	304	1.8	1843	2.4
−80	5	838	3.5	281	5.1	1750	2.2
−60	5	785	2.0	255	2.6	1516	2.9
−40	5	791	2.2	227	3.0	1325	2.3
−20	5	784	2.4	219	5.9	1288	1.4
0	5	754	3.2	211	2.6	1101	0.3
25	5	756	1.8	199	3.8	1093	2.1
50	5	757	3.5	198	2.5	1088	4.5

续表

温度 (℃)	试件 数量	拉伸强度 (MPa)	COV (%)	剪切强度 (MPa)	COV (%)	弯曲强度 (MPa)	COV (%)
100	5	674	2.7	177	2.6	922	3.1
150	5	532	6.6	176	2.8	255	5.1
200	5	513	7.4	114	2.1	142	8.1
250	5	464	2.9	56	14.8	106	5.7
300	5	405	2.8	50	7.6	74	6.8
325	5	353	3.2	44	7.0	65	4.2

6.2 湿度

6.2.1 湿度扩散模型

复合材料吸湿后性能发生如下变化：密度增大；因吸湿发生体积膨胀，从而改变复合材料的内应力分布；使复合材料的机械性能（如杨氏模量、强度降低、韧性增加）变化；电阻降低，热导率增大，透明度降低，介电性能降低；随着时间延长，复合材料发生化学降解。复合材料从干态到饱和吸湿，需经历液体分子向复合材料内部的渗透和扩散的过程。水分子由于热运动和复合材料内部微孔对水的吸附作用，逐渐进入复合材料而使其增重，这是一个质量传递的过程。常用的描述复合材料湿度扩散模型主要包括：一维 Fickian 模型、三维 Fickian 模型、二阶模型和 Langmuir 模型。

1. 一维 Fickian 模型

为了模拟水分扩散过程，大量的扩散模型已被建立。在最简单的单项扩散（无边缘效应）中，平衡吸收质量 m_s 与试件的厚度 L 有关。对暴露在给定条件下的初始干燥材料，水的扩散复合一维 Fickian 模型：

$$\frac{\partial c}{\partial t} = D \frac{\partial^2 c}{\partial x^2} \tag{6-1}$$

式中，c 表示局部的水浓度，x 为试件厚度方向上的层深，D 是在 x 方向上的水分扩散系数。

复合材料的吸水程度可用吸水率、饱和吸水率和相对吸水率来表征。对于无限大且厚度为 h 的平板，其吸水率可用式（6-2）表达：

$$M_t = M_\infty \left\{ 1 - \frac{8}{\pi^2} \sum_{n=0}^{\infty} \frac{1}{(2n+1)^2} \exp\left[-\frac{Dt}{h^2} \pi^2 (2n+1)^2 \right] \right\} \tag{6-2}$$

式中 M_t 为 t 时刻平板吸水后的重量；M_∞ 为吸水达到饱和时平板的重量。

式（6-2）经常简化为式（6-3）：

$$M_t = M_\infty \left\{ 1 - \exp\left[-7.3 \left(\frac{Dt}{h^2} \right)^{0.75} \right] \right\} \tag{6-3}$$

式中 D 可由时间 t_1 和 t_2 两点之间 Fickian 扩散曲线的线性部分根据式（6-4）计算。

$$D = \pi \left(\frac{h}{4M_\infty} \right)^2 \left(\frac{M_1 - M_2}{\sqrt{t_1} - \sqrt{t_2}} \right)^2 \tag{6-4}$$

通常，吸收质量随着时间的平方根成比例增加可作为遵循一维 Fickian 模型的依据。实际上，在有些情况下，初始时吸收遵循一维 Fickian 模型，而当相对吸收质量较高时与该模型发生偏离。

2. 三维 Fickian 模型

对于复合材料的厚板，很难满足大维度下"无限"板的假设。三维模型可以描绘复合材料厚板的水分扩散过程，其中假定水分吸收总质量等于分别从六个表面吸收的水分量的总和。水分吸收量可以表示为式（6-5）和式（6-6）：

$$M_t = M_\infty \left[1 - \left(\frac{8}{\pi^2} \right)^3 \sum_{m=0}^{\infty} \sum_{n=0}^{\infty} \sum_{p=0}^{\infty} \frac{1}{(2m+1)^2 (2n+1)^2 (2p+1)^2} \exp(-Qt) \right] \tag{6-5}$$

$$Q = \pi^2 \left[D_1 \left(\frac{2m+1}{L} \right)^2 + D_2 \left(\frac{2n+1}{l} \right)^2 + D_3 \left(\frac{2p+1}{h} \right)^2 \right] \tag{6-6}$$

式中，L 和 l 是该试件的长度和宽度，D_1、D_2 和 D_3 分别是沿着长、宽度和厚度的水分扩散系数。

三维水分扩散模型的扩散系数 q 可由式（6-7）确定：

$$q = \sum_i \left[M_t(t_i) - M_i \right]^2 \tag{6-7}$$

式中，$M_t(t_i)$ 是由公式（6-5）计算出的时间为 t_i 时的水分含量，M_i 是从时间为 t_i 时的重量曲线实验获得的水分含量。

3. 二阶模型

典型的 Fickian 扩散通常在低温和暴露于潮湿的空气环境下发生。然而，对于高温以及材料浸泡在液体中的情况，与 Fickian 扩散会发生偏差，这是由于聚合物的松弛性（图 6-5）。针对这种情况，Berens 和 Hopfenberg 提出了一个更加通用的聚合物材料吸湿模型，这是由 Fickian 扩散和聚合物松弛性的独立作用的线性叠加。t 时刻的吸湿总量 M_t 表示为

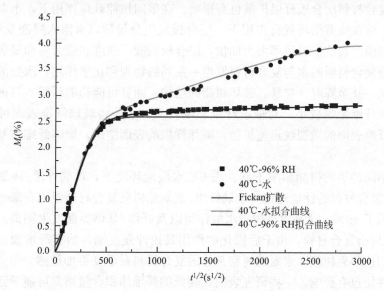

图 6-5　聚氨酯粘结剂的湿度扩散过程

式（6-8）：

$$M_t = M_{t,F} + M_{t,R} \qquad (6\text{-}8)$$

式中，$M_{t,F}$ 和 $M_{t,R}$ 是由 t 时刻的 Fickian 和松弛过程分别得出。二阶模型表示的吸湿过程如式（6-9）所示：

$$M_t = M_{\infty,F}\left\{1 - \exp\left[-7.3\left(\frac{Dt}{h^2}\right)^{0.75}\right]\right\} + M_{\infty,R}\left[1 - \exp(-kt)\right] \qquad (6\text{-}9)$$

式中，k 是松弛速度常数，以及 $M_{\infty,R}$ 为由松弛导致的最终吸湿量。

4. Langmuir 模型

多数情况下，在吸收量较低的范围内，复合材料的吸水过程似乎表现为 Ficakian 行为，但又出现一个拐点或是缓慢而持续的质量增量，而非达到平衡。这种现象被确定为 Langmuir 过程。Langmuir 过程涉及可以与水建立相当强但可逆结合的位点，因此材料中共存两类水分子：在基体中迁移服从 Fick 定律和扩散系数 D 的"自由"水分子，和通过可逆结合临时留存在 Langmuir 位点的"结合"水分子。典型的 Langmuir 模型可以表示为式（6-10）：

$$M_t = M_\infty\left(\frac{\beta}{\gamma+\beta}e^{-\gamma t}\left[1 - \frac{8}{\pi^2}\sum_{l=1}^{\infty(odd)}\frac{e^{-\kappa l^2 t}}{l^2}\right] + \frac{\beta}{\gamma+\beta}(e^{-\beta t} - e^{-\gamma t}) + (1 - e^{-\beta t})\right);\ 2\gamma,\ 2\beta \ll \kappa$$

$$\kappa = \pi^2 D_r / (2\delta)^2 \qquad (6\text{-}10)$$

式中，δ 是试样的一半厚度，D_γ 可由单向扩散的式（6-4）得到。

6.2.2　湿度对复合材料性能的影响

复合材料吸水会引起体积膨胀。对于单向复合材料，它的线膨胀也是各向异性的。对于高温固化的复合材料，在常温使用时其内部因热收缩将产生残余热应力，但如果吸湿产生膨胀，它的影响将抵消一部分残余热应力，因而对复合材料的强度是有利的。然而，吸湿的过程很缓慢，而且在复合材料内部湿度分布不均匀，因此这种好处在设计中不能计入。水分对复合材料层合板分层扩散也有影响。在单向拉伸载荷作用下，水对分层扩展速率影响不大，而在疲劳循环载荷作用下，层合板发生分层后，水渗入层间及横向裂纹中，使层间裂纹和横向裂纹扩展速率大大加快，层合板的疲劳强度和疲劳寿命显著下降。通过界面缝隙渗进复合材料的水与复合材料发生一系列的物理和化学作用，水分的渗入不但使树脂基体溶胀，甚至降解、交联、破坏树脂的结构，而且可能影响纤维本身的强度，研究表明水分对碳纤维影响较小，对玻璃纤维影响较大，水分将玻璃纤维表面可溶的成分溶出，并沿着纤维表面的微裂纹迅速扩散，破坏纤维的表面结构，影响纤维与基体界面的粘结性能。

湿度对不同种类的树脂影响不同。表 6-3 水浸泡环境下，玻璃纤维/环氧树脂和玻璃纤维/聚氨酯复合材料的性能对比。玻璃纤维/聚氨酯树脂复合材料浸泡在海水中一年之后抗拉强度降低了 19%，这是由于树脂水解作用以及纤维/基体界面发生剥离。然而对于玻璃纤维/环氧树脂复合材料，由于后固化的作用其拉伸强度刚开始有所增加，然后变化不明显。因此相比环氧树脂，聚氨酯树脂基体的复合材料对湿度更加敏感。另外，纤维体积含量对吸湿性能也有影响。一些研究表明，较低的纤维体积含量通常可能导致复合材料更容易吸收水分，从而导致树脂基体和树脂-纤维界面发生老化。然而，另一些研究表明，与具有较低纤维体积含量的复合材料相比，具有较高纤维体积含量的复合材料能够吸收更多水分，这是由于相对高的纤维含量可能导致基体与纤维不能很牢靠地粘结，从而出现较高的孔隙率，因此在纤维和基体界面处出现微裂纹。这些微裂纹在水扩散和氢离子交换的共同作用下，会加速劣化过程。

海水浸泡环境下玻璃纤维/聚氨酯树脂和玻璃纤维/环氧树脂复合材料的性能对比　表 6-3

老化条件	聚氨酯树脂复合材料 拉伸强度（MPa）		环氧树脂复合材料 拉伸强度（MPa）	
	室温	65℃	室温	65℃
未老化	853±84	853±84	794±46	794±46
海水 3 个月	781±80	734±27	717±90	805±55
海水 6 个月	856±10	623±70	817±6	761±20
海水 12 个月	692±22	592±38	788±37	749±69

6.3　紫外线

目前使用的纤维增强复合材料多以各种有机树脂为基体，在紫外线的照射下，会发生一系列的物理和化学变化，降低纤维增强复合材料的服役性能。因此紫外老化性能是制约纤维增强复合材料工程应用的重要因素之一。国内外研究人员对纤维增强复合材料的紫外老化问题进行了大量的研究，但由于研究对象、研究方法以及侧重点各有不同，从而导致得到的结论差异较大甚至存在相互矛盾之处，难以形成统一的认识。

6.3.1　紫外老化机理

复合材料紫外老化机理研究主要是从微观层次研究紫外线照射对复合材料各组分材料及其界面的作用机理。目前常用的研究方法包括 SEM 电镜观测、红外光谱分析、失重分析以及 X-ray CT 观测。SEM 电镜主要用来观测和比较复合材料老化前后构件表观形态以及纤维和树脂间界面的变化；红外光谱分析主要通过分析紫外老化前后吸收峰的强度改变以及有无新的吸收峰生成来分析老化的动力学过程；失重分析主要是通过对老化前后的构件进行称重来分析紫外老化前期和后期的老化降解速度；X-ray CT 可在不破坏构件的基础上探究复合材料在紫外老化过程中的内部损伤情况。

通过以上方法对复合材料的紫外老化机理进行研究，发现复合材料在紫外光下的老化主要表现为树脂的老化，以及由此引起的树脂与纤维间界面性能的劣化，而纤维本身在紫外照射下一般不会老化。树脂在紫外光作用下的老化主要表现为聚合物的热氧老化和光氧化老化两个主要过程。

1. 热氧老化机理

阳光中的可见光和红外线被复合材料中的聚合物吸收，在吸收部位转变为热能使该处温度升高，促进氧化作用，会使纤维增强复合材料发生热氧老化。热氧老化是聚合物在高温环境下与活性氧产生自由基而引发的自动催化过程。高分子链段会在氧的存在下发生断链生成自由基，活性自由基可能会组合生成小分子物质而流失，包括以下四个方面：链引发 RH→R⁻＋H⁺；R⁻＋O₂→ROO⁻；链增长 ROO⁻＋RH→ROOH＋R⁻；链支化 ROOH→RO⁺＋OH⁻；RO⁺＋RH→ROH＋R⁺，OH⁻＋RH→H₂O＋R⁻；链终结，自由基聚合产生不活泼产物。热氧老化是聚合物最主要的一种老化形式，其老化过程受到诸如氧、热和杂质等许多因素的影响，使老化的行为和机理极为复杂。利用 X 射线光电子能谱（XPS）探讨不饱和聚酯树脂表面的化学结构变化揭示其热氧老化机理，发现不饱和聚酯树脂主要受到温度和空气中氧气的影响，温度升高，分子的热运动加剧，容易使分子链发生断裂并产生自由基，自由基攻击邻近的高分子链，形成自由基链式反应，导致不饱和聚酯降解。采用热重分析（TGA）法研究环氧树脂基碳纤维增强复合材料热氧老化过程，应用 Flynn-Wall-Ozawa 法计算热解平均活化能（$E = 92.98$kJ/mol），通过研究热解动力学参数进一步解释热氧老化机理。

2. 光氧老化机理

聚合物基材料在户外暴露于太阳光和大气的情况下，因吸收紫外光而发生一系列复杂而有害的过程，这种过程为大气环境中的光氧老化，其外在表现为材料外观变色、表明龟裂、失去光泽、力学和电气性能变化等方面。光氧老化是聚合物材料重要的老化形式之一，根据 Einstein 光化学当量法则（光化学第二法则），聚合物老化行为主要取决于其吸收的单个光子能量与高分子材料的键能，只有当光子所具有的能量大于或等于聚合物的键能时，才构成光化学的活性。紫外线之所以对树脂能够发挥不可逆转的老化作用，是因为树脂中含有能够吸收紫外线的发色团，以及聚合过程中残留的少量杂质，树脂材料吸收光子之后，便会引发材料内一系列的光物理和光化学反应，光降解和光交联是光化学反应的主要表现形式。由于紫外辐射、水分和氧气同时存在，水分、氧气等小分子会扩散到复合材料的微小缺陷中，引起缺陷的扩展，当缺陷扩展到纤维表面，就会降低纤维和树脂基体的结合强度，但纤维的存在会阻止缺陷继续向材料内部扩展，即材料的缺陷由外向内的扩展速度是越来越小的，因此材料紫外老化前期性能下降较大，后期变化不大。

实际使用过程中纤维增强复合材料不是受单一环境因素影响，而是多因素耦合作用，因此对于劣化机理分析要考虑多因素耦合作用。碳纤维增强复合材料试件放置于海南省万宁市兵器工业自然环境试验中心自然老化 3 年后进行动态热机械分析（DMA）研究发现，试样玻璃化转变温度（T_g）降低 27℃。这是由于树脂基体在太阳光紫外线作用下，发生了共价键破坏的现象，使聚合物内的惰性官能团生成了活性自由基，从而引发材料的光降解过程；紫外线还通过引发和促进氧对树脂的作用，引发复合材料的热氧老化过程。由于光降解与热氧老化的同时存在，使树脂的化学链发生断裂，交联密度降低，从而造成 T_g 下降。

6.3.2 紫外辐射对复合材料性能的影响

紫外辐射会引起聚合物基体材料的老化，使其性能显著下降，而对纤维材料的性能基本无影响。聚合物材料受紫外辐射的影响主要表现在两个方面：表面颜色的变化。随着辐射量的增加，受紫外辐射的表面会呈现出越来越深的黄色；力学性能的变化。紫外辐射会降低聚合物基体材料的强度、刚度等性能。

纤维布的种类、层数，以及不同照射时间等因素对复合材料紫外老化后力学性能均有一定影响。其中，在紫外线的照射下，碳纤维增强复合材料的强度受紫外线的影响较小，而玻璃纤维增强复合材料的强度则有较大的降低；关于纤维布层数对玻璃纤维增强复合材料耐紫外辐射的影响，试验结果表明 2 层玻璃纤维增强复合材料层压板在照射 170h 后拉伸强度下降较明显，3 层玻璃纤维增强复合材料层压板在照射 200h 后发生降解，5 层玻璃纤维增强复合材料层压板在照射 200h 后没有发现明显的强度变化，并且片材强度的下降趋势会随着厚度的增加而越来越不明显；另外，不同照射时间也有显著影响，研究表明玻璃纤维增强复合材料在经过 27 个月的紫外辐射暴露后，大部分试件的拉伸力学性能受环境的影响较小，而玻璃纤维增强复合材料在强紫外线照射 3 年后拉伸强度减少了 19％。图 6-6 为不饱和聚酯（UP）和乙烯基酯（VE）树脂基复合材料紫外老化拉伸和弯曲强度变化趋势。

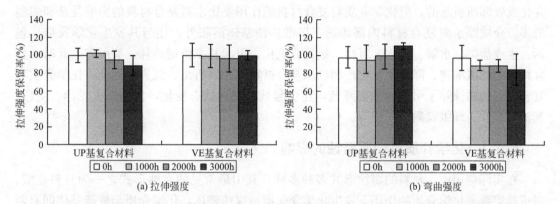

(a) 拉伸强度　　　　　　　　　　　　　　　(b) 弯曲强度

图 6-6　不饱和聚酯（UP）和乙烯基酯（VE）树脂基复合材料紫外老化拉伸和弯曲强度变化

　　不同制作工艺对玻璃纤维增强复合材料在紫外辐射作用下的性能也有一定影响。试验结果发现真空导入工艺制作的玻璃纤维增强复合材料试件正面的巴氏硬度在照射前期下降较快，而后期下降较慢，120 天后巴氏硬度下降了约 8％；手糊工艺制作的玻璃纤维增强复合材料试件的正面在紫外照射 64 天后，巴氏硬度仍下降较快，120 天后下降了约 9％（如图 6-7a 所示）。从图 6-7b 中可以看出，在紫外老化前期，手糊和真空导入制作的玻璃纤维增强复合材料试件的弯曲强度在波动中增加；老化一段时间后，玻璃纤维增强复合材料试件的弯曲强度均出现下降，但高于初始值，且手糊试件的弯曲强度的衰减大于真空导入试件。发生上述现象的主要原因是树脂的后固化和紫外老化共同作用的影响。制备工艺

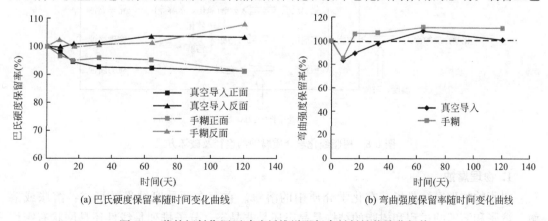

(a) 巴氏硬度保留率随时间变化曲线　　　　　　　(b) 弯曲强度保留率随时间变化曲线

图 6-7　紫外辐射作用下玻璃纤维增强复合材料性能演化规律

对玻璃纤维增强复合材料耐久性有影响，性能可靠的制备工艺对提高玻璃纤维增强复合材料耐久性有益。

复合材料的紫外老化性能与众多因素相关，如制作工艺、纤维和树脂种类、试件尺寸、紫外光类型、力学性能测试方法等，并且长时间的紫外辐射对纤维增强复合材料力学性能有不利影响，究其原因是光老化降解作用导致大分子链断裂，造成力学性能下降。

6.4 化学介质

化学介质对复合材料性能的影响，是由复合材料中基体、纤维或纤维—基体间界面的变化或破坏所引起的，但化学介质对复合材料的作用要比水对复合材料的影响复杂和强烈的多，介质除了向复合材料内部渗透、扩散，使基体溶胀外，还与其发生化学反应，包括：生成盐类、水解、皂化、氧化、硝化或硫化，引起其主价键破坏、裂解等，此时，复合材料中的被溶物、降解及氧化产物也从复合材料向介质析出、流失。因此，化学介质对复合材料的腐蚀除了引起其性能降低，还引起其外观和状态变化，例如失去光泽、变色、起泡、裂纹、纤维裸露、浑浊等。

6.4.1 化学介质对树脂腐蚀的影响

在实际应用中，材料的腐蚀形式多种多样，其中最常见的腐蚀形式之一为材料在酸、碱或盐溶液等化学介质的作用下发生化学变化而被腐蚀破坏。化学介质与树脂基体间有两种作用原理：一是腐蚀介质扩散或经吸收而进入树脂基体内部，导致树脂基体性能改变，这种过程为物理腐蚀；另一种是腐蚀介质与树脂基体发生化学反应，如降解或生成新的化合物等，从而改变树脂基体原来的性质，这种过程称为化学腐蚀，图6-8给出了树脂经化学介质腐蚀的途径及破坏方式。材料的耐化学腐蚀程度主要取决于聚合物的基团在介质中的惰性程度，如酯键易水解，则减少酯键可以提高其耐化学介质腐蚀程度。

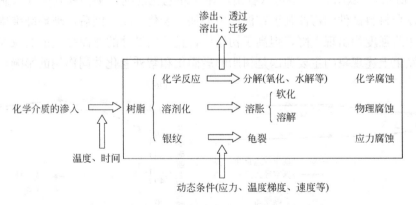

图 6-8　树脂经化学介质腐蚀的途径及破坏方式

1. 物理腐蚀

树脂的物理腐蚀是指其在化学介质中的溶解。它存在两种腐蚀失效形式：溶胀或溶解。溶胀和溶解的过程和树脂的结构是晶态还是非晶态，分子排列是线性还是网状有密切关系。非晶态的结构比较松散，分子间间隙大，相互作用力较弱，介质分子容易渗入材料内部。当介质分子与树脂分子亲和力比较大时，就会发生溶剂化作用，树脂链段间的结合力削弱，分子链段间距增大，并与介质分子融为一体，即发生溶剂化作用。由于树脂材料的分子很大，分子之间又互相连接，因此溶剂化的聚合物很难直接扩散到溶剂中去，而使材料在宏观上体积增大或重量增加，这就是树脂的溶胀，即溶胀是树脂在溶剂中的有限溶解。

当树脂在溶剂化作用下发生溶胀后，是否发生溶解，取决于树脂中聚合物材料的分子结构。如果聚合物是线性结构，则溶剂化和溶胀过程可以继续下去，溶胀度继续变大，直到聚合物充分溶剂化后，从材料表面开始逐渐溶入介质中，形成溶液，完成溶解过程。如果聚合物是网状结构，则溶胀只能使交联键伸直，很难使其断裂，因而不能溶解。

2. 化学腐蚀

最主要的引起材料化学腐蚀的反应为在酸、碱、盐等介质中的水解反应，在空气中由于氧、臭氧等作用而发生的氧化反应，此外还有侧基的取代反应和交联反应等。树脂的化学腐蚀往往是氧化、水解、取代、交联等反应的综合结果，随着材料组成和环境条件的不同，其中可能某一类型的反应起主要作用。对于聚酯来说，其水解是酯键的水解，它在酸与碱中有很大差异。

在酸性介质中的水解反应方程式为：

$$R_1COOR_2 + H_2O \underset{}{\overset{H^+}{\rightleftharpoons}} R_1COOH + R_2OH \tag{6-11}$$

上式为可逆的、不完全的反应，平衡后不再继续，水解产物不会离开反应区发生扩散，所以聚酯耐酸性介质的腐蚀。

在碱性介质中的水解反应方程式为：

$$R_1COOR_2 + OH^- \longrightarrow R_1COO^- + R_2OH \tag{6-12}$$

此时，其降解为皂化反应，生成稳定的酸根离子，与醇反应生成酯的趋势很小，是不可逆的，故其耐碱性差。

有机溶剂虽不与树脂基体发生反应，但与聚合物极性相近的小分子介质通过渗透、扩散过程，可与聚合物之间相互溶解。虽然在酸性溶液和碱性溶液中的水解机理不同，但这并没有影响其对树脂基体性能的破坏作用。对复合材料而言，溶液的 pH 值对吸湿行为的影响很小，吸湿量为主要影响因素。

聚酯在 60℃的碱和盐溶液中分别在浸泡 100h 和 215h 后出现了失重现象，这主要是由于聚酯树脂的水解并随之失去小分子所致。水解产生的低分子产物的流失将起到脆化作用，从而导致树脂的玻璃化转变温度（T_g）上升。乙烯基树脂在 50%的硫酸溶液中室温浸泡一个月后外观没有变化，当其质量变化率达到 1%时，弯曲强度的保留率为 92%。

6.4.2　化学介质对纤维腐蚀的影响

在纤维增强复合材料中，纤维被基体所包围与保护，复合材料的耐化学介质腐蚀性的决定因素是基体。但是，化学介质仍可通过裂纹、界面等途径进入复合材料内部与纤维作用，使纤维与基体界面的粘结劣化。

各种增强纤维中，玻璃纤维是非结晶性无机纤维，它的耐腐蚀性取决于其化学组成，其有利于耐酸性的主要成分是 SiO_2，另外还有 Al_2O_3、ZrO_2、TiO_2、CuO 和 Fe_2O_3，这些氧化物在酸中的溶解会导致玻璃纤维的腐蚀。图 6-9 为玻璃纤维在酸碱性介质中的结构破坏示意图。在碱性溶液中，OH-破坏了 Si-O-Si 链，而容易形成 Si-OH，因而溶解度大，玻璃纤维在碱性溶液中的腐蚀较酸中严重。碳纤维具有很高的耐介质腐蚀性，能耐浓盐酸、磷酸、硫酸、苯、丙酮等介质的侵蚀，它的耐介质腐蚀性与金、铂相当。芳纶因分子结构苯环内电子的共轭作用，具有很高的耐化学介质腐蚀性，除了强酸和强碱外，它几乎不受有机溶剂和油类的影响。

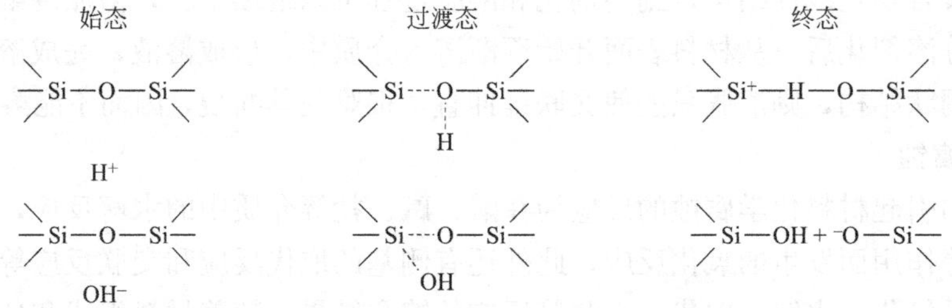

图 6-9 酸碱介质对玻璃纤维结构的破坏示意图

腐蚀介质侵入界面后，一是产生聚集，使树脂溶胀，导致界面承受横向拉应力；二是从界面析出可溶性物质，在局部区域形成浓度差，从而产生渗透压；三是腐蚀介质与界面物质发生化学反应，破坏化学结构，导致界面脱粘。

6.4.3 化学介质对复合材料性能的影响

1. 酸溶液对复合材料性能的影响

酸溶液的侵蚀引起树脂出现裂纹，导致树脂剥落和纤维损伤。在盐酸溶液（pH＝3）和 25℃下浸泡 6 个月后，玻璃纤维增强不饱和聚酯基和乙烯基复合材料均表现出良好的耐酸性能，强度降低均小于 13%。但是在强酸情况下，复合材料的强度显著下降。在 80℃下 2%、5% 和 10% 硫酸溶液中浸泡 2500 小时后，玻璃纤维增强不饱和聚酯基复合材料的抗弯强度损失分别约为 40%、60% 和 80%。并且该复合材料在 20% 的硫酸溶液中 1500 小时后失效。研究人员对比了暴露于 2% 和 5% 的硝酸中的玻璃纤维增强乙烯基复合材料的性能，认为该复合材料的抗弯强度在随着酸的浓度和浸泡时间的增加而显著降低。酸性溶液导致基体扩张和浸出，表面出现一些不平。经过较长时间的浸泡，这些不平之处可能会形成水泡，然后溶胀，最终导致基体和纤维剥离。图 6-10 比较了玻璃纤维增强复合材料在自来水以及不同 pH 值的酸溶液中浸泡 75 天后界面粘结情况。75 天后，在自来水、pH＝2、pH＝3 和 pH＝4 的环境中最大粘结强度分别损失了 11%，22%，17.2% 和 14%，表明粘合强度退化与酸的浓度有关。

2. 碱溶液对复合材料性能的影响

碱溶液的侵蚀引起基体开裂以及纤维/基体剥离，导致复合材料强度降低。当 OH^- 与酯键反应时，开始发生碱性水解作用。实际上，碱性溶液不仅破坏基体还破坏玻璃纤维。玻璃中的二氧化硅和碱性溶液发生的化学反应导致羟基化和溶解作用，接着由于玻璃表面的氢氧化钙结晶导致表面出现不平。当 pH 超过 9 时，氢氧化钠通过以下化学反应破坏玻

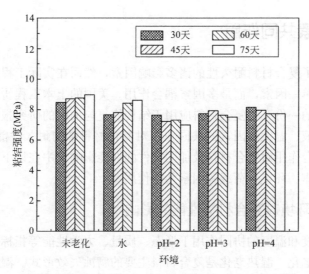

图 6-10　玻璃纤维增强复合材料在自来水以及酸溶液中界面粘结强度比较

璃纤维分子的骨架。玻璃纤维增强复合材料的拉伸强度在强碱溶液中随时间而显著下降，但是弹性模量的影响不明显。研究人员对比了玻璃纤维增强复合材料在 pH 值分别为 12.5、10、7 和 2.5 溶液中的耐久性。结果表明，pH＝12.5 的溶液对该复合材料的影响最大。研究人员在 60℃下，分别将碳纤维增强复合材料和玻璃纤维增强复合材料在 pH＝12.5～13 的碱溶液中浸泡 90 天，结果表明玻璃纤维增强复合材料强度降低 73％，而碳纤维增强复合材料强度没有明显变化。在 40℃下，将玻璃纤维增强复合材料筋在氢氧化钠溶液中浸泡 120 天，强度降低 73％；将芳纶纤维增强复合材料在氢氧化钠溶液中浸泡 120 天后，强度降低 2％；碳纤维增强复合材料在氢氧化钠溶液中浸泡 120 天后强度没有明显变化。因此碳纤维增强复合材料的耐碱溶液的性能要优异一些。

3. 盐对复合材料性能的影响

对于树脂基体而言，氯化钠与树脂基体一般不发生化学反应，因此纤维增强复合材料能够很好地抵抗盐类腐蚀。通过海水环境下碳纤维增强复合材料混凝土小柱的抗压强度试验，考察碳纤维增强复合材料材料防腐蚀及加固效果，结果表明碳纤维增强复合材料在海水环境下具有良好的腐蚀防护效果，可改善试件力学性能。两种碳纤维增强复合材料经海水浸泡 30 天，抗拉强度分别下降 11.2％和 5.2％，之后基本保持不衰减；玻璃纤维增强复合材料和芳纶纤维增强复合材料的抗拉强度在海水浸泡作用下随老化时间缓慢下降，浸泡 90 天时分别下降 20.6％和 11.4％，之后基本保持不变。将玻璃纤维增强复合材料浸泡在由 $NaCl$ 和 $CaCl_2$ 配制而成的 7％的盐溶液中，28 天和 56 天后抗拉强度分别降低了 4.36％和 6.83％，弹性模量基本保持不变。

环境介质对界面的破坏主要来自于水分。界面相中大量存在的孔隙，使水分子在"毛细管效应"的作用下迅速沿界面扩散，这是复合材料老化的重要原因。水分的侵入，一方面将玻纤表面可溶的成分溶出，并沿着玻纤表面的微裂纹迅速扩散，促使微裂纹的生长，破坏玻纤的表面结构；另一方面它还使树脂基体溶胀，甚至降解、交联，还溶解某些可溶性的助剂，破坏树脂的结构。水对复合材料的侵蚀，势必影响到整个界面相的状态。

6.5 多因素共同作用

尽管学者研究了复合材料耐久性的诸多影响因素，然而在实际工程应用过程中复合材料面临的环境不是单一因素，而是多因素耦合作用。美国的土木工程研究基金会与市场发展联合会共同完成的一份有关复合材料应用于结构修复与加固的研究报告中特别指出，研究应力、湿度、溶液、温度等因素的共同作用对复合材料结构耐久性能具有关键的意义。目前关于多因素耦合作用对复合材料及加固构件的性能影响集中在以下几个方面：湿热环境、紫外辐射与凝露、环境与荷载等因素共同作用。

6.5.1 湿热环境对复合材料性能的影响

复合材料在湿度和温度的协同作用下形态、质量、力学性能等指标发生改变的过程称为复合材料的湿热老化。湿热老化是复合材料主要的腐蚀失效形式。湿热对复合材料耐久性的影响主要来自水分与温度的作用。水分的浸入，一方面使聚合物溶胀，甚至发生降解、交联，从而破坏聚合物的结构；另一方面影响纤维，水对碳纤维影响较小，但对玻璃纤维影响较大，水将玻璃纤维表面可溶的成分溶出，并沿着玻璃纤维表面的微裂纹迅速扩散，破坏纤维的表面结构，从而影响纤维与聚合物界面粘结性能。温度对聚合物及纤维性能均有影响。温度越高，水在聚合物中的扩散越快，聚合物劣化的时间越短，导致界面缺陷生长速度增加，从而降低聚合物的性能。

湿热环境主要是通过树脂、纤维以及纤维与树脂之间界面的破坏来影响复合材料的性能。对其长期性能的影响主要包括：对玻璃化转变温度、热膨胀系数、疲劳性能、力学性能等性能的影响。其中力学性能包括：弯曲、剪切和拉伸等。研究表明，复合材料对湿热环境的敏感性主要是由于基体和基体与纤维之间的界面的力学性能下降所引起的。纤维的种类对复合材料耐湿热性能有一定的影响。松散编织的复合材料与紧密编织的复合材料在温水中浸泡 20000 小时后，发现松散编织的复合材料抗拉强度和极限应变分别下降 48% 和 46%，而紧密编织的复合材料抗拉强度和极限应变只下降了 26% 和 32%。对于复合材料的湿热老化性能，研究结果表明，随着时间的增加，弯曲强度与弯曲模量都有不同程度的下降，并且温度越高，下降程度越大，同时随着时间的延长，温度越高，玻璃化转变温度下降幅度越大。复合材料在湿热环境中，水分子由于材料的毛细作用，会进入到其内部，引起基体膨胀，导致界面损伤，从而使复合材料的力学性能下降。树脂的劣化、纤维的劣化以及纤维与界面之间结合力的退化是复合材料力学性能降低的主要原因。其中，玻璃纤维的劣化是造成玻璃纤维增强复合材料力学性能大幅降低的主要原因，因为玻璃纤维中的 Si-O 键与氢氧根发生化学反应而断裂，导致其力学性能大幅下降。然而碳纤维增强复合材料在相同的温度、相同的老化时间条件下力学性能的退化比玻璃纤维增强复合材料要缓慢得多。经过一年的湿热作用后，碳纤维增强复合材料的抗拉强度变化不大，而玻璃纤维增强复合材料的抗拉强度明显降低，可能是因为水分子影响了玻璃纤维与树脂之间界面的性质。

树脂种类对复合材料耐湿热性能也有影响。在湿热环境中老化 6 个月后，乙烯基树脂类玻璃纤维增强复合材料抗拉强度降低 9.5%，而不饱和聚酯树脂类玻璃纤维增强复合材料抗拉强度则降低 14.5％。因此，乙烯基树脂类玻璃纤维增强复合材料耐久性优于不饱和聚酯树脂类。研究发现在化学介质存在情况下的湿热因素对环氧树脂基碳纤维增强复合材料有不利影响，而乙烯基树脂基碳纤维增强复合材料对热氧老化以及干湿交替循环更加敏感。不同温度下乙烯基树脂基玻璃纤维增强复合材料湿热老化时间与拉伸强度曲线如图 6-11 所示。另外，对于纤维增强复合材料加固混凝土梁，在受拉面粘贴了纤维材料的混凝土梁，其抗弯能力都显著地提高。然而，经湿热环境处理过的梁提高幅度小于室温下的梁。所有加固梁的破坏模式都是由于纤维材料与混凝土的界面剥离破坏而不是纤维材料被拉断，说明湿热环境对纤维增强复合材料与混凝土的粘结性能有较大不利影响。

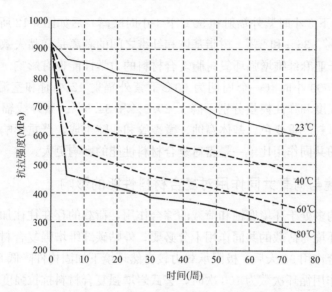

图 6-11　不同温度下乙烯基树脂基玻璃纤维增强复合材料湿热老化时间与拉伸强度曲线图

6.5.2　紫外辐射与凝露共同作用对复合材料性能的影响

在实际环境对复合材料的老化作用中，阳光（尤其是紫外线）及其与氧气、潮湿的联合作用是最主要的。老化通常从复合材料的表面开始逐渐向内部扩展。研究人员采用三种不同的环氧树脂制备的碳纤维增强复合材料暴露于紫外辐射与凝露共同作用的加速老化试验箱中，1000 小时后进行三点弯试验，结果发现紫外辐射分别使得三种试件弹性模量降低 10％、36％、2％，而相应的弹性模量分别下降了 11.8％、8.3％、14.3％。当试件先暴露于紫外辐射再凝露时，试件的重量先减少随后增加。当试件周期性地暴露于紫外辐射和冷露时，试件的重量连续减少。周期性地暴露于紫外辐射和凝露（一个周期为 6 小时紫外辐射和 6 小时凝露）1000 小时后，观察到试件重量减少 1.25％。由如图 6-12 所示的显微图片可知，紫外辐射和凝露以协同作用导致了大量的基体腐蚀、基体微裂纹、纤维剥离、纤维断裂以及孔隙形成。碳纤维增强环氧树脂复合材料在 50℃下暴露在 1000 小时紫外辐射，随后 1000 小时凝露后，其拉伸强度下降了 21％，并在周期暴露在紫外辐射和凝露 1000 小时后下降了 29％。但是，对于连续或周期地暴露试件的弹性模量都是不变的。

树脂种类对复合材料耐紫外辐射与凝露作用有一定影响。研究人员分别将 Deagussa、Fosroc 和 Sika 的三种树脂基碳纤维复合材料周期性地暴露于紫外辐射和冷露 1000 小时

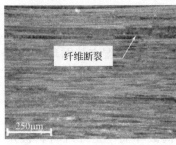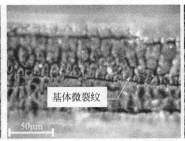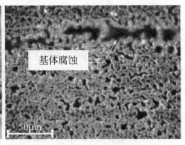

图 6-12 碳纤维增强环氧树脂复合材料周期暴露在紫外辐射和凝露 1000 小时后显微图片

（一个周期为 60℃下 8 小时紫外辐射和 50℃下 4 小时凝露）后如图 6-12 所示，试件的弹性模量分别降低 10%、36%和 2%。树脂基体和纤维之间的剥离是样品失效的主要原因。紫外辐射和凝露对于亚麻纤维增强环氧树脂复合材料的力学性能也有影响。周期性地暴露于紫外辐射和冷露 1500 小时（一个周期为 60℃下紫外辐射 12 小时和室温下 3 小时凝露）后，试样的拉伸强度和弹性模量分别下降了 29.9%和 34.9%。紫外线辐射和凝露共同作用造成了该复合材料严重变色、基体腐蚀、微裂纹和孔隙生成，严重影响其拉伸性能。紫外线辐射和凝露的共同作用比单一暴露对复合材料性能的影响更大。

6.5.3　环境与荷载共同作用对复合材料性能的影响

实际工程结构多处于环境腐蚀和荷载的综合作用，荷载的存在往往加剧材料的腐蚀和劣化，因此考虑环境与荷载的共同作用十分必要。外贴碳纤维增强复合材料加固混凝土梁在盐雾与荷载耦合作用 90 天后，极限承载力较自然环境下加固构件降低 8.2%。当冻融循环及盐溶液共同作用循环次数为 100 次时，玄武岩增强复合材料抗拉强度下降 7.52%，弹性模量提高 7.10%，延伸率降低 12.22%。通过研究盐溶液与混凝土环境耦合作用对玻璃纤维增强复合材料筋性能的影响，可以预测 100 年后玻璃纤维增强复合材料筋在 50℃与 10℃下抗拉强度保持率分别为 70%和 77%。通过对时间、应力水平、吸水性等因素的分析，提出氯离子环境和荷载耦合作用玻璃纤维增强复合材料的吸湿模型，如图 6-13a 所示，可以较好地预测玻璃纤维增强复合材料的吸湿量。并且，基于 Maxwell 模型和 Wiederhorn 经验公式对玻璃纤维增强复合材料在氯离子与荷载耦合作用下弹性模量进行

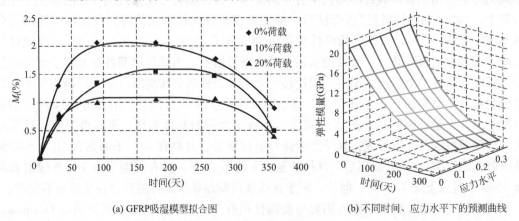

(a) GFRP吸湿模型拟合图　　　　(b) 不同时间、应力水平下的预测曲线

图 6-13　氯离子—荷载耦合作用下玻璃纤维增强复合材料性能演化规律

拟合，图 6-13b 给出了不同时间、应力（0～30％）水平下的玻璃纤维增强复合材料弹性模量预测曲线。玻璃纤维增强复合材料在盐水环境中浸泡 360 天后，对于不加荷载、10％荷载和 20％荷载三种情况，拉伸强度分别下降 12.46％、13.48％和 13.54％，弹性模量分别下降 20.62％、22.05％和 23.63％，如图 6-14 所示。

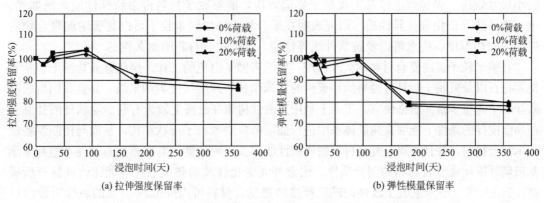

(a) 拉伸强度保留率   (b) 弹性模量保留率

图 6-14　玻璃纤维增强复合材料盐水浸泡后力学性能曲线

6.6　耐久性提升技术

6.6.1　表面防护提升复合材料耐久性

复合材料应用在土木工程中时间不长，对其在复杂环境下的耐久性研究不够深入，并且尚未得到证实。如何改善复合材料耐久性是当前所关注的热点问题。老化常常是通过复合材料表面向内部扩散的，所以改善表面状态可以提高复合材料的耐久性能。其中一个简单的方法是对试件进行简单的遮挡防护，即在片材试件上方搭设雨篷，遮挡阳光直射，防止雨水滴淋，结果发现有防护试件的性能优于无防护试件的性能。

另一个有效措施是在材料表面喷涂漆膜，阻挡氧气与水分子的侵入。纤维增强复合材料的强度和断裂特性与纤维的关系十分密切，在纤维表面施加涂层处理可以有效提高复合材料的强度，研究表明，表面涂层能够提高复合材料的抗拉强度。同时，纤维表面涂层可以改善纤维与树脂基体之间界面的性能，提高复合材料的层间剪切强度。对碳纤维增强复合材料表面进行喷涂处理，实验结果表明，碳纤维增强复合材料的层间剪切强度可提高 10％。另外，在纤维表面喷涂聚合物涂料，使得复合材料的层间剪切强度由 37.6MPa 提高到 47.8MPa。采用电化学的方法在碳纤维表面涂上活性聚合物涂层，经喷涂处理的复合材料的冲击强度和层间剪切强度分别提高了 30％和 15％。另外，高耐候性聚硅氧烷涂层也可应用于复合材料防护中，提升其耐紫外辐射及耐盐雾能力。

6.6.2　树脂改性提升复合材料耐久性

复合材料的耐久性受树脂性能以及树脂与纤维之间粘结性能的影响很大，因此可以对树脂进行改性来提高复合材料的耐久性。目前国内外针对树脂的改性主要是通过共聚以及纳米改性这两种方法来实现。采用 α-亚麻酸改性不饱和聚酯树脂可以提高其耐湿热老化性能。侧基环氧化硅油及其改性物复合改性双酚 A 型环氧树脂，T_g 能够提高近 20℃，达到很好的增韧和提高耐热性的效果。在树脂基体中添加一种无机添加剂可提高其耐高温性能，从而满足结构的耐火性能要求。纳米材料的迅猛发展为提高复合材料耐久性提供了发展机遇。由于纳米粒子的平均粒径小、表面原子多、比表面积大、表面能高，显示出独特的小尺寸效应、表面效应以及宏观量子隧道效应，能够赋予材料许多特殊性质，例如光、电、磁、热及催化等优异性质。研究表明在聚合物中添加纳米粒子可以显著增加聚合物的强度、耐热温度、抗水解以及抗紫外线等性能，从而提升材料的耐久性。

在纳米粒子提高复合材料耐久性领域一些学者做了出色的工作。层状硅酸盐黏土包括有机累托石以及蒙脱土，具有独特的、天然的纳米结构，片层尺度为纳米级，并且我国层状硅酸盐黏土含量丰富、价格便宜，工业上利用其改性树脂在经济上较为有利。层状硅酸盐黏土在高温搅拌的条件下能够在树脂体系中进行插层形成纳米粒子层状结构，从而与树脂制备成纳米复合材料，并且可提高复合材料的机械性能以及阻隔性能。有机累托石改性不饱和聚酯基玻璃纤维增强复合材料的耐介质性、耐紫外光老化性及耐热氧老化性能比改性前有所提高。2wt％含量纳米蒙脱土改性的玻璃纤维增强复合材料可以降低约 37％的碱性溶液渗透量，从而降低劣化速度，具有优异的力学性能、热力学性能以及防火性能。纳米有机蒙脱土改性后的碳纤维增强复合材料的氧气透过系数最大可降低 29.72％，层间剪切强度、界面剪切强度最高可提高 12.2％和 43.2％，从而达到提高碳纤维增强复合材料的耐湿热老化性能以及力学性能。纳米蒙脱土改性树脂基复合材料老化性能如表 6-4 所示。

纳米蒙脱土改性树脂基复合材料老化性能   表 6-4

老化条件		抗弯强度（MPa）		
		15 天	45 天	90 天
改性前的环氧树脂	干热（60℃）	91±1.58	83±1.56	81±0.58
	湿热（60℃）	80±1.11	78.6±1.27	78±1.18
	干热（80℃）	82.3±1.63	80±0.83	77.6±1.03
	湿热（80℃）	79.5±1.56	75±1.03	74±0.58
	干冷（−18℃）	86±1.80	84±1.32	77.6±1.55
	湿热（−18℃）	84±1.53	80±0.96	76±0.63
1％纳米蒙脱土改性	干热（60℃）	91±1.60	87±1.33	86±1.18
	湿热（60℃）	84±0.86	83.5±0.58	77.6±1.22
	干热（80℃）	87±1.70	84.3±1.65	82.3±1.57
	湿热（80℃）	83±1.30	81.6±1.06	78±1.00
	干冷（−18℃）	89±1.41	89±1.60	84±1.71
	湿冷（−18℃）	85±1.20	83.4±0.42	81±1.58
2％蒙脱土改性	干热（60℃）	111±1.60	103±1.27	102.8±1.20
	湿热（60℃）	97±1.03	95±0.58	94±1.00
	干热（80℃）	98±1.34	94±1.40	89±1.84
	湿热（80℃）	91±0.71	89.7±1.05	87±1.22
	干冷（−18℃）	104±1.20	99.3±1.88	86±1.33
	湿冷（−18℃）	92±1.60	90.4±1.02	91±1.05

另外，国内外学者还采用碳纳米管对树脂进行改性，成功制备出碳纳米管改性树脂基

复合材料。碳纳米管的加入能明显地改善复合材料的耐热性和力学性能。采用 T300 连续碳纤维和多壁碳纳米管为增强体，环氧树脂为基体，制备单向碳纤维与碳纳米管增强的树脂基复合材料，基体中碳纳米管质量分数为 3% 时，复合材料的力学性能最好。碳纳米管/环氧树脂复合材料经热氧老化 200h 后，复合材料重量保持率仍有 90%。然而，碳纳米管改性树脂基复合材料在工业上的应用存在着分散性不好以及碳纳米管价格较贵的缺点，限制了其大规模产业化。纳米粒子改性树脂提高复合材料耐久性方面，已有研究主要集中在层状硅酸盐黏土或者碳纳米管对聚合物改性提高其耐久性，然而纳米粒子与聚合物相容性差，容易发生相分离，从而不能发挥纳米粒子的优势作用。并且纳米粒子加入后对树脂与纤维界面也有影响。因此，需要解决纳米粒子与聚合物相容性差、树脂与纤维界面改性等方面问题。

参考文献

[1] Wang J，GangaRao H，Liang R，et al. Durability and prediction models of fiber-reinforced polymer composites under various environmental conditions：A critical review [J]. Journal of Reinforced Plastics and Composites. 2016，35：179-211.

[2] Yurkowsky W，Schafter R E，Finkelstein J M. Accelerated testing technology. Technical Report [R]. 1967，1-2.

[3] 管国阳. 湿热环境下复合材料的混合型层间断裂韧性 [D]. 西安，西北工业大学，2001.

[4] 王海鹏，陈新文，李晓骏，等. 玻璃纤维复合材料不同温度条件拉伸强度统计分布 [J]. 材料工程，2008，(7)：76-78.

[5] Fitzer E. Composites for high temperature [J]. Pure and Appl Chem. 1998，60：287-302.

[6] Sauder C，Lamon J，Pailler R. The tensile behavior of carbon fibers at high temperatures up to 2400℃ [J]. Carbon，2004，42：715-725.

[7] Williams B，Kodur V，Green MF，et al. Fire endurance of fiber-reinforced polymer strengthened concrete T-beams [J]. ACI Struct J，2008，105：60-67.

[8] Ray B C，Rathore D. Durability and integrity studies of environmentally conditioned interfaces in fibrous polymeric composites：critical concepts and comments [J]. Adv Colloid Interfac，2014，209：68-83.

[9] Bisby L A. ISIS Educational Modules 8：Durability of FRP composites for construction [R]. A Canadian Network of Centers of Excellence，2006.

[10] 蔡洪能，宫野靖，中田政之. 玻璃纤维增强树脂基复合材料弯曲强度时间温度相关性 [J]. 复合材料学报，2005，22 (5)：178-183.

[11] Tajvidi M，Feizmand M，Falk R H. Effect of cellulose fiber reinforcement on the temperature dependent mechanical performance of nylon 6 [J]. Reinforced Plastics and Composites，2008，(8)：1-10.

[12] Cao S，Wu Z，Wang X. Tensile properties of CFRP and hybrid FRP composites at elevated temperatures [J]. J Compos Mater，2009，43：315-330.

[13] Hawileh R A，Abu-Obeidah A，Abdalla J A. Temperature effect on the mechanical properties of carbon，glass and carbon-glass FRP laminates [J]. Constr Build Mater，2015，75：342-348.

[14] Kalarikkal S G，Sankar B V，Ifju P G. Effect of cryogenic temperature on the fracture toughness of graphite/epoxy composites [J]. Journal of Engineering Materials and Technology，2006，128：

151-157.

[15] Samirkumar S M，Ronald G F，Ayorinde E O. The influence of subzero temperatures on fatigue behavior of composite sandwich structures [J]. Composites Science and Technology，2008，(2)：1-10.

[16] Shi J，Zhu H，Wu G，et al. Tensile behavior of FRP and hybrid FRP sheets in freeze-thaw cycling environments [J]. Compos Part B-Eng，2014，60：239-247.

[17] Robert M，Benmokrane B. Behavior of GFRP reinforcing bars subjected to extreme temperatures [J]. J Compos Constr，2010，14：353-360.

[18] Springer G S. Environmental effects on composite materials [M]. In：Vol. 1. Lancaster（PA）：Technomic Publishing Company；1981.

[19] Crank J. The mathematics of diffusion [M]. 2nd ed. Oxford：Clarendon Press；1975.

[20] Shen CH，Springer G S. Moisture absorption and desorption of composite materials [J]. J Compos Mater，1976，10：2-20.

[21] Jiang X，Kolstein H，Bijlarrd F，et al. Effects of hygrothermal aging on glass-fibre reinforced polymer laminates and adhesive of FRP composite bridge：Moisture diffusion characteristics [J]. Compos Part A-Appls，2014，57：49-58.

[22] Pierron F，Poirette Y，Vautrin A. A novel procedure for identification of 3D moisture diffusion parameters on thick composites：theory，validation and experimental results [J]. J Compos Mater，2002，36：2219-2243.

[23] Mubashar A，Ashcroft I A，Critchlow GW，et al. Moisture absorption- desorption effects in adhesive joints [J]. Int J Adhes Adhes，2009，29：751-760.

[24] Karbhari V M，Xian G J. Hygrothermal effects on high V（F）pultruded unidirectional carbon/epoxy composites：moisture uptake [J]. Compos Part B-Eng，2009，40：41-49.

[25] Jiang X，Kolstein H，Bijlaard F S K. Moisture diffusion in glass-fiber-reinforced polymer composite bridge under hot/wet environment [J]. Compos Part B-Eng，2013，45：407-416.

[26] Berens A R，Hopfenberg H B. Diffusion and relaxation in glassy polymer powders：2. Separation of diffusion and relaxation parameters [J]. Polymer，1978，19：489-496.

[27] Carter H G，Kibler K G. Langmuir-type model for anomalous moisture diffusion in composite resins [J]. J Compos Mater，1978，12：118-131.

[28] Mourad A H I，Magid B M A，Maaddawy T E I，et al. Effect of seawater and warm environment on glass/epoxy and glass/polyurethane composites [J]. Appl Compos Mater，2012，17：557-573.

[29] Marouani S，Curtil L，Hamelin P. Ageing of carbon/epoxy and carbon/vinylester composites used in the reinforcement and/or the repair of civil engineering structures [J]. Compos Part B-Eng，2012，43，2020-2030.

[30] Bian L，Xiao J，Zeng J C，et al. Effects of seawater immersion on water absorption and mechanical properties of GFRP composites [J]. J Compos Mater，2012，46：3151-3162.

[31] Hammami A，Al-Ghulani N. Durability and environmental degradation of glass-vinylester composites [J]. Polym Composite，2004，25：609-617.

[32] 冯青，李敏，顾轶卓，等. 不同湿热条件下碳纤维/环氧复合材料湿热性能实验研究 [J]. 复合材料学报. 2010，27（6）：16-20.

[33] 杜武青，赵晴，王云英，等. XPS研究不饱和聚酯人工加速老化行为 [J]. 工程塑料应用. 2010，38（6）：60-63.

[34] 何纯磊，于运花，李晓超，等. 碳纤维/环氧树脂复合材料加速热氧老化研究 [J]. 玻璃钢/复合材料. 2012，(2)：25-29.

［35］张代军，唐邦铭，包建文，等. 海南地区 T700/5288 碳纤维复合材料自然老化性能研究［J］. 材料工程，2012，(11)：31-33.

［36］Saadatmanesh H，Tavakkolizadeh M，Mostofinejad M. Environmental effects on mechanical properties of wet lay-up fiber-reinforced polymer［J］. ACI Materials Journal，2010，107 (3)：267-274.

［37］APieella A，Migliaresi C，Nicolais L，et al. The water ageing of unsaturated polyester-based composites：influence of resin chemical structure［J］. Composites，1983，14 (4)：387-392.

［38］梅启林. 乙烯基酯树脂的合成与性能研究［J］. 国外建材科技，2002，23 (4)：15-16.

［39］Fares E T，Hamid S. Durability of AR Glass Fiber Reinforced Plastic Bars［J］. Journal of Composites for Construction，1999，(2)：12-19.

［40］Marru P，Latane V，Puja C，et al. Lifetime estimation of glass reinforced epoxy pipes in acidic and alkaline environment using accelerated test methodology［J］. Fiber Polym，2014，15：1935-1940.

［41］Nakayama M，Hosokawa Y，Muraoka Y，et al. Life prediction under sulfuric acid environment of FRP using X-ray analysis microscope［J］. J Mater Process Tech，2004，155-156：1558-1563.

［42］Zhou J，Chen X，Chen S. Durability and service life prediction of GFRP bars embedded in concrete under acid environment［J］. Nucl Eng Des，2011，241：4095-4102.

［43］Sonawala S P，Spontak R J. Degradation kinetics of glass-reinforced polyesters in chemical environments［J］. J Mater Sci，1996，31：4745-4756.

［44］Saadatmanesh H，Tavakkolizadeh M，Mostofinejad D. Environmental effects on mechanical properties of wet lay-up fiber-reinforced polymer［J］. ACI Mater J，2010，107：267-274.

［45］Porter M L，Mehus J，Young K A，et al. Aging for fiber reinforcement in concrete［J］. Non-Metallic (FRP) Reinforcement for Concrete Structures，1997，(2)：59-66.

［46］Uomoto T，Mutsuyoshi H，Katsuki F，et al. Use of fiber reinforced polymer composites as reinforcing material for concrete［J］. Materials in Civil Engineering，2002，(3)：191-209.

［47］侯一烈，赵颖华，张力伟，等. 海水环境下碳纤维复合材料混凝土的强度试验［J］. 大连海事大学学报. 2009，35 (3)：72-74.

［48］高纪业，杨勇新，胡海涛. FRP 及 FRP 增强构件在海水环境中耐久性研究［J］. 山西建筑，2007，33 (26)：1-2.

［49］张新越，欧进萍. FRP 筋酸碱盐介质腐蚀与冻融耐久性试验研究［J］. 武汉理工大学学报，2007，29 (1)：34-36.

［50］Saadatmanesh H，Tavakkolizadeh M，Mostofinejad M. Environmental effects on mechanical properties of wet lay-up fiber-reinforced polymer［J］. ACI Materials Journal，2010，107：267-274.

［51］李杉，任慧韬，黄承逵，等. 温度与碱溶液作用下 FRP 片材耐久性研究［J］. 建筑材料学报，2010，13 (1)：96-98.

［52］Yilmaz V T，Glasser F P. Reaction of alkali-resistant glass fibres with cement (Part 1)：Review，assessment，and microscopy［J］. Glass technology，1991，32：91-98.

［53］岳清瑞，彭福明，杨勇新. 碳纤维片材耐久性初步研究［J］. 工业建筑，2004，34 (8)：11-17.

［54］Rahimi H. Environmental durability of materials and bonded joints involving fiber reinforced polymer and concrete［C］. 1st Conference on Application of FRP composites in Constructionand Rehabilitation of Structures. 2004，98-100.

［55］Springer G，Sanders B，Tung R. Environmental effect on glass fiber reinforced polyester and vinylester composites，environmental effects on composite materials［M］. Westport，CT：Technomic Publishing Company，1981.

［56］Marouani S，Curtil L，Hamelin P. Ageing of carbon/epoxy and carbon/vinylester composites used in the reinforcement and/or the repair of civil engineering structures [J]. Composites Part B: Engineering, 2012, 43 (4): 2020-2030.

[57] Dai J G, Yokota H, Iwanami M, et al. Experimental investigation of the influence of moisture on the bond behavior of FRP to concrete interfaces [J]. Journal of Composites for Construction, 2010, 14 (6): 834-844.

[58] Kumar B G, Singh R P, Nakamura T. Degradation of carbon fiber-reinforced epoxy composites by ultraviolet radiation and condensation [J]. J Compos Mater, 2002, 36: 2713-2733.

[59] Aldajah S, Al-omari A, Biddah A. Accelerated weathering effects on the mechanical and surface properties of CFRP composites [J]. Mater Design, 2009, 30: 833-837.

[60] Yan L, Chouw N, Jayaraman K. Effect of UV and water spraying on the mechanical properties of flax fabric reinforced polymer composites used for civil engineering application [J]. Mater Design, 2015, 71: 17-25.

[61] 隋莉莉, 刘铁军, 李井超, 等. 应力腐蚀下FRP加固混凝土柱的耐久性研究. 第七届全国建设工程FRP应用学术交流会议论文集 [C]. 2011, 杭州: 227-230.

[62] 郭旗, 潘建伍, 吴刚. 冻融循环及盐溶液作用下玄武岩纤维布耐久性试验研究 [J]. 工业建筑. 2010, 40 (4): 17-21.

[63] Robert M, Benmokrane B. Combined effects of saline solution and moist concrete on long-term durability of GFRP reinforcing bars [J]. Construction and Building Materials, 2013, 38: 274-284.

[64] 王俊, 刘伟庆, 赵慧敏, 等. 载荷与氯离子耦合作用下玻璃纤维增强不饱和聚酯复合材料吸湿性能, 复合材料学报, 2014, 31 (5): 1173-1178.

[65] Wang J, GangaRao H, Liang R, et al. Durability of glass fiber-reinforced polymer composites under the combined effects of moisture and sustained loads [J]. Journal of Reinforced Plastics and Composites, 2015, 34: 1739-1754.

[66] 杨勇新, 杨萌, 赵颜, 等. 华北自然环境条件下表面防护对浸润树脂耐久性能的影响 [J]. 工业建筑, 2008, 38: 10-12.

[67] Dujardin S, Lazzaroni R, Rigo L, et al. Electrochemically polymer-coated carbon fibres: characterization and potential for composite applications [J]. Journal of Materials Science, 1986, 21: 4342-4346.

[68] Varelidis P C, McCullough R L, Papaspyrides C D. The effect on the mechanical properties of carbon/epoxy composites of polyamide coatings on the fibers [J]. Composites Science and Technology, 1999, 59: 1813-1823.

[69] Rhee H W, Bell J P. Effects of reactive and non-reactive fiber coatings upon performance of graphite/epoxy composites [J]. Polymer Composites, 1991, 12: 213-225.

[70] Ravindran N, Cho E H. Durability of glass-fiber-reinforced polymer nanocomposites in an alkaline environment [J]. Journal of Vinyl and Additive Technology, 2006, 12: 25-32.

[71] 唐一壬, 刘丽, 王晓明, 等. 耐湿热老化三元复合材料OMMT/EP/CF的制备研究 [J]. 材料科学与工艺, 2011, 19: 70-74.

[72] 赵东林, 乔仁海, 沈曾民. 碳纳米管/连续碳纤维增强环氧树脂复合材料的其力学性能研究 [C]. 2005年全国高分子学术论文报告会. 北京: 2005, 1-4.

[73] 雷佑安. 碳纳米管/环氧耐热复合材料性能研究 [J]. 广州化工, 2012, 40: 61-63.

第7章 结构设计

复合材料结构往往是材料与结构一次成形的，复合材料结构设计不同于常规金属结构设计，而是包含材料设计和结构设计在内的一种新的结构设计方法，它比常规的金属结构设计方法更为复杂。复合材料是结构设计与材料设计同时进行，材料与结构一次成形，所以在设计时，必须从材料与结构两方面进行考虑，以满足各种设计要求。本章主要介绍复合材料结构的设计原则、连接设计、环境效应、优化设计以及数值模拟。

7.1 设计原则

7.1.1 一般设计要求

鉴于复合材料结构自身的特点，在进行复合材料结构设计时，应考虑一些与传统材料结构设计不同的要求。

1. 容许应力法设计

复合材料结构一般按容许应力法设计，即结构构件的计算应力 σ 按荷载标准值以线弹性理论计算；容许应力 $[\sigma]$ 由规定的材料弹性极限（或极限强度）除以大于1的单一安全系数而得。

2. 设计荷载

复合材料结构一般采用按使用荷载设计、按设计荷载校核的方法。使用荷载是指正常使用中可能出现的最大荷载，在该荷载下结构不应产生残余变形。设计荷载是指设计中用来进行强度计算的荷载，在该荷载下结构进入失效状态。安全系数为设计荷载与使用荷载的比值。

3. 许用值

按使用荷载设计时，采用使用荷载所对应的许用值称为使用许用值；按设计荷载校核时，采用设计荷载所对应的许用值，称为设计许用值。许用值分 A 基准值和 B 基准值两种。A 基准值指一个性能极限值，在 95% 置信度下至少有 99% 数值群的性能值高于此值；B 基准值指在 95% 置信度下至少有 90% 数值群的性能值高于此值。复合材料使用许用值的数值基准通常取 B 基准，设计许用值的数值基准可为 B 基准或 A 基准。对主承力结构或单传力结构采用 A 基准值；对多传力结构或破损安全结构采用 B 基准值；有刚度要求的一般部位，材料弹性常数的数据可采用试验数据的平均值，对有刚度要求的重要部位要选择 B 基准值。

4. 失效准则

复合材料失效准则只适用于复合材料的单层。在未规定使用某一失效准则时，一般采用 Tsai-Wu 失效准则。目前对于 Tsai-Wu 失效准则的理论研究，大多集中在如何确定联系着两个正应力的强度参数 F_{12}。从理论上来讲，可以采用双向加载试验，从典型材料的试验结果求得 F_{12} 值，但事实上这种双向加载试验实施困难且试验结果并不能确定出 F_{12} 的合理值。目前常采用几何分析的方法，取 $F_{12}=-0.5\sqrt{F_{11}F_{22}}$，此时可获得与试验值符合较好的结果。有时为简化计算，可取相互作用系数 $F_{12}=0$，其误差在工程上是可以接受的。

5. 环境

在确定复合材料结构设计许用值时，必须考虑环境对材料性能的影响。环境因素包括温度、湿度、紫外线辐射、冰雹和外来物的冲击、雷电、风沙、腐蚀介质等，其中最主要的因素是温度、湿度以及在生产和使用中可能出现的最大不可见冲击损伤。

以温度为例，当结构使用温度范围很宽或在不同温度下复合材料性能变化较大时，则应力分析所用材料的力学性能数据应按温度区间选取，材料弹性常数选取试样在相应温度区间测定的平均值，强度计算采用材料在相应温度区间的许用值，而应力分析所用的外载荷选取相应温度区间各工况情况中的最大使用载荷。

6. 其他

复合材料结构设计时要注意复合材料在性能、失效模式、耐久性、制造工艺、质量控制等方面与金属材料有较大差异，应保证结构在使用荷载下具有足够的强度和刚度，在设计荷载下，剩余强度系数应大于1。同时设计时，应特别注意防止与金属零件接触时的电偶腐蚀。另外，应尽量将复合材料结构设计成整体件，并采用共固化或二次固化、二次胶接技术，以减重和提高产品质量，但应注意共固化引起的结构畸变和胶接质量问题。

除了以上的要求外，复合材料结构设计在静强度设计、耐久性设计和结构工艺性等方面还一些不同于一般建筑结构的特殊要求，设计时均应考虑。

7.1.2 复合材料许用值的确定

许用值是判断结构强度的标准，也是保证一个工程结构既安全可靠又能使重量较轻的重要设计数据。由于复合材料的构成复杂。其材料特征和破坏机理与金属材料有明显区别。因此，在确定复合材料的许用值时也必须采用与确定金属材料许用值不同的方法和原则。复合材料使用许用值和设计许用值的具体确定方法如下。

1. 使用许用值

使用许用值主要分为拉伸许用值，压缩许用值以及剪切许用值，具体的确定原则如下所述。

第一种，拉伸时使用许用值取下述三种情况中的较小值：对开孔试样，在使用环境条件下进行单轴拉伸试验，测定其断裂应变，并除以安全系数，经统计分析得到使用许用值。非缺口试样，在使用环境条件下进行单轴拉伸试验，测定其基体不出现明显微裂纹所达到的最大应变值，经统计分所得出使用许用值。对开孔试样，在使用环境条件下进行拉伸两倍疲劳寿命试验，经统计分析给出由缺口疲劳控制的拉伸使用许用值。

第二种，压缩时使用许用值取下述三种情况中的较小值：对低速冲击后的试样，在使用环境条件下进行单轴压缩试验，测定其破坏应变，并除以安全系数，经统计分析得出使用许用值。对带销钉的开孔试样，在使用环境条件下进行单轴压缩试验，测定其破坏应变，并除以安全系数，经统计分析得出使用许用值。对低速冲击后的试样，在环境条件下进行压缩两倍疲劳寿命试验，测定其所能达到的最大应变值，经统计分析得出使用许用值。

第三种，剪切时使用许用值取下述两种情况中的较小值：对±45°层合板试样，在使用环境条件下进行反复加载-卸载的拉伸（或压缩）疲劳试验，并逐渐加大载荷峰值，测定无残余应变下的最大剪应变值，经统计分析得出使用许用值。对±45°层合板试样，在使用环境条件下经小载荷加载-卸载数次后，将其单调地拉伸至破坏，测定其各级小载荷下的应力-应变曲线，并确定线性段的最大剪应变值，经统计分析得出使用许用值。

2. 设计许用值

设计许用值是在对使用环境条件下材料破坏试验结果进行数据统计分析后给出的。使用环境条件包括使用温度上限和1%水分含量（对于环氧类基体复合材料）的联合情况。对破坏试验结果应进行数据分布检验（Weibull 分布或正态分布），并按一定的可靠性要求（A 基准值或 B 基准值）给出设计许用值。

7.1.3 结构安全储备定义

1. 变形性系数及综合性能指标

为保证工程结构的安全性，在设计中一般以承载力和变形作为最重要的设计指标。基于弹性分析的设计方法中，如容许应力设计法，承载力为主要的设计指标；而目前常采用的极限状态设计方法，是基于对结构弹塑性受力性能研究的深入以及人们对结构使用要求的提高而提出的。对于一般的钢结构和钢筋混凝土结构的设计，除了需要考虑承载力外，还要求结构有一定的延性。延性是指结构、构件、截面以及材料在破坏前且承载能力没有明显下降的情况下所具有的非弹性变形能力。延性系数是反映延性大小的参数，其通过极限变形与屈服变形之比得到，能够从整体上反映出构件的受力状况。

复合材料结构的力学性能与传统结构材料（钢材、混凝土）有很大的差别，主要表现在以下几方面：钢材和混凝土都有一个明显的屈服平台段或缓慢的下降段，而复合材料结构基本呈直线上升，屈服平台或下降段不明显；钢材和混凝土在达到最大应力后卸载有明显的残余变形，而复合材料结构为线弹性材料，卸载曲线和加载曲线基本重合，在断裂前没有塑性变形发生；到达极限时，钢材和混凝土的总应变中塑性应变占主要部分，而对于复合材料结构，破坏以前的应变主要为可恢复的弹性应变。

因此对于复合材料等具有线弹性特征的高强材料，仍用延性指标来描述它们组成的构件或结构的性能，并作为设计控制指标，则会造成"由于这类构件没有足够的延性而不能使用"的错误概念。而实际上复合材料结构在具有很高强度的同时也具有较大的变形能力，只要保证构件满足设计的位移控制要求，并且具有一定的保证率，是不会造成安全问题的；相反，由于以弹性变形为主，这类结构和构件的变形在卸载后基本能够恢复。另一方面，它们在破坏前也有非常显著的变形，足以有预警效果；并且承载能力随变形的增大而增大，这对偶然超载也是十分有利的。因此，传统的延性的概念已不能全面合理地反映各种结构件的受力性能和变形性能。

1996 年，Mufti 等人在研究 FRP 配筋混凝土梁的基础上提出了变形性（Deformability）的概念，它是指构件总的变形能力，包括弹性变形和非弹性变形，比延性的概念更为全面。2001 年，Van Erp 在此基础上，对 FRP 构件受力性能与传统材料受力性能进行对比的基础上提出：构件的鲁棒性应从抗超载能力和变形能力两个方面进行考虑，并且一个构件应具有足够的鲁棒性，进而提出反映构件综合性能的鲁棒性系数：

$$R = S_R \cdot D_R = \frac{S_u}{S_s} \cdot \frac{\Delta_u}{\Delta_s} \tag{7-1}$$

式中，S_R 为极限承载力 S_u 与正常使用状态下所受荷载 S_s 之比，称为承载力系数；D_R 为极限变形 Δ_u 与正常使用状态下的变形 Δ_s 之比，称为变形性系数。

2004 年，Tann 等人在对 FRP 加固钢筋混凝土梁研究的基础上，提出了一个变形性系数 $D_{\Delta,T} = \Delta_{0.95} / \Delta_s$。其中，$\Delta_{0.95}$ 为 95％最大承载力时构件的变形，Δ_s 为正常工作状态下的变形，文中建议用 67％的设计极限荷载下的构件变形。这个系数也强调了工作状态和极限状态间的比较，并定义了这两个状态相应的荷载水平。实际上它是在构件具有相同的承载力储备（0.95 最大承载力～0.67 设计极限承载力）的前提下，比较变形能力的储备。

2006 年，冯鹏在前人研究的基础上，提出了四个性能指标：变形性系数 D、承载力系数 S、变形能系数 Y 和综合性能系数 F，能从多个的角度来全面合理地反映受弯构件的性能和安全储备，其中综合性能系数 F 的定义与式（7-1）类似，可以用来确定复合材料构件的设计目标状态点。

近期，南京工业大学在开展格构腹板增强轻木夹芯复合材料梁的弯曲性能试验研究时，发现复合材料和木这两种脆性材料，通过格构腹板增强组合后的构件具备了延性破坏特征，且可实现基于延性需求的可控设计，同时提出了伪延性构件的设计概念。

2. 安全系数的确定

在保证复合材料结构安全的前提下，应尽可能降低安全系数。目前复合材料结构的安全系数还缺乏详细的相应规范。复合材料结构强度和变形按照各向异性理论进行分析计算时，在材料性能试验较充分的条件下，安全系数可取 1.5～2.0，也可以采用下式确定安全系数

$$K = K_0 \cdot K_1 \cdot K_2 \cdots K_n \tag{7-2}$$

式中，K_0 为基本安全系数，以材料的破坏强度为强度极限时，$K_0 = 1.3$；以结构的刚度为依据时，$K_0 = 1.2$。式（7-2）中的 K_i（$i = 1, 2 \cdots n$）代表各种因素的影响系数。现就各种因素的影响情况分别讨论如下：

（1）材料特征值的可靠性系数 K_1

在使用环境和载荷相同的情况下，使用与结构物在同一条件下成型的复合材料进行试验测定，这时 $K_1 = 1.0$；只做常温静态测试，参照现有依据，以推算疲劳、蠕变和在各种环境下的破坏强度的下降率时，取 $K_1 = 1.1$；不进行测试，直接参照现有数据，推算实际使用环境下的材料特性时，$K_1 = 1.2$。

（2）用途及重要性系数 K_2

在外力标准中不含用途及重要性系数时，按结构破坏所产生的影响，可取下列数值：可能伤害多人的情况 $K_2 = 1.2$；公共场所及社会影响大的情况 $K_2 = 1.1$；一般情况 $K_2 =$

1.0；临时设置时 $K_2=0.9$。上述前两项，至少应进行静态测试。

（3）荷载计算偏差系数 K_3

荷载计算不够准确经常发生，一般 $K_3>1.0$。

（4）结构计算的精确度系数 K_4

由于结构分析计算所采用的理论方法包括多种简化假设，与实际情况有偏差，为此需要加以修正：采用精确理论或有限元计算并经结构试验验证的，可取 $K_4=1.0$；采用简化模型，并用结构力学或材料力学中的简化公式计算，若没有考虑材料的各向异性特性时，取 $K_4=1.15\sim1.30$，若考虑了各向异性，取值可适当减小。

（5）冲击载荷系数 K_5

冲击载荷对复合材料特性影响较大，尤其是低速冲击会产生不可见的分层损伤。存在潜在危险。通常可取 $K_5=1.2$。

（6）材料特征分散系数 K_6

复合材料的材料特征受多种因素影响，有较大的分散性。在与实际结构条件相同的情况下，制作足够多的试样进行材料性能试验时，K_6 根据置信度取相应值；未进行材料特性测试，也没有确定分散特性，材料特性的分散系数应主要考虑成型工艺方法和成型环境等因素的综合效果，其取值范围通常为 $K_6=1.20\sim1.50$。

通常，玻璃纤维复合材料可保守地取安全系数为 3.0，民用结构产品也有取至 10.0 的，而对重量有严格要求的构件可取为 2.0；对于硼/环氧，Kevlar/环氧构件，安全系数可取 1.5，对于重要构件也可取 2.0。

由于复合材料构件在一般情况下开始产生损伤的荷载（即使用荷载）约为最终破坏的荷载（即设计荷载）的 70%，故安全系数取 1.5～2.0 是合适的。

7.1.4　设计内容与流程

1. 设计内容

复合材料结构设计是选用不同材料综合各种设计（如层合板设计、典型结构件设计、连接件设计等）的反复过程。在综合设计过程中必须考虑的目标是：结构重量、制造工艺、综合成本、质量控制、受力需求（强度、刚度、稳定性）等。

复合材料结构设计的合理性最终主要表现在可靠性和经济性两方面。结构的可靠性（概率值）是指结构在规定的使用寿命内，在给定的荷载情况和环境条件下，充分实现所预期的性能而保证结构正常工作的能力。而结构破坏一般为静载破坏和疲劳断裂破坏，因此结构可靠性也分为结构静强度可靠性和结构疲劳寿命可靠性。

2. 设计流程

复合材料结构设计的综合过程大致可分为三个步骤，首先应明确设计条件，如性能要求、荷载情况、环境条件、工艺条件等；然后进行材料设计，包括原材料选择、铺层性能的确定、复合材料层合板设计等；最后进行结构设计，包括复合材料典型结构件，如夹芯构件以及杆、梁、板、壳等设计。在整个设计过程中，应视不同阶段进行相应试验，包括某些工艺试验。其中材料试样、元件、组合件和部件四个层次积木式方法的验证试验，在保证复合材料结构满足结构设计要求方面占有重要地位。

设计条件包括对结构的性能要求、荷载情况、环境条件和工艺条件等四个方面。荷载情况是指所设计结构承受的荷载性质，如静荷载或动荷载。动荷载分为冲击荷载和交变荷载。冲击是碰撞引起的荷载，它对复合材料极易造成损伤，尤其是低能量冲击造成的损伤不易觉察，潜在威胁大，因此对这类荷载作用部位的结构，设计时要特别注意。交变荷载作用下结构应具有需要的疲劳强度和寿命。环境条件是指结构使用区域的大气、气象及其他物理化学环境。工艺条件包括了制造成型、机械加工和装配，以及修补等方面的设备条件和人员素质等。

材料设计包括组分材料的选用、铺层性能的确定以及层合板设计。结构设计则包含结构形式的确定、结构元件设计、结构细节设计和连接设计等内容。这两项设计工作要涉及应力、应变分析和失效判断，以确保结构满足规定的强度与刚度要求。对航空航天领域复合材料结构设计最后还要进行损伤容限的评定，以保证结构满足完整性要求。图 7-1 为复合材料结构的总体结构设计流程图。

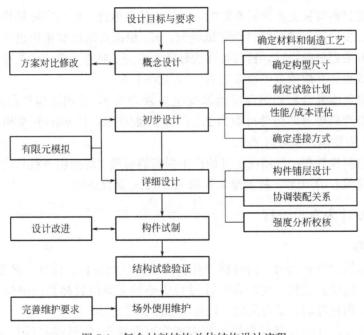

图 7-1　复合材料结构总体结构设计流程

7.2　连接设计

复合材料的连接是复合材料结构设计的重要内容之一，主要包括复合材料构件之间的连接和复合材料构件与其他材料构件之间的连接。

复合材料的连接在复合材料结构中对结构的安全与可靠性具有十分重要的作用。据有关资料介绍，在复合材料结构件中有一半以上的破坏都发生在连接部位。产生这种现象的主要原因是复合材料强度和刚度的各向异性，以及复合材料层间强度较低，延性小等特点，致使复合材料连接部位的设计与分析要比金属连接复杂，连接区域的失效模式多而且预测较困难。在这种实际情况的制约下，复合材料结构件的连接部位往往成为结构的薄弱

环节，因此对复合材料连接进行细致的设计具有重要的实际意义。

复合材料连接方式主要有：机械连接、胶接连接和混合连接。在设计中，采用哪种连接，需要根据具体使用条件来确定。

7.2.1 机械连接

复合材料的机械连接是指将复合材料和复合材料（或金属或合金）通过紧固件连接成为一个整体。紧固件主要包括螺栓类紧固件和铆钉类紧固件，从材料来看，主要为金属紧固件，也有非金属紧固件，如复合材料螺栓等。

机械连接的主要形式包括搭接和对接两种方式（图7-2），其中搭接包括直接搭接、偏位搭接和变厚度搭接，对接包括单盖板对接、双盖板对接和变厚度盖板对接。

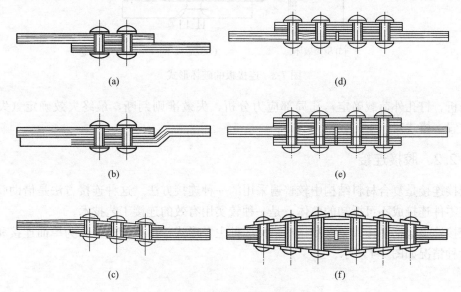

图 7-2 复合材料机械连接形式
（a）直接搭接；（b）偏位搭接；（c）变厚度搭接；（d）单盖板对接；
（e）双盖板对接；（f）变厚度盖板对接

机械连接的连接质量便于测量，安全可靠，强度分散性小，能传递大载荷；同时也便于装卸，对零件连接表面的准备及处理要求不高，无胶接固化产生的残余应力，受环境影响较小。但是在由于需要在母材上开孔，会对母材造成一定的削弱，并且在螺栓孔处引起应力集中从而降低连接效率。

机械连接的破坏形式，按照发生的部位分为紧固件的破坏和连接板的破坏两大类。紧固件的破坏主要包括紧固件的剪切破坏、挤压破坏、拉伸破坏和弯曲破坏等情况，连接板的破坏也分为连接板的挤压破坏、拉伸破坏、剪切破坏、劈裂破坏、拉脱破坏等情况（图7-3）。

机械连接失效分析（设计）步骤。在进行机械连接失效分析时，应对连接可能发生的破坏模式进行全面的承载力验算，最后选取所有破坏模式所对应的承载力中最小的一个值作为该连接的最终承载力。具体计算过程如下：总体结构分析，连接部位荷载确定，钉载

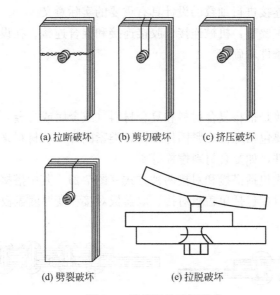

(a) 拉断破坏　　　(b) 剪切破坏　　　(c) 挤压破坏

(d) 劈裂破坏　　　　　　(e) 拉脱破坏

图 7-3　连接板的破坏形式

分配分析，钉孔外荷载确定，孔局部应力分析，失效准则判断，最终失效确定（失效荷载、位置、模式）。

7.2.2　胶接连接

胶接连接是复合材料结构中较普遍采用的一种连接方法。这种连接方法是借助胶粘剂将胶接零件连接成不可拆卸的整体，是一种较实用有效的连接工艺技术。

胶接连接包括平接、斜接和梯形搭接 3 种主要形式，每种形式又分为单面连接和双面连接 2 种情况如图 7-4 所示。

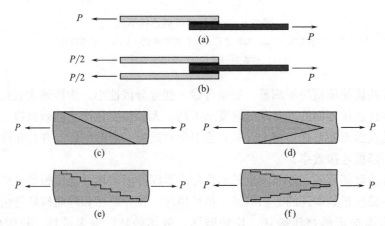

图 7-4　胶接连接　（a）单搭接；（b）双搭接；（c）单面斜接；（d）双面斜接
（e）单面阶梯型搭接；（f）双面阶梯型搭接

胶接连接无钻孔引起的应力集中，连接效率高，适宜连接异形、异质、薄壁、复杂的零件，同时连接区域抗疲劳、密封、减振及绝缘性能均较好，可有效阻止裂纹扩展，而且不同材料连接无电偶腐蚀问题，工艺简便、操作容易；但是胶接连接质量受操作人员技术水平以及现场环境影响较大，胶接过程质量控制比较困难，且胶接性能受使用环境（湿、热、腐蚀介质）的影响较大，存在一定的老化问题，而且胶接连接后一般不可拆卸。

7.2.3　混合连接

机械连接和胶接连接在连接性能及施工技术方面均有较大的不同，两者的主要差异见表 7-1。

表 7-1

机械连接和胶接连接对比

	机械连接	胶接连接
优点	1. 便于质量检测，连接可靠； 2. 能传递大载荷，抗剥离性能好； 3. 允许拆卸再装配； 4. 受环境影响较小； 5. 没有胶接固化时产生的残余应力； 6. 装配前构件表面无需进行专门的清洁处理	1. 没有钻孔引起的应力集中，不需要连接件，结构轻，连接效率高； 2. 抗疲劳，且破损安全性好； 3. 密封、减震、绝缘性能好； 4. 可用于不同类型材料的连接，无电偶腐蚀问题； 5. 能获得光滑的气动外形
缺点	1. 纤维被孔切断，应力集中，连接效率低； 2. 孔附近可能需要局部补强加厚，增加重量； 3. 采用钢和铝紧固件时，有电偶腐蚀问题； 4. 抗疲劳性能差	1. 强度分散性大，较难准确检查，质量不易控制； 2. 抗剥离能力差，不能传递大载荷； 3. 存在老化问题，受环境影响大； 4. 不能拆卸，外场修补较复杂

由于机械连接和胶接连接各自的局限，当单独使用无法满足所有的使用要求时，可考虑采用混合连接的方式。混合连接是机械连接与胶接连同时使用，以达到提升连接性能的目的，主要包括胶螺（栓）混接和胶铆（钉）混接两种。一般来说，与单独的机械连接和胶接连接相比，混合连接有利于同时提高连接接头的承载力及疲劳寿命。

胶螺连接工艺主要有两种：连接处预先制孔，涂胶后即安装螺栓并拧紧，然后使胶层固化形成连接接头；在已固化的胶接接头上制孔安装螺栓，并拧紧形成连接接头。

连接方法优选原则。当承载较大，可靠性要求较高时，宜采用机械连接；当承载较小、构件较薄、环境条件不十分恶劣时，宜采用胶接连接；在某些特殊情况下，为提高结构的破损—安全特性时，可采用混合连接。

7.3　环境效应

7.3.1　强度折减系数

本节内容将根据现有耐久性试验统计结果提出可供设计参考的，不同环境条件下 FRP 强度折减系数（受到环境腐蚀后的 FRP 强度与未受腐蚀的初始样本强度之比）。作者提出的 FRP 受到潮湿、pH、温度、持久应力和 UV 作用下的强度折减系数分别用 φ_m，φ_{pH}，φ_T，φ_s 和 φ_{uv} 表示。表 7-2～表 7-9 列出了在不同环境下 FRP 的强度折减系数。

潮湿环境下的纤维增强复合材料的拉伸强度折减系数　　表 7-2

FRP 类型	暴露时间	强碱溶液 (pH= 12.5)	弱碱溶液 (pH= 10)	淡水/去离子水 (pH=7)	酸性溶液 (pH= 2.5)	盐水 (pH= 7.25)	数据来源
碳纤维/环氧树脂(室温)	20000 小时	1.0	1.0	0.95	0.8	1.0	Saadatmanesh 等
单向玻璃纤维/环氧树脂(室温)	20000 小时	0.3	0.5	0.5	0.4	0.5	
双向玻璃纤维/环氧树脂(室温)	20000 小时	0.5	0.7	0.65	0.7	0.75	
玻璃纤维—碳纤维混杂/环氧树脂[a](室温)	20000 小时	0.9	0.9	0.9	0.8	0.9	
玻璃纤维—芳纶纤维混杂/环氧树脂[b](室温)	20000 小时	0.5	0.7	0.75	0.8	0.9	
玻璃纤维/聚氨酯(室温)	1 年	—	—	—	—	0.8	Mourad 等
玻璃纤维/聚氨酯(60℃)	1 年	—	—	—	—	0.7	

注：① a 玻璃纤维体积含量是 0.82。
② b 玻璃纤维体积含量是 0.94。

酸溶液中纤维增强复合材料的强度折减系数　　表 7-3

FRP 类型	力学性能	10%硫酸	5%硫酸	2%硫酸	pH=2	pH=3	pH=4	数据来源
玻璃纤维/环氧树脂(65℃,150 天)	弯曲强度	—	0.64	—	—	—	—	Marru 等
玻璃纤维/不饱和树脂(80℃,2500 小时)	弯曲强度	0.2	0.4	0.6	—	—	—	Nakayama 等
玻璃纤维复合材料筋(20℃,75 天)	粘结强度	—	—	—	0.78	0.83	0.86	Zhou 等

碱溶液中纤维增强复合材料的拉伸强度折减系数　　表 7-4

纤维增强复合材料类型	pH=13	10%氢氧化钠	数据来源
玻璃纤维/环氧树脂(65℃,150 天)	—	0.8	Marru 等
表面喷砂玻璃纤维复合材料筋(室温,15 个月)	0.68	—	Vijay
带肋玻璃纤维复合材料筋(室温,30 个月)	0.7	—	

注：表面喷砂玻璃纤维复合材料筋由无碱E玻纤和聚氨酯改性乙烯基树脂制成，带肋的玻璃纤维复合材料筋由无碱E玻纤/间苯二甲酸不饱和树脂制成。

7.3.2　与现有规范的对比

由于目前缺乏耐久性试验规范，并且纤维、树脂种类、纤维结构和制备方法的多样性，导致不同研究者采用了不同的试验方法，要总结上述不同试验结果并建立复合材料耐久性设计方法是一个严密的过程。根据 ACMA-ASCE 规范 "拉挤成型 FRP 结构的荷载和抗力系数设计暂行标准"，名义强度可通过基准强度乘以终端使用环境下的调整系数来确定：

$$R_n = R_0 C_1 C_2 C_3 \cdots C_n \tag{7-3}$$

式中，R_0 表示基准强度，C_i 表示不同使用环境条件下的调整系数。乙烯基树脂和聚酯树脂材料的湿度调整系数 C_M 分别为 0.85 和 0.8。对于 T 在 90～140°F 范围内，乙烯基和聚酯树脂材料的温度调整系数 C_T 分别为 1.7—0.008T 和 1.9—0.01T。对于化学腐蚀环境中的调整系数 C_{CH}，ACMA-ASCE 规范建议根据 ASTM C581 规范进行的片材在暴露在化学环境中 1000 小时的试验结果进行内插或外推法来确定。类似地，对受到重复荷载作用的构件和节点进行设计时，应该考虑疲劳调整系数。与表 7-2 中的在室温下湿度影响的强度折减系数相比，ACMA-ASCE 规范采用了更低的调整系数值，这意味着 ACMA-ASCE 规范采用了更高的安全系数。

高温下的纤维增强复合材料的拉伸强度折减系数　　表 7-5

FRP 类型	100℃，1/2/3 小时	200℃，1/2/3 小时	300℃，1/2/3 小时	350℃，30 分钟	450℃，30 分钟	数据来源
碳纤维/环氧树脂	—	—/0.68/—	—	—	—	Cao 等
1EG1CFRP/环氧树脂	—	—/0.64/—	—	—	—	
2EG1CFRP/环氧树脂	—	—/0.65/—	—	—	—	
2B1CFRP/环氧树脂	—	—/0.59/—	—	—	—	
玻璃纤维/乙烯基树脂筋	0.9/0.84/0.79	0.8/0.77/0.7	0.78/0.6/0.58	0.55		
混凝土包裹的玻璃纤维/乙烯基树脂筋	0.97/0.92/0.89	0.88/0.83/0.79	0.83/0.75/0.65	—		Alsayed 等
碳纤维/乙烯基树脂筋	—	—	—	0.65		Wang 等
碳纤维/甲阶酚醛树脂	—	—	—	0.9	0.8	Sumida 和 Mutsuyoshi
碳纤维/聚酯酰胺树脂	—	—	—	0.9	0.8	
碳纤维/环氧树脂	—	—	—	0.6		
芳纶/甲阶酚醛树脂	—	—	—	0.8	0.75	
芳纶/聚酯酰胺树脂	—	—	—	0.45		
芳纶/环氧树脂	—	—	—	0.3		
碳纤维/环氧树脂	0.86	0.7	0.66	0.58	0.54	Hawileh 等
玻璃纤维/环氧树脂	0.9	0.75	0.69	0.69	0.57	
1EG1CFRP/环氧树脂	0.9	0.77	0.7	0.65	—	

注：1EG1C 是一层玻璃纤维和一层碳纤维；2EG1C 是两层玻璃纤维和一层碳纤维；2B1C 是两层玄武岩纤维和一层碳纤维。

湿热环境下纤维增强复合材料强度折减系数　　　　表 7-6

FRP 类型	力学性能	60℃，95％相对湿度，1 小时	70℃，95％相对湿度，1 小时	数据来源
碳纤维/间苯树脂	拉伸强度	0.86	0.84	Cao 等
	弯曲强度	0.92	0.91	
	层间剪切强度	0.94	0.93	
玻璃纤维/间苯树脂/凝胶涂层	拉伸强度	0.75	0.73	
	弯曲强度	0.88	0.85	
	层间剪切强度	0.92	0.91	
玻璃纤维/间苯树脂	拉伸强度	0.72	0.68	
	弯曲强度	0.84	0.81	
	层间剪切强度	0.89	0.87	

低温和冻融循环环境中纤维增强复合材料强度折减系数　　　　表 7-7

FRP 类型	力学性能	200 FT −17～8℃	300 FT −18～5℃	417 FT −10～10℃	40 FT −18～38℃	数据来源
碳纤维/环氧树脂	拉伸强度	0.82	—	—	—	Shi 等
玻璃纤维/环氧树脂	拉伸强度	0.86	—	—	—	
碳纤维/环氧树脂板增强混凝土	层间剪切强度	—	—	0.81	—	Bisby 和 Green 等
玻璃纤维/环氧树脂增强混凝土	粘结强度	—	—	0.82	—	Silva 和 Biscaia
碳纤维/Sikadur 330 增强钢	粘结强度	—	—	—	0.72	Agarwal 等
碳纤维/Sikadur 30 增强钢	粘结强度	—	—	—	0.82	

持续应力和环境耦合作用下的纤维增强复合材料强度折减系数　　　　表 7-8

FRP 类型	持续应力水平	环境条件	强度折减系数	数据来源
玻璃纤维/乙烯基酯树脂	45％	60℃，去离子水，139 天	0.43(T)	Helbling 和 Karbhari
	45％	40℃，去离子水，500 天	0.44(T)	
	30％	60℃，去离子水，668 天	0.34(T)	

续表

FRP 类型	持续应力水平	环境条件	强度折减系数	数据来源
表面喷砂玻璃纤维复合材料筋	29%	60℃，pH＝13，2 个月	0.89(T)	Debaiky 等
玻璃纤维/聚酯和玻璃纤维/乙烯基树脂	30%	60℃，2000 小时	0.85～0.9(T)	Miller
	37%	室温，pH＝13，6 个月	0.51(T)	
表面喷砂玻璃纤维复合材料筋	27%	室温，盐水，8 个月	0.73(T)	Vijay 等
	40%	66℃，pH＝13，4 个月	0.15(T)	
表面喷砂玻璃纤维复合材料筋增强混凝土	30%	250 循环，－25～15℃，随后在 1.5Hz 和 25%应力水平下循环 1000000 次	0.77(B)	Alves 等

注：T 表示拉伸强度，B 表示粘结强度。

紫外线老化和其他环境作用耦合作用下复合材料及复合材料约束混凝土柱的强度折减系数

表 7-9

类型	环境条件	力学性能	强度折减系数	数据来源
碳纤维/环氧树脂	紫外线波长 295-365nm，65℃ 500h	横向/纵向拉伸强度	0.91/1	Kumar 等
	连续暴露 1000h 紫外辐射，随后在 50℃冷凝 1000h		0.79/1	
	1000h 循环暴露于紫外线和冷凝（一次循环包括 6h 紫外线辐射和 6h 冷凝）		0.71/1	
碳纤维/环氧树脂包裹混凝土柱	20 次高温循环(1h 27℃ 和 1h 50℃加紫外辐射(0.068W/cm²))和 10 次湿热循环(20min 16℃ 60% R.H. 和 20min27℃100% R.H.)	压缩荷载	0.95	Bae
玻璃纤维/环氧树脂包裹混凝土柱			0.89	
碳纤维/环氧树脂包裹混凝土柱	30 次冻融循环(－18～10℃)，随后 20 次高温循环耦合紫外辐射和 10 次高湿循环		1	
玻璃纤维/环氧树脂包裹混凝土柱			0.93	

7.4　优化设计

7.4.1　优化目标

1. 最小重量法设计理论

夹芯构件设计通常是尺寸和材料优化选择的综合过程，以获得一个可行的、相对于某一目标参数的最优设计，如重量，强度或刚度。所以在夹芯结构优化设计过程中，我们需要找到一个构件尺寸和材料性能的组合解，使构件能够达到最小重量，最大强度，最大刚度，或最低造价中一个或几个目标参数。由于夹芯结构最主要的特征是质量小、强度高、刚度高，所以优化目标本质上是结构总质量的最小化。

我们可以得到一个用 t_f，t_c 来表示柔度 w/P 再乘以宽度 b 的式子，如下

$$\frac{\omega b}{P} = \frac{L^3}{B_1\left(\dfrac{E_f b t_f^3}{6} + \dfrac{E_c b t_c^3}{12} + \dfrac{E_f b t_f d^2}{2}\right)} + \frac{L}{B_2\dfrac{(t_c+t_f)^2 G_c}{t_c}} \tag{7-4}$$

除了 t_c，t_f，柔度 w/P 和其他的参数都假设是不变的。现在我们的任务是使质量 m 最小化（或者 m/b 最小化）：

$$\frac{m}{b} = \underbrace{2\rho_f L t_f}_{facings} + \underbrace{\nu\rho L t_c}_{core} \tag{7-5}$$

式中，自由变量 $t_c > 0$，$t_f < 0$，约束如式（7-3）所示。现在任务是约束的非线性设计，通过选择合适的计算方法可以得到数值解。这样的计算方法本文并不作出讨论阐述。相反，我们将探讨一个简化的约束最小优化问题，以快速得到 t_c 和 t_f 的解。将得到的近似解带入式（7-3）和式（7-4）中，可以评估出此计算方法的精确度。

2. 夹芯结构基于强度的设计理论

最优强度设计方案是使各种破坏形式同时发生，从而最大化利用复合材料夹芯结构面板、芯材的强度储备。设计者也可根据预期的破坏模式进行强度设计。但通常情况下，可根据较易发生的 3 种破坏模式（面板屈服、面板屈曲与芯材剪切），使之两两同时发生，进行基于强度的优化设计。

（1）面板屈服与面板屈曲同时发生

$$P = \sigma_{yf} B_3 bd \frac{t_f}{l} = 0.5 B_3 bd \frac{t_f}{l}(E_f E_c G_c)^{\frac{1}{3}} \tag{7-6}$$

则 $\sigma_{yf} = 0.5(E_f E_c G_c)^{\frac{1}{3}}$

（2）面板屈服与芯材剪切同时发生

$$P = \sigma_{yf} B_3 bd \frac{t_f}{l} = \tau_{yc} B_4 bd \tag{7-7}$$

则有 $\dfrac{t_f}{l} = \dfrac{\tau_{yc} B_4 bd}{\sigma_{yf} B_3 bd}$

（3）面板屈曲与芯材剪切同时发生

$$P = 0.5 B_3 bd \frac{t_f}{l}(E_f E_c G_c)^{\frac{1}{3}} = \tau_{yc} B_4 bd \tag{7-8}$$

则有 $\dfrac{t_f}{l} = \dfrac{2B_4 \tau_{yc}}{B_3 (E_f E_c G_c)^{\frac{1}{3}}}$

具体设计时，可综合考虑芯材与面板的材性特征，根据经验进行强度优化设计。如本文所研究的泡沫夹芯复合材料夹芯梁，可使面板屈曲与芯材剪切两种破坏形式同时发生；对于轻木夹芯复合材料夹芯梁，可使面板屈服与芯材剪切同时发生。

4. 夹芯结构基于刚度的设计理论

由分析可得，夹芯结构的抗弯刚度 D 可近似表示为：

$$D = \frac{E_f b t_f d^2}{2} \tag{7-9}$$

夹芯梁的等效抗剪刚度 AG 可表示为：

$$AG = \frac{b G_c d^2}{t_c} \tag{7-10}$$

当 $d \approx t_c$ 时，式（7-10）可转化为：

$$AG = b d G_c \tag{7-11}$$

夹芯梁的最大挠度为：

$$w = w_1 + w_2 = \frac{P l^3}{B_1 D} + \frac{P l}{B_2 AG} \tag{7-12}$$

将式（7-9）与式（7-10）代入式（7-12），可得：

$$\frac{w}{P} = \frac{2 l^3}{B_1 (E_f b t_f d^2)} + \frac{l}{B_2 (b d G_c)} \tag{7-13}$$

基于需求刚度 w/P，设定结构重量 W 为优化目标函数，由面板与芯材的重量组成，可得：

$$W = mgV = 2\rho_f g b l t_f + \rho_c g b l t_c \approx 2\rho_f g b l t_f + \rho_c g b l d \tag{7-14}$$

式中，d、t_f、ρ_c 为自由变量，为简化优化过程，假设 ρ_c 值固定。

根据式（7-13），并设 b=1，可得：

$$t_f = \frac{B_2 (b d G_c) 2 l^3}{B_1 E_f b d^2 \left(\dfrac{w}{P} - l \right)} = \frac{B_2 2 l^3 G_c}{B_1 (E_f d) \left(\dfrac{w}{P} - l \right)} \tag{7-15}$$

将其代入式（7-14），可得目标函数 W 为：

$$W = mgV = 2\rho_f g b l t_f + \rho_c g b l t_c \approx 2\rho_f g l \frac{B_2 2 l^3 G_c}{B_1 (E_f d) \left(\dfrac{w}{P} - l \right)} + \rho_c g l d \tag{7-16}$$

此时，该式中仅含变量 d，将目标函数 W 对 d 求导，可得：

$$\frac{\partial W}{\partial d} = -2\rho_f g l \frac{B_2 2 l^3 G_c}{B_1 E_f \left(\dfrac{w}{P} - l \right)} d^{-2} + \rho_c g l d = 0 \tag{7-17}$$

即可得夹芯梁的最优高度为：

$$d_{\text{opt}} = \sqrt{\frac{2\rho_f B_2 2 l^3 G_c}{B_1 E_f \left(\dfrac{w}{P} - l \right) \rho_c}} \tag{7-18}$$

可得面板最优厚度为：

$$t_{f,\,\text{opt}} = \frac{B_2 2 l^3 G_c}{B_1 E_f \sqrt{\dfrac{2\rho_f B_2 2 l^3 G_c}{B_1 E_f \left(\dfrac{w}{P} - l \right) \rho_c}} \left(\dfrac{w}{P} - l \right)} \tag{7-19}$$

具体设计时，可根据需求刚度 w/P，并根据已知面板与芯材的物理力学性能，由式

（7-17）和式（7-18）求出夹芯梁的最优高度与面板最优厚度，并进行强度验算。

7.4.2　优化算法

随着数学理论和计算机技术的发展，国内外学者建立了大量优化设计模型。模型的求解算法大致可以归为两大类：传统的确定性优化算法与随机性智能优化方法。

1. 确定性优化算法

（1）线性规划法

线性规划法是在一组线性约束条件下，求某个线性目标函数的最值。求解线性规划问题的基本方法是单纯形法，已有单纯形法的标准软件，可在计算机上求解约束条件和决策变量数达 10000 个以上的线性规划问题。为了提高解题速度，又有改进单纯形法、对偶单纯形法、原始对偶方法、分解算法和各种多项式时间算法。对于只有两个变量的简单的线性规划问题，也可采用图解法求解。这种方法仅适用于只有两个变量的线性规划问题。它的特点是直观而易于理解，但实用价值不大。通过图解法求解可以理解线性规划的一些基本概念。

（2）动态规划法

动态规划是一种求解多阶段决策过程最优化的方法，动态规划程序设计是对解最优化问题的一种途径、一种方法，而不是一种特殊算法。不像搜索或数值计算那样，具有一个标准的数学表达式和明确清晰的解题方法。动态规划程序设计往往是针对一种最优化问题，由于各种问题的性质不同，确定最优解的条件也互不相同，因而动态规划的设计方法对不同的问题，有各具特色的解题方法，而不存在一种万能的动态规划算法，可以解决各类最优化问题。

（3）非线性规划法

非线性规划模型是具有非线性约束条件或目标函数的数学规划，在其约束条件下寻找极值的问题。非线性规划研究一个 n 元实函数在一组等式或不等式的约束条件下的极值问题，且目标函数和约束条件至少有一个是未知量的非线性函数。目标函数和约束条件都是线性函数的情形则属于线性规划。

2. 随机性优化算法

智能计算方法是通过模拟自然界已知的进化方法来进行优化的一类方法的统称，这些方法起源于对生物的生活习惯、生理机能或社会行为的模仿。

（1）遗传算法

遗传算法（Genetic Algorithm，GA）是一种模拟自然进化过程来搜索最优解的方法，其基本思想是生物进化论的自然选择和遗传学机理。1975 年，美国的 Holland 等首先提出了遗传算法，之后国内外学者不断对其进行研究和探索，不断拓宽遗传算法的应用领域。遗传算法是从代表问题可能潜在的解集的一个种群开始的，而一个种群则由经过基因编码的一定数目的个体组成。每个个体实际上是染色体带有特征的实体。染色体作为遗传物质的主要载体，即多个基因的集合，其内部表现（即基因型）是某种基因组合，它决定了个体形状的外部表现，如黑头发的特征是由染色体中控制这一特征的某种基因组合决定的。因此，在一开始需要实现从表现型到基因型的映射即编码工作。由于仿照基因编码的工作很复杂，我们往往进行简化，如二进制编码，初代种群产生之后，按照适者生存和优胜劣汰的原理，逐代演化产生出越来越好的近似解，在每一代，根据问题域中个体的适应度大小选择个体，并借助于自然遗传学的遗传算子进行组合交叉和变异，产生出代表新的种群。这个过程将导致种群像自然进化一样的后生代种群比前代更加适应于环境，末代种群中的最优个体经过解码，可以作为问题近似最优解。

（2）模拟退火算法

模拟退火算法（Simulated Annealing，SA）来源于固体退火原理，其思想最早由 Metropolis 等人于 1953 年提出，Kirkpatrick 等在 1983 年将退火思想引入到组合优化问题中，从而开辟了求解优化问题的新途径。它是基于 Monte-Carlo 迭代求解策略的一种随机寻优算法，其出发点是基于物理中固体物质的退火过程与一般组合优化问题之间的相似性。模拟退火算法从某一较高初温出发，伴随温度参数的不断下降，结合概率突跳特性在解空间中随机寻找目标函数的全局最优解，即在局部最优解能概率性地跳出并最终趋于全局最优。

（3）蚁群算法

蚁群算法（ant colony optimization，ACO），是一种路径搜索的随机性算法，1992年，通过观察蚂蚁寻找食物的过程，意大利学者 M. Dorigo 等人首次提出蚁群算法。通过蚂蚁在寻找食物过程中释放信息素的多少，确定该路径的优劣，直到整个蚁群逐渐趋向最优路径。蚁群算法是一种模拟进化算法，初步的研究表明该算法具有许多优良的性质。针对 PID 控制器参数优化设计问题，将蚁群算法设计的结果与遗传算法设计的结果进行了比较，数值仿真结果表明，蚁群算法具有一种新的模拟进化优化方法的有效性和应用价值。

（4）粒子群算法

粒子群算法（Particle Swarm Optimization，PSO）是 Kennedy 和 Eberhart 于 1995 年提出的一种随机进化算法，它源于对鸟群捕食的社会行为的模拟，粒子群算法是一种随机的智能优化算法，搜索空间的点称之为"粒子"，一个粒子相当于问题的一个解决方案，算法中的迭代就是鸟群在寻找食物过程中的进化信息。PSO 算法初始解是随机生成，需要适应度函数来评价解的优劣，通过不断迭代，直到找到全局最优解，在解决高维非线性多约束的复杂优化问题时取得了良好的效果，很受国内外学者重视。

7.5 复合材料数值模拟

在复合材料结构分析中，无论是刚度分析、强度分析、屈曲分析，还是振动、冲击等动力分析，都广泛应用有限元法。有限元法是一种有效的数值模拟方法，该方法的基本原理是将要分析求解的对象建立模型，然后将模型离散成有限个单元，称为 Element，即网格划分，整个有限元模型是由单元构成的，单元与单元之间通过若干节点（或线）相互连接。在对研究对象的模型进行离散后，我们要进行求解的力学性能等未知量就可以转变为各个节点的位移量，或是单元的变形量。节点位移包括在 x、y、z 轴上的平动和转动，可以通过一系列的代数方程组计算得到，该计算过程不仅可以得到各点的位移，还可以得到节点的位移和应力应变的关系，这些关系需要通过数学中的矩阵，经过严密计算，然后求出指定或者所有节点上的应力、应变，还可以获得单元内任意位置的位移、应力、应变等需要求解的量。

7.5.1 建立复合材料模型

本节主要以商业有限元软件 ANSYS 为例,介绍复合材料数值模拟的一般流程。复合材料结构分析包括建模、加载求解及后处理 3 个基本步骤,其中加载求解及后处理基本与一般结构分析过程相同,而建模部分具有其特殊性,下面主要对其建模部分进行详细讨论。

与一般的各向同性材料相比,复合材料的建模过程要相对复杂。由于各层材料性能为任意正交各向异性,材料性能与材料主轴取向有关,所以在定义各层材料性能和方向时要特别注意,主要包括以下 4 方面:

1. 选择适当的单元类型

用于建立复合材料模型的单元有 SHELL99、SHELL91、SHELL181、SOLSH190、SOLID46、SOLID186、SOLID191 7 种单元。单元类型的选择主要根据具体的应用和所需计算的结果类型来确定。

SHELL99 是一种 8 节点 3D 壳单元,每个节点有 6 个自由度。该类型单元主要适用于薄到中等厚度的板壳结构,一般要求结构宽度比大于 10。对于宽厚比小于 10 的结构,则应考虑选择 SOLID46 单元建模。SHELL99 允许有多达 250 层的等厚度材料层,或者是 125 层的厚度在单元面内成双线性变化的不等厚度材料层。如果材料层大于 250,用户可通过输入自定义的材料矩阵来建立模型。SHELL99 单元可进行等效分析。另外,该类型单元可以将单元节点偏置到结构的表层或底层。

SHELL91 和 SHELL99 相类似,只是它允许的复合材料最多有 100 层,而且用户不能输入自定义的材料性能矩阵。但是,SHELL91 支持塑性、大应变行为以及具有一个特殊的"三明治" (即复合材料夹芯结构)选项,而 SHELL99 则无此功能。另外,SHELL91 更适用于大变形的情况。

SHELL181 单元是一种 4 节点 3D 壳单元,每个节点有 6 个自由度。该单元具有包含大应变的完全的非线性性能,最多允许有 255 层的复合材料结构。各层的信息可通过横截面相关命令输入。

SOLSH190 单元是一种 4 节点 3D 壳单元,每个节点有 3 个自由度。该单元具有包含大应变的完全的非线性性能,最多允许有 255 层的复合材料结构,允许沿厚度方向的变形斜率可以不连续,各层的信息可通过横截面相关命令输入,可以使用 FC 命令输入失效准则。

SOLID46 单元是 8 节点 3D 实体单元 SOLID45 的一种叠层形式,它的每个节点有 3 个自由度。可以用来建立层合壳或实体的有限元模型,每个单元最多允许有 250 层的等厚度材料层,同样允许 125 层的厚度在单元面内成双线性变化的不等厚度材料层。该单元的另一个优点是可以用几个单元叠加的方式来对多于 250 层的复合材料建立模型,并允许沿厚度方向的变形斜率可以不连续,而且用户也可以输入自定义的结构矩阵。SOLID46 单元有一个等效的横向刚度,允许在横向上存在非零应、应变和位移。它可以指定失效准则。与 8 节点壳单元相比较,SOLID46 单元的阶次要低。因此,在壳结构中要得到与 SHELL91 或 SHELL99 单元相同的求解结果,需要更大的网格密度。

SOLID186 单元是 20 节点 3D 实体单元，它的每个节点有 3 个自由度。可以用来建立层合壳或实体的有限元模型，每个单元最多允许有 250 层的等厚度材料层，允许沿厚度方向的变形斜率可以不连续，支持材料的非线性行为和大变形。

SOLID191 单元是 20 节点 3D 实体单元 SOLID95 的一种层合形式，它的每个节点有 3 个自由度。可以用来建立层合壳或实体的有限元模型，每个单元最多允许有 100 层的等厚度材料层，允许沿厚度方向的变形斜率可以不连续。该单元有一选项允许材料横向上常应力的存在。SOLID191 单元不支持材料的非线性行为和大形变。

2. 定义材料的层合结构

复合材料最重要的特征就是层合结构，每层材料都可能由不同的正交各向异性材料构成，并且其主轴方向也有可能不同。对于层合复合材料，纤维的方向决定了层的主方向。

通过两种方法可以定义材料层的配置：通过定义各层的材料性质；通过定义表征宏观力、力矩与宏观应曲率之间相互关系的本构矩阵（仅适用于 SOLID46 和 SHELL99 单元）。这两种方法都通过单元实常数来保存层的信息，每个单元都通过其真实属性来获得材料层的结构信息。

定义各层材料性质法，由下到上一层一层定义材料层的配置，底层为第一层，后续层沿单元坐标系的正 Z 轴方向自底向上叠加。如果层合结构是对称的，SOLID46 和 SHELL99 允许定义一半的材料层。

有时，某些层可能只延续到模型的一部分，为了建立连续的层，可以把这些中断的层的厚度设置为 0。图 7-5 所示为一个 5 层模型，其中第 2 层在某处中断。

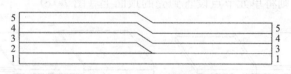

图 7-5　中断层模型

通过如下命令定义材料层性质：

Command：R、RMORE 和 REMODIF

GUI：Main Menu | Preprocessor | Real Constants | Add/Edit/Delete

所定义的材料层性质包括材料性质、层的定向角和层厚度。

定义本构矩阵法，适用于 SOLID46 和 SHELL99 单元。该矩阵表征了单元力、力矩和应变、曲率的关系，必须在 ANSYS 外进行定义，可参阅 ANSYS 理论手册，这种方法的主要优点是：允许用户对聚合物复合材料的性质进行合并；支持热载荷向量；可表征层数无限制的材料。

矩阵项通过实常数来定义，通过定义单元平均密度可以将质量影响考虑进去。如果使用这种方法，就无法得到每层材料的详细信息。因此夹芯结构与多层结构需按照下文来定义。

夹芯结构是由两个薄的面板和一个厚的但相对较软的夹芯层（至少为总厚度的一半）构成，并假定夹芯层承受了所有的横向剪切载荷，而面板则承受了所有的（或几乎所有的）弯曲载荷。图 7-6 所示为夹芯结构受荷计算简图。

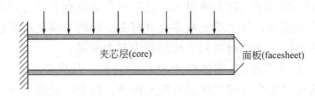

图 7-6　复合材料夹芯结构

夹芯结构可以用 SHELL63、SHELL91 或 SHELL181 单元来进行建模。SHELL63 单元只能有 1 层，但可以通过实常数选项来模拟夹芯结构，即通过修改有效弯曲惯性矩和中面到外层纤维的距离来考虑夹芯层的影响。

SHELL91 单元可用于夹芯结构并允许面板和夹芯具有不同的性质，将该单元的 KEYOPT（9）设置为 1 即可激活"夹芯"选项。

SHELL181 单元采用能量平衡方法描述结构的横向剪切变形，夹芯选项在此便失去了意义。

对于 SHELL91 单元而言，在定义横截面的过程中通过使用 SECOFFSET 命令设置节点；对于 SHELL91 和 SHELL99 单元而言，使用其节点设置选项 KEYOPT（11）可将单元的节点设置在壳的底面、中面或顶面上。如果壳是由不同厚度的几部分构成的（台阶状），则节点设置应遵循以下原则：

若各部分壳的底面在同一平面上，则将单元节点设置到壳的底面上（图 7-7a）；若各部分壳的顶面在同一平面上，则将单元节点设置到壳的中面上（图 7-7b）；若各部分壳的顶面在同一平面上，则将单元节点设置到壳的顶面上（图 7-7c）。

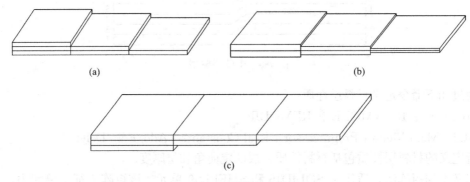

图 7-7　不同结构的节点设置

3. 定义失效准则

失效准则用于获知在所加载荷条件下，各层是否会失效。用户可以从 3 种已定义的失效准则中进行选择，也可以自定义多达 6 种的失效准则。以下是 3 种已定义的失效准则：

最大应变失效准则：允许有 9 个失效应变；

最大应力失效准则：允许有 9 个失效应力；

Tsai-Wu 失效准则：允许有 9 个失效应力和 3 个附加的耦合系数。

定义失效准则的命令如下：

Command：FC（FCLIST、FCDELE）

GUI：Main Menu | Preprocessor | Material Props | Material Models | Structural | Nonlinear | Inelastic | Non-Metal Plasticity | Failure Criteria

GUI：Main Menu | General Postproc | Failure Criteria

定义失效准则的典型的命令流如下：

FC，1，TEMP,，100，200

FC，1，S，XTEN，1500，1200

FC，1，S，YTEN，400，500

FC，1，S，ZTEN，10000，8000

FC，1，S，XY，200，200

FC，1，S，YZ，10000，8000

FC，1，S，XZ，10000，8000

FCLIST,，100

FCLIST,，150

FCLIST,，200

PRNSOL，S，FAIL

Command：TB、TBTEMP、TBDATA

GUI：Main Menu | Preprocessor | Material Props | Failure Criteria

定义失效准则的典型的命令流如下：

TB，FAIL，1，2

TBTEMP,，CRIT

TBDATA，2，1

TBTEMP，100

TBDATA，10，1500，400,，10000

TBDATA，16，200，10000,，10000

TBLIST

TBTEMP，200

TBDATA

定义失效准则的过程中应注意以下事项：失效准则是正交各向异性的，因此必须在所有的方向上定义失效应力或失效应变；如果不希望在某个特定的方向上检查失效应力或失效应变，则在该方向上定义一个较大的值；用户定义失效准则可以通过用户子程序 USRFC1～USRFC6 来定义。

4. 建模和后处理规则

在复合材料的建模和后处理过程中应注意以下规则，复合材料会呈现出多种耦合效应，如弯扭耦合、拉弯耦合等，这是由于具有不同性质的材料层相互叠合而引起的。它所导致的结构是：如果材料层的叠合顺序是非对称的，即使模型的几何形状和载荷都是对称的，也不能按照对称条件求解，因为结构的位移和应力可能不对称。另外，在模型自由边界上的层间剪切应力通常都是很重要的，要得到这些部位相对精确的层间剪切应力，模型边界上的单元尺寸应约等于总的叠层厚度。对于壳单元而言，增加实际材料层数并不一定能提高层间剪切应力的求解精度。但是，对于 SOLID46 和 SOLID191 单元而言，沿厚度方向叠加单元会使得层间剪切应力的求解更为精确。壳单元的层间横向剪切应力的计算基于单元上下表面不承受应力的假设，这些层间剪切应力只在单元的中心处计算，而不是沿着单元边界，可以考虑使用子模型精确计算自由边的层间应力。

由于复合材料结构的求解需要输入大量的数据，通常在求解之前要对这些数据进行检验，可通过以下命令实现：

Command：ELIST

    GUI：Utility Menu｜List｜Elements

    此命令功能为列表显示所有被选单元的节点和属性。

Command：EPLOT

    GUI：Utility Menu｜Plot｜Elements

    此命令功能为图形显示所有被选单元。

Command：/PSYMB，LAYR，n

    GUI：Utility Menu｜PlotCtrls｜Symbols

    在执行 EPLOT 命令之前执行该命令，可图形显示所选全部单元的第 n 层，它可以用于显示并检验整个模型的每一层。

Command：/PSYMB，ESYS，1

    GUI：Utility Menu｜PlotCtrls｜Symbols

    在执行 EPLOT 命令之前执行该命令，可显示出那些默认单元坐标系被改变了的单元坐标系。

Command：LAYLIST

    GUI：Utility Menu｜List｜Element｜Layered Elements

    该命令可根据实常数列表显示层的叠加顺序和两种材料性能，还可以指定要显示层的范围。下面是使用该命令后的典型输出结果。

        LISTLAYERS 1 TO 4 IN REAL SET 1 FOR ELEMENT TYPE 1

        TOTAL LAYERS＝4 LSYM＝1 LP1＝0 LP2＝2 EFS＝.000E＋00

NO.	ANGLE	THICKNESS	MAT
1	45.0	0.250	1
2	−45.0	0.250	2
3	−45.0	0.250	2
4	45.0	0.250	1

        SUM OF THK   1.00

Command：LAYPLOT

    GUI：Utility Menu｜Plot｜Layered Elements

    此命令功能为以卡片的形式显示图形的叠合顺序。

Command：SECPLOT

    GUI：Main Menu｜Proprocessor｜Sections｜Shell｜Plot Section

    此命令功能为以卡片的形式图形显示横截面上层的叠合顺序默认时，只有第 1 层（底层）的底面、最后一层（顶层）的顶面以及有大量失效值得层的结果数据被写入到结果文件，如果用户对所有层的结果数据都感兴趣，则应将单元的第 8 个关键字选项 KEYOPT

（8）设置为1，但这样可能会导致结果文件很大。可以用 ESEL，S，LAYER 命令来选择特定层号的单元，如果某单元指定层为0厚度，则不被选中。在通用后处理器 POST1 中，可以使用 LAYER 命令来指定需要处理哪一层的计算结果，在时间历程后处理器 POST26 中来指定需要处理哪一层的计算结果。可以使用 SHELL 命令来指定到底是使用该层的顶、底面或中面的结果。在 POST1 中默认储存的是底层底面、顶层顶面和有最大失效值得层的结果，而 POST26 存储的是第1层的结果。如果将单元的第8个关键字选项设置为1，则储存所有层的计算结果。对于横向剪应力，当 KEYOPT（8）＝0时，POST1 只能以线性变化的形式输出。

Command：LAYER

　　GUI：Main Menu | General Postproc | Options for Outp

Command：LAYERP26

　　GUI：Main Menu | TimeHist Postpro | Define Variables

Command：SHELL

　　GUI：Main Menu | General Postproc | Options for Outp

　　GUI：Main Menu | TimeHist Postpro | Define Variables

在默认条件下，POST1 将在总体笛卡儿坐标系中显示所有结果，使用下列命令可将计算结果转换到其他坐标系中显示：

Command：RSYS

　　GUI：Main Menu | General Postproc | Options for Outp

7.5.2　复合材料夹层结构有限元分析实例

1. 点阵增强型夹层结构弯曲性能分析

本节采用有限元方法（ANSYS）分析含纤维点阵型轻木夹层结构的弯曲性能。

夹层结构面层厚度 2.8mm，弹性模量 14.779GPa，泊松比 0.3。轻木芯材顺纹弹性模量 7.1GPa，泊松比 0.23，横纹弹性模量为 0.87GPa。夹层结构宽度为 60mm，高 25mm，长 200mm，两端简支，跨度 200mm，跨中集力 5kN，如图 7-8 所示。面板、芯材等均

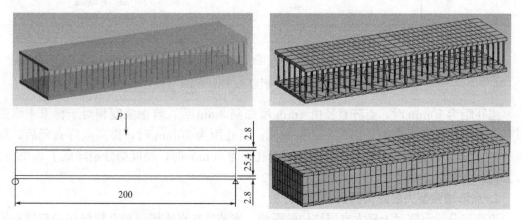

图 7-8　点阵增强型夹层结构弯曲性能有限元模型

采用实体单元建模，SOLID 186 单元，根据孔洞直径、数量的不同，单元数量由 7681 个到 43491 个不等。

以下是在孔距为 10mm 时，孔洞直径对夹层结构跨中挠度影响的分析。图 7-9 中的"NoColumm"指未采用点阵增强的普通夹层结构。

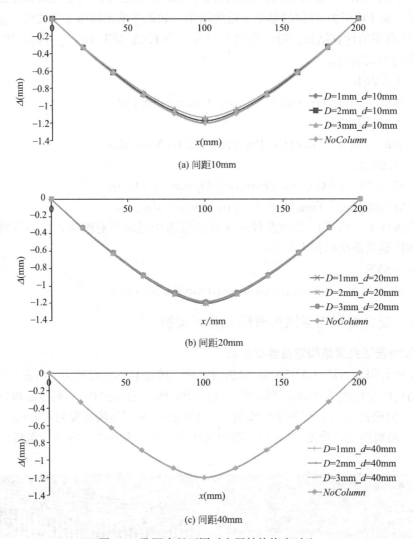

(a) 间距10mm

(b) 间距20mm

(c) 间距40mm

图 7-9　孔洞直径不同时夹层结构挠度对比

当孔距为 10mm 时，点阵直径由 1mm 增加到 3mm 后，跨中挠度相对于标准未增强试件，分别降低了 0.56%、2.52%、5.64%；当孔距为 20mm 时，提高点阵直径后，挠度分别降低了 0.16%、0.93%、2.06%；当孔距为 40mm 时，挠度则分别降低了 0.06%、0.28%、0.66%。

2. 点阵增强型夹层结构界面应力场分析

为准确分析点阵对于轻木夹层结构的影响，本节建立点阵增强型夹层结构的三维有限元模型。在图 7-10 和图 7-11 中，点阵直径 1mm，间距 10mm，树脂/纤维复合柱弹性模量为 10GPa，纤维含量 15%。其他材料参数与上述夹层结构弯曲性能分析中的参数相同。边界条件为：作用在开口端的力大小为 100N，竖直作用于梁上部左侧端部，而梁下端左侧简支。

如图 7-10 所示，当裂纹长度 $a=50$mm 时，裂纹位于点阵前端约 6mm 处，在点阵的作用下，增强型试件 z 向的整体应力水平远低于普通轻木试件，需要注意到的是，点阵增强试件的峰值所在位置均为点阵所在位置，也就是说是点阵承受了大部分界面处的张开应力，可有效降低 z 向的拉应力水平，点阵对于 z 向的 I 型张开型裂纹可以起到很好的抑制作用。

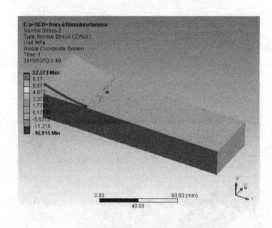

(a) 点阵型整体 z 向应力分布

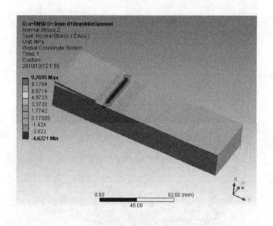

(b) 无增强整体 z 向应力分布

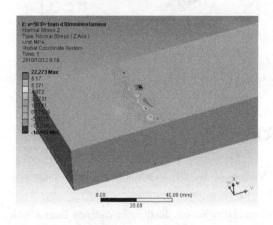

(c) 点阵型芯材表面局部 z 向应力分布

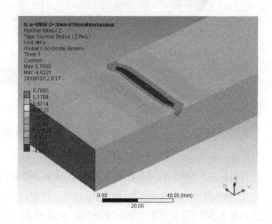

(d) 无增强芯材表面局部 z 向应力分布

图 7-10　裂纹长度 50mm 时点阵增强型与普通轻木夹层结构 z 向应力对比

如图 7-11 所示，点阵增强型夹层结构在裂纹尖端附近的剪应力水平要略低于普通夹层结构。对比图 7-11（c）和图 7-11（d），在裂纹所在位置，面积相差无几，但点阵增强型试件中的剪应力极值远大于普通试件，且出现于点阵处，点阵外的应力水平远低于试件的其他部分。

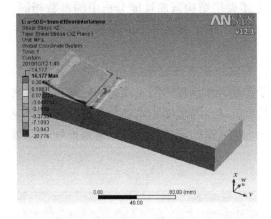

(a) 点阵型整体xz向剪应力分布

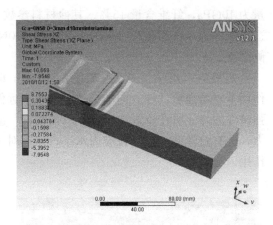

(b) 无增强整体xz向应力分布

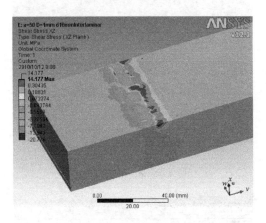

(c) 点阵型芯材表面局部xz向剪应力分布

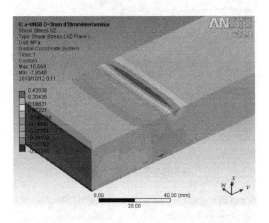

(d) 无增强芯材表面局部xz向剪应力分布

图 7-11　裂纹长度 50mm 时点阵增强型与普通轻木夹层结构 xz 向应力对比

参考文献

［1］ A E NAAMAN，M H HARAJLI，J K WIGHT. Analysis of ductility in partially prestressed concrete flexural members ［J］. PCI Journal，1986，31（3）：64-87.

［2］ A A MUFTI，J P NEWHOOK，G TADROS. Deformability versus ductility in concrete beams with FRP reinforcement ［A］. Proceeding of 2nd International Conference on Advanced Composite Materials in Bridges and Structures ［C］. Montreal，Quebec：CSCE，1996. 189-199.

［3］ G M VAN ERP. Robustness of fibre composite structures loaded in flexure ［A］. Proceeding of international conference on FRP composites in civil engineering ［C］，Hong Kong：Elsevier，2001. 1421-1426.

［4］ D B TANN，R DELPAK，P DAVIES. Ductility and deformability of fiber-reinforced polymer strengthened reinforced concrete beams ［J］. Proceedings of the Institution of Civil Engineers：Structures & Buildings，2004，157（1）：19-30.

［5］ 冯鹏. 新型 FRP 空心桥面板的设计开发与受力性能研究 ［D］. 北京：清华大学，2004.

[6] 吴中元，方海，刘伟庆，祝露，齐玉军. 格构腹板式界面增强泡桐木夹芯复合材料梁的弯曲性能试验 [J]. 玻璃钢/复合材料，2015，10：53-57.

[7] Shi H，Liu W，Fang H，et al. Flexural responses and pseudo-ductile performance of lattice-web reinforced GFRP-wood sandwich beams [J]. Composites Part B：Engineering，2017，108：364-376.

[8] Saadatmanesh H，Tavakkolizadeh M and MostofinejadD. Environmental effects on mechanical properties of wetlay-up fiber-reinforced polymer. ACI Mater J 2010；107：267-274.

[9] Mourad AHI，Magid BMA，Maaddawy TEI，et al. Effectof seawater and warm environment on glass/epoxy andglass/polyurethane composites. Appl Compos Mater 2012；17：557-573.

[10] Marru P，Latane V，Puja C，et al. Lifetime estimation ofglass reinforced epoxy pipes in acidic and alkaline environmentusing accelerated test methodology. Fiber Polym2014；15：1935-1940.

[11] Nakayama M，Hosokawa Y，Muraoka Y，et al. Life predictionunder sulfuric acid environment of FRP usingX-ray analysis microscope. J Mater Process Tech 2004；155-156：1558-1563.

[12] Zhou J，Chen X and Chen S. Durability and service lifeprediction of GFRP bars embedded in concrete underacid environment. Nucl Eng Des 2011；241：4095-4102.

[13] Vijay PV. Aging and design of concrete members reinforcedwith GFRP bars. PhD Thesis，West Virginia University，USA，1999.

[14] Cao S，Wu Z and Wang X. Tensile properties of CFRPand hybrid FRP composites at elevated temperatures. J Compos Mater 2009；43：315-330.

[15] Alsayed S，Al-Salloum Y，Almusallam T，et al. Performance of glass fiber reinforced polymer bars under elevated temperatures. Compos B：Eng 2012；43：2265-2271.

[16] Wang YC，Wong PMH and Kodur V. An experimentalstudy of the mechanical properties of fibre reinforced polymer（FRP）and steel reinforcing bars at elevated temperatures. Compos Struct 2007；80：131-140.

[17] Sumida A and Mutsuyoshi H. Mechanical properties ofnewly developed heat-resistant FRP bars. J Adv Concr Technol 2008；6：157-170.

[18] Hawileh RA，Abu-Obeidah A and Abdalla JA. Temperature effect on the mechanical properties of carbon，glass and carbon-glass FRP laminates. Constr Build Mater 2015；75：342-348.

[19] Shi J，Zhu H，Wu G，et al. Tensile behavior of FRP andhybrid FRP sheets in freeze-thaw cycling environments. Compos B：Eng 2014；60：239-247.

[20] Bisby LA and Green M. Resistance to freezing and thawing of fiber-reinforced polymer-concrete bond. ACI Struct J 2002；99：215-223.

[21] Silva MAG and Biscaia H. Degradation of bond betweenFRP and RC beams. Compos Struct 2008；85：164-174.

[22] Agarwal A，Foster SJ，Hamed E，et al. Influence offreeze-thaw cycling on the bond strength of steel-FRPlap joints. Compos B：Eng 2014；60：178-185.

[23] Helbling CS and Karbhari VM. Investigation of thesorption and tensile response of pultruded E-Glass/vinylester composites subjected to hygrothermal exposureand sustained strain. J Reinf Plast Compos 2008；27：613-638.

[24] Bisby LA and Green M. Resistance to freezing and thawingof fiber-reinforced polymer-concrete bond. ACI Struct J 2002；99：215-223.

[25] Miller B. Synergistic effect of mechanical loading andenvironmental conditions on the degradation of pultrudedglass fiber-reinforced polymers（GFRP）. MS Thesis，North Carolina State University，USA，2014.

［26］Alves J，Ei-Ragaby A and Ei-Salakawy E. Durability ofGFRP bars' bond to concrete under different loadingand environmental conditions. J Compos Constr 2011；15：249-262.

［27］Kumar BG，Singh RP and Nakamura T. Degradationof carbon fiber-reinforced epoxy composites by ultravioletradiation and condensation. J Compos Mater 2002；36：2713-2733.

［28］Bae SW. Effects of various environmental conditions onRC columns wrapped with FRP sheets. J Reinf PlastCompos 2010；29：290-309.

［29］李开泰，黄艾香，黄庆怀. 有限元方法及其应用［M］. 北京：科学出版社，2006.

［30］凌桂龙. ANSYS结构单元与材料应用手册［M］. 北京：清华大学出版社，2003.

第8章 复合材料结构测试和监测技术

复合材料由于其多组分材料特性给其带来了原先各种材料所不具备的优良特性，但同样也是由于其组分材料的复杂性，容易受到多种不利因素的影响。影响范围涉及外观、耐久性、结构强度、抗疲劳性能等多个方面。为确保最终的复合材料结构能够满足安全性和使用性要求，需在组分材料，制造成品，以及服役过程中对于复合材料结构的各方面性能进行检测、监测。

复合材料结构的主要组分材料包括：纤维增强材料、基体材料以及芯材。纤维增强材料作为结构的主要受力组分，其力学性能直接影响了最终结构的力学性能，其主要的评价指标为比强度、拉伸强度、弹性模量、抗冲击强度、耐热性、收缩性等。纤维很少单独直接使用，需要与相应的基本材料配合才能形成复合材料结构，承受各种使用荷载。为充分发挥纤维的性能，需要有高性能的基体材料配合，才能充分发挥其性能。树脂为常见的基体材料，树脂性能指标根据应用领域的不同要求，在某方面有所侧重，主要测试项目除拉伸性能、压缩性能、弯曲性能、冲击性能外，部分还要求耐高温、耐酸碱腐蚀、树脂浸润性等。芯材是复合材料夹层结构的重要组成部分，在夹层结构中，芯材主要起到提高刚度和抗剪性能的作用。芯材在其中主要受到了平面外压力作用和剪切作用，因此平压性能与剪切性能是芯材的两项重要指标。

组分材料的各项性能仅能代表组分材料自身的力学性能，组分材料经过工艺成型最终成为复合材料结构。受限于各种不可控因素的影响，复合材料制品不可避免地存在各种缺陷或损伤。复合材料制品中的主要缺陷有：气孔、分层、疏松、界面分离、夹杂、树脂固化不良、钻孔损伤；在使用过程中的主要缺陷有：疲劳损伤和环境损伤，损伤的形式有：脱胶、分层、基体龟裂、空隙增长、纤维断裂、皱褶变形、腐蚀坑、划伤、下陷、烧伤等。复合材料结构中的缺陷、损伤严重影响着结构的各项性能，并且随着服役时间的增长，结构的损伤程度将会继续增加，而剩余承载性能存在着进一步下降的可能。由于缺陷/损伤对结构巨大影响，检测技术已经成为复合材料结构应用过程中的关键技术。

在缺陷/损伤的检测过程中，通常为了避免对于复合材料结构造成不必要的损伤，宜优先选择无损检测技术（Non Destructive Testing，NDT），即先通过无损检测技术对结构的缺陷或损伤进行定位、测量，而后再通过有损的测试方法进行进一步检查确认，形成结构的修补方案。

由于涉及组分材料、复合材料结构的检测技术、测试方法众多，本章主要从力学性能、工艺要求的角度对组分材料、工艺过程和复合材料结构使用过程中的主要性能指标及测试方法进行了阐述，对复合材料结构生产过程中产生的缺陷、使用过程中发生的损伤检测方法进行了总结，并对复合材料结构长期服役过程中的在线监测技术进行简单介绍。

8.1　组分材料测试方法

组分材料除一般的物理、化学特性需专用的仪器设备检测外，其主要的力学性能试验均在万能试验机上进行。但需要说明的是，一台万能试验机并不能做所有与复合材料相关的力学性能测试。除受试验机的极限测试荷载、测试精度影响外，还需要配合对应的夹具、工装才能进行试验，而夹具、工装也是除试验机外，直接影响测试准确性的重要因素。如图 8-1 所示，正在进行的试验为碳纤维丝束的拉伸性能测试，该试验对于上、下夹头的对中性要求较高，一般在最大荷载 10kN 或以下的试验机上进行。而对于碳纤维片材，这种小吨位的万能试验机则远远不能满足要求，通常需要在最大加载荷载达到 400kN 或以上的试验机上进行，且夹头最好为液压夹头，以保证试件在加载的过程中不发生滑动。

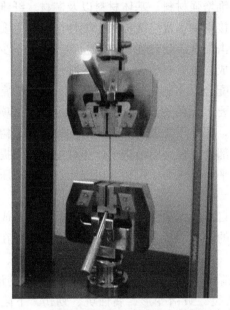

图 8-1　复合材料结构基本力学性能测试及主要设备

8.1.1　纤维材料测试方法

在进行纤维材料的质量检验时，首先应进行外观检查，包括：纤维表面色泽基本一致，没有杂物、污渍、蛛网等，纤维应紧密卷在纸管上，表面不得有折叠、不匀称现象。纤维的外观检测非常重要，对于质量较好的纤维，其表面色泽均匀一致。若纤维色泽均匀，则说明其在进行表面处理时，浸润剂分布均匀，纤维容易被树脂充分浸渍，可有效保证最终复合材料制品的成型质量。

纤维的力学性能评价指标主要有拉伸断裂强力、断裂伸长等，而当纤维作为原材料被制成纤维织物等半成品后，其指标增加了厚度、密度、宽度、长度以及弯曲硬挺度等。在进行纤维及其织物检验时，可根据使用单位的要求进行测试，如表 8-1 所示为纤维力学性能测试的主要标准，涉及国家标准、美国标准，以及部分欧洲标准。

纤维材料力学性能试验标准　　　　　　　　　　　　　　　表 8-1

测试项目	国家标准	美国标准	欧洲标准
拉伸强度	增强材料 机织物试验方法(第5 部分:玻璃纤维拉伸断裂强力和断裂伸长的测定)GB/T 7689.5—2013	ASTM D 6614 Standard Test Method for Stretch Properties of Textile Fabrics-CRE Method	ISO 4606 Textile glass—Woven fabric—Determination of tensile breaking force and elongation at break by the strip method
弹性模量	碳纤维复丝拉伸性能检验方法 GB/T 3362—2017	ASTM D 5035 Standard Test Method for Breaking Strength and Elongation of Textile Fabrics	ISO 4606 Textile glass—Woven fabric—Determination of tensile breaking force and elongation at break by the strip method
延伸率	碳纤维复丝拉伸性能检验方法 GB/T 3362—2017	ASTM D 5035 Standard Test Method for Breaking Strength and Elongation of Textile Fabrics	ISO 4606 Textile glass—Woven fabric—Determination of tensile breaking force and elongation at break by the strip method

　　评价玻璃纤维受力性能的主要指标为拉伸断裂强力、断裂伸长两项指标,这两项指标可以参照标准《增强材料 机织物试验方法第 5 部分:玻璃纤维拉伸断裂强力和断裂伸长的测定》GB/T 7689.5—2013 进行测试。其测试原理为,将纤维织物以一定的速度拉伸至断裂,发生断裂前的最大荷载则为断裂强力 F,发生断裂时纤维的伸长率则为断裂伸长 L。

　　一般测试纤维力学性能时参照碳纤维的测试方法,采用复丝拉伸性能表征其碳纤维的拉伸性能,并且由于纤维直接拉伸时易受损伤,导致其测试值偏差较大,一般先对其复丝进行浸胶后再拉伸,浸胶后的碳纤维可以测定其拉伸强度、拉伸弹性模量和断裂伸长率。如图 8-2 所示为一般复丝的制作要求及力学特征曲线。

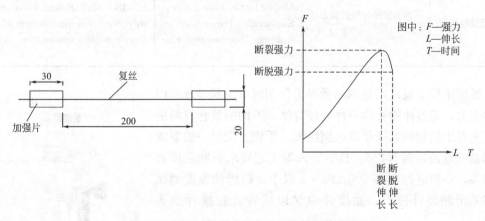

图 8-2　复丝试件样式及典型纤维的拉伸曲线

　　在拉伸试验中,试件破坏位置要求必需处于试样中段,若出现于加强片端部或夹具处,则视为无效试件。为保证足够的有效数量,一般每组试验应测至少 10 个试样,每组试验有效试样应不少于 6 个。需要说明的是,复丝拉伸性能只能说明纤维本身的性能,由于影响复合材料力学性能的因素较多,该指标并不能直接表征最终制品的力学性能,但可以作为最终产品性能预测的重要参数。

8.1.2　树脂材料测试方法

树脂材料的性能指标除满足力学性能要求外，还包括部分工艺要求，以保证复合材料制品在制造的过程中满足一定的工艺要求。如表 8-2 所示为树脂的主要技术指标，其中拉伸强度、拉伸模量为力学性能指标，黏度、凝胶时间主要与工艺性能相关，表 8-2 为树脂主要性能指标的测试标准。

除了基本的力学性能要求外，树脂还需要满足工艺要求，凝胶时间和黏度是其首要工艺指标。树脂的凝胶时间指将引发剂加到树脂中后，发生化学反应并且黏度达到 50Pa·s，试样沿玻璃棒开始上升（爬杆）时，树脂出现拉丝状态时的时间。由于凝胶时间的测量方法较为简单，以下仅对树脂黏度的检测方法进行简单叙述。

树脂基本性能试验标准　　　　　　　　　表 8-2

测试项目	国家标准	美国标准	欧洲标准
拉伸强度	树脂浇注体性能试验方法 GB/T 2567—2021	ASTM D638 Standard Test Method for Tensile Properties of Plastics	EN ISO 527 Plastics – Determination of tensile properties
拉伸模量	树脂浇注体性能试验方法 GB/T 2567—2021	ASTM D638 Standard Test Method for Tensile Properties of Plastics	EN ISO 527 Plastics – Determination of tensile properties
黏度	不饱和聚酯树脂试验方法 GB/T 7193—2008	ASTM D 1725 Standard Test Method for Viscosity of Resin Solutions	EN ISO 2555 Plastics-Resins in the liquid state or as emulsions or dispersions Determination of apparent viscosity by the Brookfield test method
凝胶时间	不饱和聚酯树脂试验方法 GB/T 7193—2008	ASTM D 2471 Standard Test Method for Gel Time and Peak Exothermic Temperature of Reacting Thermosetting Resins	EN ISO 2535 Plastics-Unsaturated polyester resins-Measurement of gel time at ambient temperature

黏度本质上反映的是物质受外力作用时分子间呈现的内部摩擦力，是流体物质的一种物理特性，不同的复合材料成型工艺对于树脂的黏度要求区别巨大。手糊、拉挤一般要求树脂黏度较高，而 RTM、真空导入等工艺要求树脂黏度要低得多，一般应控制在 200mPa·s 以下。树脂的黏度测试一般采用黏度计进行，黏度计中又以旋转式黏度计最为典型。

图 8-3 为 Brookfield 公司生产的旋转式黏度计主机，除主机计外，一般还需要配备加热器、升降支架、恒温水浴、黏度标准品、黏度测量软件等。旋转式黏度计内部一般有平板和锥板，电动机经变速齿轮带动平板恒速旋转，而被检树脂样品则被置于两板之间，通过样品分子间的摩擦力，平板带动锥板旋转。锥板通过扭簧固定，因此锥板旋转到一定角

图 8-3　Brookfield 公司生产的 DV2T LV EXTRA 黏度计

度后不再转动。当锥板稳定时，通过扭簧即可知道通过树脂样品所传递的扭矩，通常样品黏度越大，扭矩越大，反之样品黏度小，则扭矩越小。黏度计通过精确测量扭矩，再乘以特定的系数换算成为树脂样品的动力黏度。旋转黏度计具有使用方便、性能稳定、维护简单等优点，是复合材料领域常用的基本仪器设备。

8.1.3　夹芯材料测试方法

夹芯材料主要作为填充材料，并兼具部分功能性要求，如表 8-2 所示夹芯材料的主要力学指标包括剪切强度、平压强度、模量，物理性能主要包括密度、吸水性等，表 8-3 为夹芯材料的主要性能指标测试标准。

夹芯材料基本性能试验标准　　　　　　　　　　　　表 8-3

测试项目	国家标准	美国标准	欧洲标准
剪切强度	夹层结构或芯子剪切性能试验方法 GB/T 1455—2005	ASTM C273 Standard Test Method for Shear Properties of Sandwich Core Materials	EN ISO14129 Fibre-reinforced plastic composites-Determination of the in-plane shear stress/shear strain reponse, including the in-plane schear modulus and strength, by ±45° tension test method
平压强度	夹层结构或芯子平压性能试验方法 GB/T 1453—2005	ASTM C365 Standard Test Method for Flatwise Compressive Properties of Sandwich Cores	EN ISO14126 Fibre-reinforced plastic composites-Determination of compressive properties in the in-plane direction
模量	夹层结构或芯子平压性能试验方法 GB/T 1453—2005	ASTM C365 Standard Test Method for Flatwise Compressive Properties of Sandwich Cores	EN ISO14126 Fibre-reinforced plastic composites-Determination of compressive properties in the in-plane direction
密度	夹层结构或芯子密度试验方法 GB/T 1464—2005	ASTM C271 Standard Test Method for Density of Sandwich Core Materials	ISO 1183-1 Methods for determining the density of non-cellular plastics-Part 1: Immersion method, liquid pyknometer method and titration method
吸水率	夹层结构或芯子吸水性试验方法 GB/T 14207—2008	ASTM C272 Standard Test Method for Water Absorption of Core Materials for Structural Sandwich Constructions	ISO 16535 Thermal insulating products for building applications—Determination of long-term water absorption by immersion

芯材作为填充材料，除了满足必要的平压性能要求，由于芯材抗剪能力相对较弱，主要还需满足剪切作用要求。根据现行国家标准《夹层结构或芯子剪切性能试验方法》GB/T 1455—2005 要求，芯材的剪切试验方法通过平行拉伸或压缩芯材，迫使芯材发生剪切破坏，用以测试芯材的剪切强度、剪切模量等数据。图 8-4 为剪切试验的夹具，该夹具主要由两片金属板构成，试样置于两片金属板中间。测试时，通过在两片金属板上施加拉力（左图）和压力（右图），并精确测量两片金属板的相对位移，直至试样破坏。

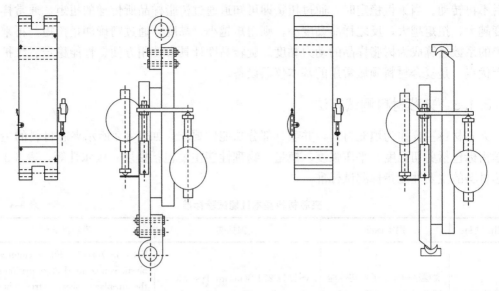

图 8-4 拉剪试验装置和压剪试验装置图

芯材剪切试验对于试样的尺寸有着严格要求，对于硬质泡沫塑料、轻木等连续芯子，试样宽度为 60mm；对于蜂窝、波纹等格子型芯子，试样宽度为 60mm 或至少包含 4 个完整格子。

8.2　物理性能、力学性能测试

如前面章节所述，复合材料结构的力学性能与其结构形式和生产工艺都有较大关系，根据其构造方式的不同，其测试方法略有差异。一般而言，层合板试验是纤维增强复合材料中最大的一类试验，其主要试验对象为各种树脂/纤维混合物，夹层结构的面板进行测试时，采用了与层合结构相同的试验方法。

8.2.1　物化性能测试方法

复合材料结构的物理性能指标较多，对于一般的复合材料制品，主要关注的有纤维/树脂含量、硬度、氧指数、耐水性能、玻璃化转变温度等，表 8-4 为复合材料的主要物化性能指标测试标准。

复合材料主要物化指标及试验标准　　　　　　　　　　　　　　　表 8-4

测试项目	国家标准	美国标准	欧洲标准
纤维含量	碳纤维增强塑料树脂含量试验方法 GB/T 3855—2005	ASTM D3529 Standard Test Method for Resin Solids Content of Carbon Fiber-Epoxy Prepreg	EN ISO 11667 Fibre-reinforced plastics-Moulding compounds and prepregs-Determination of resin, reinforced-fibre and mineral-filler content-Dissolution methods

续表

测试项目	国家标准	美国标准	欧洲标准
硬度	纤维增强塑料巴氏（巴柯尔）硬度试验方法 GB/T 3854—2017	ASTM D 2583 Standard Test Method for Indentation Hardness of Rigid Plastics by Means of a Barcol Impressor	EN ISO 2039 Plastics-Determination of hardness-Part 1：Ball indentation method
氧指数（燃烧性能）	纤维增强塑料燃烧性能试验方法 氧指数法 GB/T 8924—2005	ASTM D1652 Standard Test Method for Epoxy Content of Epoxy Resins	EN ISO 4589-1 Plastics-Determination of burning behaviour by oxygen index
耐水性	玻璃纤维增强塑料耐水性试验方法 GB/T 2573—2008	ASTM D570 Standard Test Method for Water Absorption of Plastics	ISO 62 Plastics. Determination of water absorption
玻璃化转变温度	塑料 差示扫描量热法（DSC）第2部分：玻璃化转变温度的测定 GB/T 19466.2—2004	ASTM D3418 Standard Test Method for Transition Temperatures and Enthalpies of Fusion and Crystallization of Polymers by Differential Scanning Calorimetry	EN ISO 306 Plastics. Thermoplastic materials. Determination of Vicat softening temperature (VST) ISO 3146 Plastics；Determination of melting behaviour (melting temperature or melting range) of semi-crystalline polymers by capillary tube and polarizing-microscope methods.

纤维/树脂含量、硬度、耐水性能、玻璃化转变温度等较容易理解，而氧指数一般表征的是复合材料的燃烧性能。氧指数（Oxygen Index，OI）是指在规定的条件下（23±2℃），材料在氮氧混合气流中进行有焰燃烧所需的最低氧浓度，其最终指标以氧气占总气体量的体积百分数的数值来表示。根据氧指数的含义，氧指数高则表示材料不易燃烧，氧指数低则表示材料容易燃烧。

根据《建筑材料及制品燃烧性能分级》GB 8624—2012 要求，建筑材料的燃烧性能共分为四级，分别为 A 级不燃材料（含 A1、A2 级）、B1 难燃材料（含 B、C 级）、B2 可燃材料（含 D、E 级）、B3 易燃材料（F 级）。墙面保温泡沫材料的氧指数应不小于 30，为 B1 级难燃材料。一般保温材料多为高分子材料，极难达到难燃级要求，只有在添加了大量的阻燃试剂后才能满足，但又会导致其力学性能下降明显，形成较大的安全隐患。因而能够满足墙体保温要求，能满足力学性能要求的高性能墙体是土木工程领域的研究热点。

图 8-5 为测量氧指数的专用仪器，其主要组成部件包括燃烧筒、试样夹、流量测量和控制系统，统称为氧指数仪。燃烧筒内径 75mm 以上，高 450mm，垂直固定在可通过氧、氮混合气流的基座上。底部用玻璃珠填充在玻璃珠上方放置一个金属网，以防下落的燃烧碎片阻塞气体入口和配气通路，而气体也通过玻璃珠均匀混合。试样通过试样夹，被固定在燃烧筒中心位置上，与气体充分接触。通过气体流量计可精确测量流入燃烧筒的气体量，控制系统通过对阀门的精确控制，可以精确调整混合气体中氧气浓度的比例。

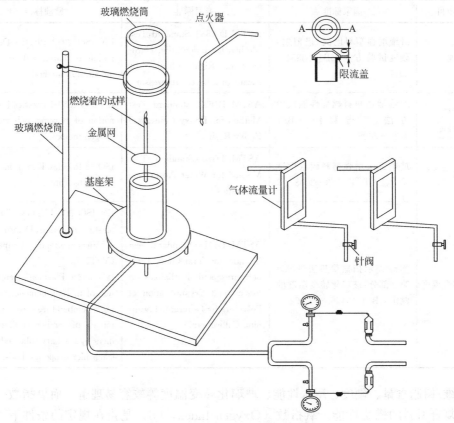

图 8-5　氧指数测定仪基本构造图

8.2.2　层合板测试方法

层合板为复合材料的主要制品之一，其主要组成部分为各型纤维，并配以相应的树脂固化而成。层合板结构可采用多种工艺制造，包括：手糊工艺、缠绕工艺、真空袋工艺、热压罐工艺、真空导入成型工艺等。决定其工艺方法的主要因素之一为最终制品的性能，层合板主要性能指标包括拉伸性能、压缩性能、弯曲性能、剪切性能、冲击性能等，表 8-5 为层合板的主要性能指标测试标准。

层合板力学性能试验标准　　　　　　　　　　　　　表 8-5

测试项目	国家标准	美国标准	欧洲标准
拉伸性能	纤维增强塑料性能试验方法总则 GB/T 1446—2005 纤维增强塑料拉伸性能试验方法 GB/T 1447—2005	ASTM D3039 Standard Test Method for Tensile Properties of Polymer Matrix Composite Materials	ISO 1172 Textile-glass-reinforced plastics-Prepregs，moulding compounds and laminates-Determination of the textile-glass and mineral-filler content-Calcination methods

续表

测试项目	国家标准	美国标准	欧洲标准
压缩性能	玻璃纤维增强塑料压缩性能试验方法 GB/T 1448—2005	ASTM D3410-2003 Compressive Properties of Polymer Matrix Composite Materials with Unsuppor	ISO 12817 Fibre-reinforced plastic composites-Determination of open-hole compression strength
弯曲性能	纤维增强塑料弯曲性能试验方法 GB/T 1449—2005	ASTM D7264 Standard Test Method for Flexural Properties of Polymer Matrix Composite Materials	ISO 14125 Fibre-reinforced plastic composites-Determination of flexural properties
剪切性能	纤维增强塑料层间剪切强度试验方法 GB/T 1450.1—2005	ASTM D4255 Standard Test Method for In-Plane Shear Properties of Polymer Matrix Composite Materials by the Rail Shear Method	ISO14130 Fibre-reinforced plastic composites-Determination of apparent interlaminar shear strength by short-beam method
冲击韧性	纤维增强塑料简支梁式冲击韧性试验方法 GB/T 1451—2005	D256 Test Methods for Determining the Izod Pendulum Impact Resistance of Plastics	EN ISO 179-2 Plastics-Determination of Charpy impact properties-Part 2: Instrumented impact test

弯曲试验是层合板的基本试验，适用于测定玻璃纤维织物增强塑料板材和短切玻璃纤维增强塑料的弯曲性能，同时该试验方法也是做树脂、纤维配对以预制最终制品的有效方法之一。现行国家标准《纤维增强塑料弯曲性能试验方法》GB/T 1449—2005 规定，加载方式如图 8-6 所示，弯曲试验采用简支梁中心加载的方式测定其弯曲强度、弯曲挠度、弯曲弹性模量以及弯曲荷载-挠度曲线。对需要注意的是，为防止试样受压失效，在试样上表面与加载压头间放置薄片或薄垫块。同时，若试样呈层间剪切破坏，有明显内部缺陷或在试样中间的三分之一跨距以外破坏的应予作废。

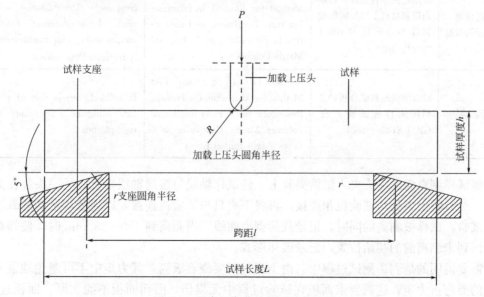

图 8-6　层合板弯曲性能试验装置图

8.2.3 夹层结构测试方法

夹层结构与层合板不同，其主要承受的是面外荷载，因而其主要性能指标包括：平面性能、弯曲性能、剪切性能，以及抗剥离性能，表8-6为夹芯材料的主要性能指标测试标准，下面选取了抗剥离性能进行了简单介绍，其中剪切性能测试方法与芯材的剪切试验方法基本一致，因而不再赘述。

夹层结构主要面板和芯材组成，面板与芯材之间的界面粘结是其核心问题。目前在表征界面性能仅有滚筒剥离强度，即夹层结构用滚筒剥离试验测得的面板与芯子分离时单位宽度上的剥离力矩，滚筒剥离装置如图8-7所示。

夹层结构主要试验标准　　　　　　　　　　　　　　　　　　　　　表 8-6

测试项目	国家标准	美国标准	欧洲标准
平压性能	夹层结构或芯子平压性能试验方法 GB/T 1453—2005	ASTM C 365 Standard Test Method for Flatwise Compressive Properties of Sandwich Cores	EN ISO14126 Fibre-reinforced plastic composites-Determination of compressive properties in the in-plane direction
弯曲性能	夹层结构弯曲性能试验方法 GB/T 1456—2021	ASTM C 393 Standard Test Method for Flexural Properties of Sandwich Constructions	DIN 53293 Testing of sandwiches; Bending test
剪切性能	夹层结构或芯子剪切性能试验方法 GB/T 1455—2005	ASTM C 273 Standard Test Method for Shear Properties of Sandwich Core Materials	DIN 53294 Testing of sandwiches; Shear test
抗剥离性能	夹层结构滚筒剥离试验方法 GB/T 1457—2005	ASTM C363 Standard Test Method for Delamination Strength of Honeycomb Core Material	EN 14173 Structural Adhesives-T-peel Test for Flexible-to-flexible Bonded Assemblies
层间性能（Ⅰ型层间断裂）	纤维增强塑料复合材料单向增强材料Ⅰ型层间断裂韧性 G_{IC} 的测定 GB/T 28891—2012	ASTM D5528 Standard Test Method for Mode I Interlaminar Fracture Toughness of Unidirectional Fiber-Reinforced Polymer Matrix Composites	ISO 15024 Fibre-reinforced plastic composites—Determination of mode I interlaminar fracture toughness, G_{IC}, for unidirectionally reinforced materials
抗冲击性能	纤维增强塑料层合板冲击后压缩性能试验方法 GB/T 21239—2007	ASTM D7136 Standard Test Method for Measuring the Damage Resistance of a Fiber-Reinforced Polymer Matrix Composite to a Drop-Weight Impact Event	ISO6603 Determination of puncture impact behaviour of rigid plastics

将试样剥离面的一头夹入滚筒夹具上，使试样轴线与滚筒轴线垂直，另一头装在上夹具中，然后将上夹具与试验机相连接，再将下夹具与试验机连接，以规范规定的加载速度进行试验。试样被剥离的同时，记录载荷剥离曲线，当剥离到150～180mm时，便卸载使滚筒回到未剥离前的初始位置，记录破坏形式。

需要说明的是剥离测试过程中，由于面板需要绕着滚筒，其力矩中不可避免地混入了面板的受弯折力矩，这就要求面板在试验过程中无损伤，因而面板不能太厚。面板过厚，

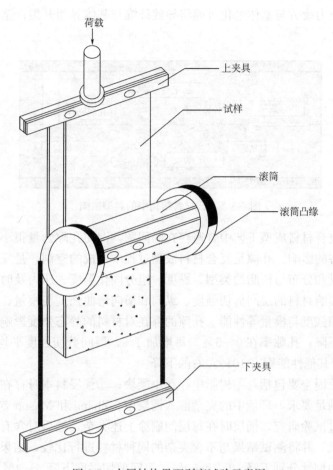

荷载

上夹具

试样

滚筒

滚筒凸缘

下夹具

图 8-7　夹层结构界面剥离试验示意图

则易弯折，影响了最终的试验结果，因而该方法的适用性存在一些问题。

　　目前研究复合材料夹层结构的界面问题时，多采用断裂力学相关方法进行研究，逐渐由单一的强度指标向断裂韧度等指标综合评判。相关的试验标准可以参照《ASTM D5528 Standard Test Method for Mode I Interlaminar Fracture Toughness of Unidirectional Fiber-Reinforced Polymer Matrix Composites》，而国内目前还没有相关的测试规范。

8.3　复合材料结构检测技术

8.3.1　主要缺陷、损伤及其影响

　　如图 8-8 所示，复合材料中的缺陷类型一般包括：孔隙、夹杂、裂纹、疏松、纤维分层与断裂、纤维与基体界面开裂、纤维卷曲、富胶或贫胶、纤维体积百分比低、纤维/基体界面结合不好、铺层或纤维方向误差、缺层、铺层搭接过多、厚度偏离、磨损、划伤等，其中孔隙、脱层与夹杂是最主要的缺陷。缺陷产生的原因是多种多样的，有环境控制方面的原因，有制造工艺方面的原因，也有运输、操作以及使用不当的原因，如外力冲击、与其他物体碰撞和刮擦等。另外，使用过程中的过载或疲劳会引起纤维断裂与屈曲；

吸湿、热疲劳、应力疲劳与基体老化可能将导致纤维与基体界面开裂；基体黏度不稳定会形成富胶或贫胶区。

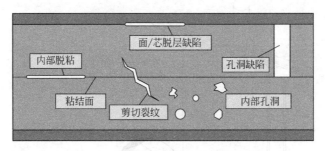

图 8-8　复合材料结构中的典型缺陷

孔隙问题是复合材料成型工艺中普遍存在的问题，即使孔隙含量很小，对材料的许多性能都会产生有害的影响。孔隙是复合材料成型过程中形成的空洞，是复合材料的主要缺陷之一。孔隙含量和分布与树脂的类型、黏度、组分固化温度、压力及时间有关。复合材料中的孔隙主要影响材料的层间剪切强度、纵向和横向弯曲强度与模量、纵向和横向拉伸强度与模量、压缩强度与模量等性能。孔隙的存在对材料的静态强度影响较小，但却可以使疲劳寿命显著下降；孔隙率在 0~5%，每增加 1%，层间剪切强度平均下降 7%，弯曲模量下降约 5%，其他性能则有 10% 左右的下降。

夹杂产生的原因主要包括：①树脂中存在小凝块；②预浸料本身存在夹杂；③成型车间环境洁净度不满足要求，环境中的夹杂混入铺层中。Zhang 和 Mason 曾经用蒸馏水和海水作为夹杂进行过试验研究，铺层时在每层间刷涂上述夹杂，然后对含有夹杂的复合材料进行力学性能测试，并将测试结果与不含夹杂的同种材料进行比较，结果发现，蒸馏水和海水导致材料断裂韧性分别下降 40% 和 50%，层间剪切强度下降 65.3% 和 71.4%，弹性模量下降 22.8% 和 24.7%，最终拉伸度的下降量分别为 30.9% 和 31.2%。复合材料中的夹杂对其性能影响较大，在材料加工过程中，应严格对生产环境进行有效控制。

分层是指层间的脱粘或开裂，也是复合材料结构中的典型缺陷。分层形成的原因众多，主要有：树脂含量过低、粘结剂选择不当或固化工艺不合理、铺层间铺设间隔时间过长、树脂提前固化、外界冲击等。目前尚未见文献定量分析分层对复合材料性能的影响，但纤维铺层间的分层是先进复合材料中最为严重的缺陷类型，它通过降低材料的压缩强度和刚度影响结构的完整性。尤其是在承受机械或热载荷的条件下，结构中的分层会发持续扩展，情况严重时可能导致材料发生断裂。

除了缺陷外，复合材料在使用过程中不可避免地受到各种外力作用，出现例如冲击、断裂、疲劳等损伤问题，产生各种类型的可见或不可见损伤，具体包括：纤维断裂、基体开裂、分层等问题。并且，有时复合材料结构在使用过程中是带损伤工作的，一方面是这些损伤不易被检测到，另外一方面复合材料修复和替换上存在问题。事实上，复合材料中的损伤对于复合材料的性能影响巨大，如图 8-9 所示，复合材料结构中的损伤严重影响着结构的剩余承载性能，并且随着时间的增长，结构的损伤程度将会继续增加，而剩余承载性能存在着进一步下降的可能。

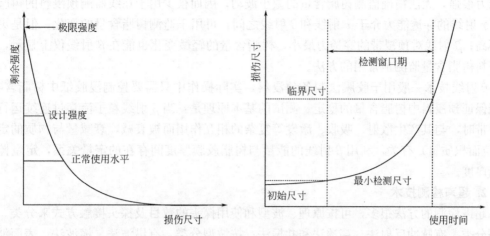

图 8-9　复合材料结构中缺陷/损伤与使用寿命之间的关系

8.3.2　主要检测技术

由于缺陷/损伤对结构巨大影响，检测技术已经成为复合材料结构应用过程中的关键技术。检测技术涉及的学科技术门类不仅局限于力学，更涉及光学、声学、振动等多个领域，常用的检测方法可以分为射线法、电磁波、声波法，三大类，可以检测孔洞、裂纹、冲击损伤等。图 8-10 为一般检测方法的主要频谱特征图，其对于目前常见的无损检测技术进行了分类，具有一定的代表性。

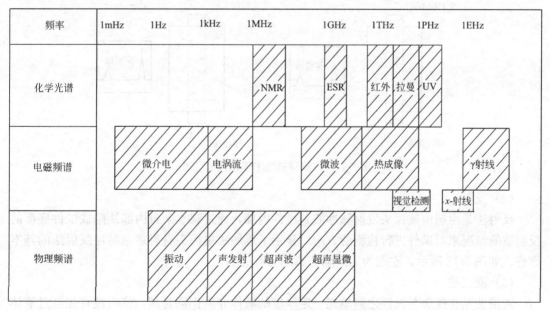

图 8-10　常用检测方法及其主要频谱特征

1. 射线监测技术

射线监测技术包括 x 射线、γ 射线、β 射线监测等技术。其中 x 射线对复合材料的穿

187

透能力很强，无法精确监测树脂含量的微小波动，因而很少用于在线监测预浸料的树脂含量；γ 射线的穿透能力介于 x 射线和 β 射线之间，可用于监测树脂含量的变化，但是灵敏度不高；β 射线对预浸带的穿透力最小，树脂含量的轻微变化也能在 β 射线仪上显示，是预浸料树脂含量监测最常用的方法。

β 射线技术一般用于胶膜法制备预浸料，实际操作中只需要控制浸胶纸中树脂含量，即能保证预浸料中树脂含量的稳定。测试的基本原理是：当 β 射线粒子流穿过连续运行的预浸带时，与其产生散射、吸收、激发等复杂的相互作用而被衰减，衰减量与物质的定量（单位面积质量）有关，利用 β 射线的能量与树脂胶膜厚度间存在的定量关系，定量监测树脂厚度。

2. 超声检测技术

超声检测的方法很多，可按原理、波型和使用探头的数目及探头接触方式来分类。按原理分类，有脉冲反射法、穿透法和共振法；按波型分类，有纵波法、横波法、表面波法和板波法；按探头数目分类，有单探头法、双探头法和多探头法；按耦合方式分类，有接触法和液浸法；按入射角度分类，有直射声束法和斜射声束法。在以上方法中，穿透法、反射法和液浸法目前是复合材料领域用得最多的超声检测方法。

（1）穿透法

穿透法通常采用两个探头，分别放置在试件两侧，一个将脉冲波发射到试件中，另一个接收穿透试件后的脉冲信号，依据脉冲波穿透试件后幅值的变化来判断内部缺陷的情况。如图 8-11 所示，左图为无缺陷，右图为有缺陷。

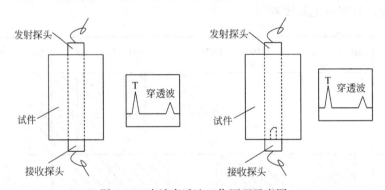

图 8-11　声波穿透法工作原理示意图

（2）反射法

反射法是由超声波探头发射脉冲波到试件内部，通过观察来自内部缺陷或试件底面的反射波的情况来对试件进行检测的方法。显示了接触法单探头直射声束脉冲反射法的基本原理。如图 8-12 所示，左图为无缺陷，右图为有缺陷。

（3）液浸法

液浸法是在探头与试件之间填充一定厚度的液体介质作耦合剂，使声波首先经过液体耦合剂，而后再入射到试件中，探头与试件并不直接接触。液浸法中，探头角度可任意调整，声波的发射、接收也比较稳定，便于实现检测自动化，大大提高了检测速度。

超声 C 扫描即是采用液浸法进行检测，由于具有显示直观、检测速度快等优点，目前已成为航空器复合材料构件普遍采用的检测技术。其基本原理是通过采用计算机技术控制

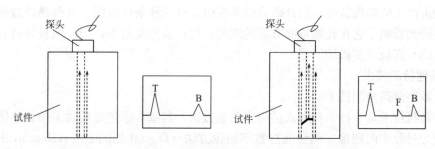

图 8-12　声波反射法工作原理示意图

超声波探头的移动位置，控制超声波探伤仪（或数据采集卡）经探头发射超声波信号，并在超声波信号经过检测工件后被自身（或别的）探头接收，超声波探伤仪（及数据采集卡）将获得的信号进行处理，由计算机进行检测结果的显示、记录、存储，在计算机显示屏上显示整个检测区域的有无缺陷情况、缺陷大小和位置。

3. 红外热波技术

红外热波检测方法特别适合于检测复合材料薄板与金属粘接结构中的脱粘类缺陷，尤其是当零件或组件不能浸入水中进行超声 C-扫描检测以及零件表面形状使得超声检测实施比较困难时也可使用红外热波检测方法。红外热波方法对于复合材料中的分层也具有很大的探测潜力，能够准确确定出复合材料中分层的深度，而且该方法具有非接触、实时、高效直观的特点。

红外热波无损检测的工作原理是根据变化性热源与媒介材料及其几何结构之间的相互作用，通过控制热激励并适时监测和记录材料表面的温场变化，经过特殊的算法和图像处理来获取被检物体材料的均匀性信息及其表面下的结构及热属性的特征信息，从而达到检测和探伤的目的。此检测法具有非接触、实时、高效、直观的特点，分为主动式（有源红外）检测法和被动式（无源红外）检测法两种，图 8-13 所示为有源方法，采用热波成像技术对玻璃纤维夹层结构中的冲击损伤进行检测所获得的检测图像，从图中可以明显看到

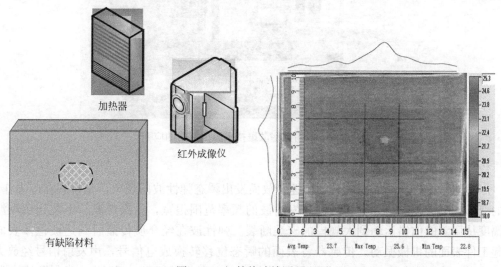

加热器

红外成像仪

有缺陷材料

图 8-13　红外热波检测原理图

材料因冲击产生的损伤情况。国外研究结果表明，有三种条件限制了红外热波检测方法的灵敏度且因此影响了它在孔隙检测方面的应用：（1）表面发射率；（2）面板或薄板的热传导系数；（3）面板或薄板的厚度。

4. 其他检测技术

（1）数字散斑检测技术

数字散斑技术是一种非接触式的应变采集方法，其基本原理是通过采用数字图像记录物体在受力过程中的图像，然后通过数字图像方法（Digital Image Correlation，DIC）计算分析得到物体的变形和应变情况。数字散斑测试系统主要由硬件和软件两部分组成：硬件部分主要由 2 台高速高分辨率的摄像机构成，采用双目立体视觉技术，实时采集物体在不同荷载条件下的散斑图像；软件主要运行于图形工作站之上，基于已经采集到的数字图像，识别测量物体表面结构的数字图像，为图像像素计算坐标，以物体在未受力情况下的图像作为基准，分析物体受力后的数字图像，并计算物体纹理特征的位移和变形。如图 8-14 所示为典型的基于双目视觉技术的数字散斑测量系统，该系统特别适合测量静态和动态载荷下的物体的三维变形，分析实际组件的全场变形和应变。数字散斑测试系统可以快速、实时、非接触全场应变，其结果非常直观，可以更好地分析被测物体的应变分布情况。目前受限于摄像头的性能等因素的影响，实际测量中，数字散斑测试系统的应变测量精度很难达到 $50\mu\varepsilon$ 以下，需要进一步提高。

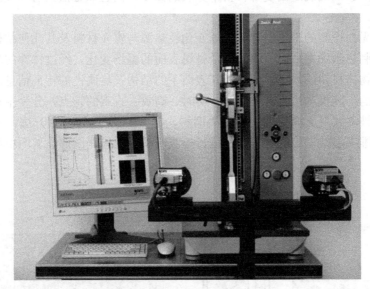

图 8-14　采用数字散斑技术测试试样的应变

（2）声发射检测技术

声发射是在材料局部因能量的快速释放而发出瞬态弹性波的现象，是材料在应力作用下的变形、形成裂纹与裂纹扩展。声发射波的频率范围很宽，从次声波、声波到超声波，其幅度从微观的位错运动到大规模的宏观断裂。弹性波在经介质传播后到达被检体表面，引起工件表面的机械振动。传感器将表面的瞬态位移转换成电信号，声发射信号经放大、处理后形成其特性参数，被记录与显示（图 8-15）。经数据的解释，可评定声发射源的特性。

声发射技术是检测复合材料结构整体质量水平的非常实用的技术手段，使用简单方便，可以在测试材料力学性能的同时获取材料动态变形损伤过程中的宝贵信息，它包括参数分析法与波形分析法两种方法。参数分析法是通过记录和分析声发射信号的特征参数，如幅度、能量、持续时间、振铃计数和事件数等，来分析材料的损伤破坏特征，如损伤程度和部位、破坏机制等；波形分析法是指对声发射信号的波形进行记录与分析，得到信号的频谱及相关函数等，通过分析材料不同阶段和不同机制引起损伤的频谱特征，可以获取材料的损伤特征。

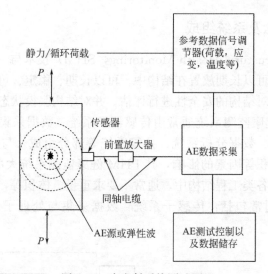

图 8-15　声发射系统测试原理

（3）涡流检测法

如图 8-16 所示，涡流检测技术的基本原理是利用涡流探头中线圈通以交变电流后，能够在线圈附近的检测试样中产生涡流，该涡流又能产生一个交变反磁场，交变反磁场会改变线圈磁场，从而使流经线圈中的电流也随之改变当线圈上的电压恒定，线圈中电流变化引起线圈阻抗变化，通过测量线圈阻抗的变化，就可以得到试样内部的缺陷信息，但这种技术只适用于导电复合材料，对玻璃纤维复合材料不适用。

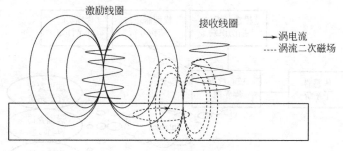

图 8-16　电涡流测试原理

利用涡流检测技术可检测出碳纤维复合材料中的纤维含量与缺陷，对复合材料与金属粘接结构中金属材料的翘曲变形也具有较高的检测灵敏度，但由于该技术需要用标准试样进行对比，其应用受到限。该方法可用于检查碳纤维/环氧树脂复合材料表面、次表面的裂纹和纤维损伤。由于纤维编织排列花样和环氧树脂配比不同，材料电导率有差异，检测涡流场与碳纤维/环氧树脂的空间位置不同，因而每块碳纤维/环氧树脂复合材料都有其不同的涡流场特性，直接影响涡流检测的检测灵敏度。由于以上特点，碳纤维/环氧树脂复合材料的涡流检测不同于金属涡流检测，人员需专门培训。

8.4　复合材料结构健康监测技术

8.4.1　基本概念及系统组成

结构健康监测（Structural Health Monitoring，SHM）技术与一般性的检测的主要区别在于，其要求传感器可以长期放置在结构中，可以长期、稳定、可靠地记录并分析影响结构安全的关键数据，对结构的安全性进行评估，并对结构服役状态进行安全预警。

如图 8-17 所示，健康监测系统通常由传感器子系统、数据采集及传输系统、数据存储系统、数据管理系统、数据分析系统、预警系统等部分组成。与一般工程结构不同的是，航空器受重量、体积等因素的影响，其 PHM 健康监测系统大部分的数据在特征层、推理层进行融合；而在各类工程结构中，通常不要求重量、体积等，且可以有可靠的网络支持，健康监测系统通常包括：传感子系统、数据采集与处理子系统、数据管理子系统等。

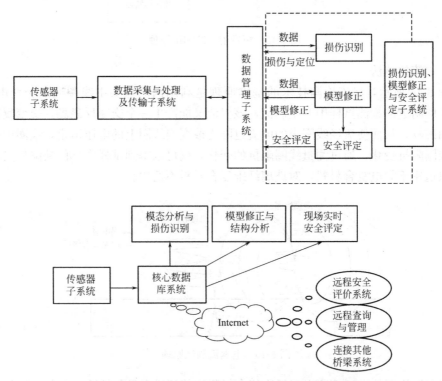

图 8-17　结构健康监测系统的系统构成

由于各类航空航天器材的价格十分昂贵，结构健康监测系统在航空航天领域应用较为广泛。在航空领域，结构健康监测系统又被以波音、空中客车为代表的大型飞机制造商称之为故障预测与健康管理（Prognostics and Health Management，PHM）系统。如图 8-18
是空中客车公司在民用客机上的 PHM 布置示意图，通过一系列的传感器采集机体结构上
的多种信息源、多参数、多传感器信息，以及历史与经验信息对比分析，提高对于机体结
构故障预测诊断与健康管理的准确度。

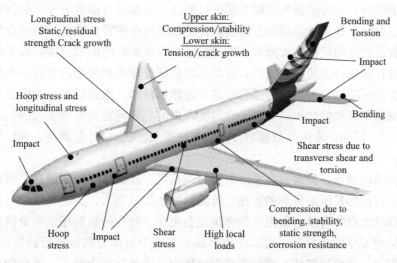

图 8-18　空中客车公司民用客机 PHM 布置示意图

　　健康监测系统较早应用于航空航天领域，而后逐渐引入到工程领域，由于健康监测系
统价格昂贵，综合考虑结构的重要性、造价等综合因素后，健康监测系统在桥梁结构中的
应用最为广泛，也较为成功。如图 8-19 所示为一座典型大型悬索桥梁结构的传感器布置
示意图，主要包括 GPS 定位传感器、风速风向传感器、索力传感器、车辆称重系统、视
频监测系统、应力应变传感器、温度传感器、沉降传感器，风速、风向监测、温度场监
测、索力监测、位移及沉降监测、应力及应变监测、振动响应监测、视频监测。

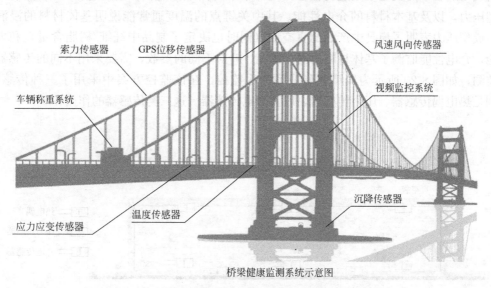

桥梁健康监测系统示意图

图 8-19　桥梁结构健康监测系统传感器布置示意图

　　健康监测系统所涉及的传感器种类众多，判断结构安全的参数也各有不同，因而如何正确应用这些数据直接决定了健康监测系统的运行效果。传感器采集到的数据通常直接传输并存储于数据库，经过一定程度的分析、修正等处理，通过网络与安全评价系统等数据管理系统连接。一般而言，对于传感器所采集到的数据可以在三个层次融合：

　　传感器层融合，将传感器的数据直接进行融合，因而没有信息丢失，但传输与计算量巨大；特征层融合，在系统的前端直接提取传感器数据中的特征数据，因而难免有信息丢失，但系统数据处理的负担大大降低；推理层融合，在系统的前端直接完成了对传感器数据的分析，并且形成合理的推理结论，这是系统数据处理负担最小的方式。典型的数据融合过程包括在特征层融合时采信传感器层的关键原始数据，推理层融合时采信相似产品可靠性统计数据或专家经验知识。数据融合时要考虑的主要问题是各种来源的信息的可信程度/精确度是不一样的，常用的数据融合方法有权重/表决、贝叶斯推理、神经网络、专家系统等方法。

　　对于工程结构而言，健康监测系统的核心是其用于存储各类数据的核心数据库，该数据库存储着所有传感器所采集到的数据。传感器的数据量越大，更能有效地监控工程结构的安全性，同时也意味着核心数据库的体量也会更大，对应的数据库系统价格也将不可承受。在保证结构安全的前提下，通常在传感器子系统中对部分数据进行前端的数据融合，从而减少数据的传输负担和核心数据库的存储压力。以数据库为核心，通常配套有数据管理系统，可以对结构进行损伤损别、损伤定位、模型修正等，同时再配套建设专家系统，对结构的安全性进行评定。

8.4.2　复合材料成型监测

　　复合材料不同于常见的材料，在应用前大部分为半成品，需要二次成型才能成为满足实际应用对功能和性能要求。成型过程是复合材料能否满足性能要求的关键，通过对复合材料成型过程中的关键参数进行监控，可详细了解其成型过程，主要包括：关键点温度、成型压力，以及基本材料的介电性能。其中关键点的温度通常能说明基体材料的浸润情况，成型压力表明了模具中产品的真空度（同时也决定了制品中纤维/树脂含量）和力学性能，介电性能监测了基体材料的固化情况。针对不同的参数，需要采用不同的传感器进行监测，如图 8-20 所示为典型树脂成型过程监控，在该监控方案中采用了三种传感器，分别是热电偶传感器、压力传感器，以及介电传感器。这三类传感器的作用在于：

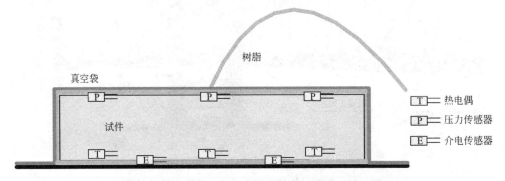

图 8-20　采用多种传感器对复合材料成型过程进行监控

　　热电偶，采用单一或复合热电偶，嵌在复合材料内部的多个位置，用于跟踪反应过程。精确的温度监测对于厚型复合材料尤其重要。高速可以准确记录化学组分的不同而导致复合材料内部明显不同的温度曲线，反映引起的温升和较低的散热率对试件内部的温度变化曲线产生影响；压力传感器一般设在预制件表面，通过监测局部树脂压力的变化，利用复合材料横断层的压力梯度，研究树脂流动和孔隙的形成与清除；介电传感器通常放置在复合材料内部预定位置，利用传感器记录固化期间的电容量和电导率，并通过离子电导率来即时转换，从而实现信息的输出材料内部的成型情况。

　　由于成型监测成本较高，一般应用于高价值且对于成型质量有特殊要求的复合材料制品。并且在有些情况下，以上传感器在成型后并不会拆除，依然会予以保留，并应用于制品的应用过程中的进一步监测。

8.4.3　复合材料长期监测

　　结构健康监测一般而言都是对结构进行长期观测，因而其传感系统的可靠性与结构健康监测的效果直接相关。除了长期可靠性要求外，由于结构健康监测系统传感器数量众多，又要求传感器经济性要高。为了不对结构的力学特征造成影响，传感器的重量宜轻。

　　同时，考虑到不同的监测方法要求，传感器需要满足静态或动态使用要求。其他的大面积的损伤测量方法（超声 C 扫描仪、多普勒扫描仪、红外热像仪等），由于其并不能长久地安装在监测结构中，不适合应用于结构健康监测，在本节中将不会进一步讨论。以下几类是目前正在研究的几种可用于复合材料结构长期性能监测的热门技术。

　　(1) 光纤光栅传感器

　　光纤布拉格光栅（Fiber Bragg Grating，FBG）是国际上新兴的一种在光纤通信、光纤传感等光电子处理领域有着广泛应用前景的基础性光纤器件。作为传感元件，光纤光栅将被感测量（应变、温度等）转化为其反射波长的移动，即波长编码，因而不受光源功率波动和系统损耗的影响。光纤光栅具有可靠性好、抗电磁干扰、抗腐蚀等特点，而且可以将多个光栅串联在一根光纤上构成光纤光栅阵列，实现分布式传感，这是其他传感元器件所不具备的优势，这使得 FBG 的制作与应用研究成为世界各国光纤技术研究的热点和重点。

　　如图 8-21 所示，分布式光纤光栅在一根传感光纤上制作许多个布拉格光栅，采用入射信号照射光纤，入射信号为宽带激光信号，每个光栅均会产生各自的反射波，用波长探测解调系统同时对多个光栅的波长偏移进行测量，从而检测出相应被测量的大小和空间分布。

　　除光纤光栅外，通常一个完整的分布式 FBG 解调系统还包括宽带激光光源、光耦合器、信号控制器、光探测器以及对应的数据分析处理软件。典型的分布式光纤光栅解调系统如图 8-22 所示，通常在一根光纤中串接多个 FBG 传感器 S_1，S_2，S_3……S_n，宽带光源照射光纤时，每一个 FBG 反射回一个不同布拉格波长的窄带光波，任何可对光纤光栅的激励有影响的因素（温度或应变），都将导致这个光纤光栅布拉格波长的改变。分布式光纤光栅解调系统通过测量各测试点光纤光栅传感器反射光波长的精细变化来测量各点的待测参量的变化。当某个被测 FBG 例如 S_2 在某时刻的被测物理量，如温度、应变发生改变，相应的反射 FBG 波长发生改变，检测出的反射波长的改变对应被测物理量的变化。

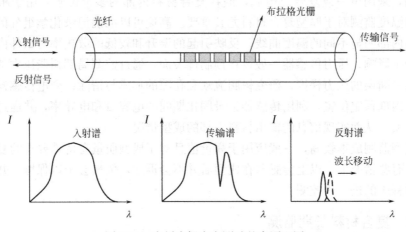

图 8-21　光纤光栅应变测试基本原理图

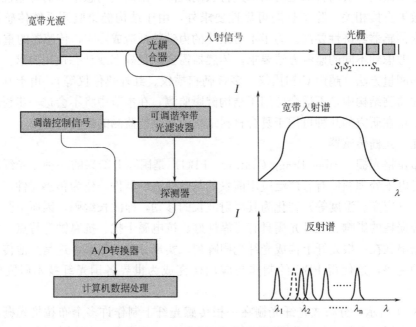

图 8-22　光纤光栅应变测试系统图

　　FBG 传感器的关键就在于精确的检测 Bragg 反射波长的微小移动，即对波长编码信号进行解调。利用高精度的光谱分析仪可以达到这一目的，但由于其体积庞大，价格昂贵，很难用于实际应用中。因而开发出高精度、低成本的 FBG 解调器是将 FBG 传感器产业化的关键。

　　（2）压电阵列传感技术

　　压电元件具有灵敏度高、工作频带宽、动态范围大等优点，已在结构健康监测的研究中得到了广泛的应用。压电元件是基于压电材料的压电效应工作的，根据压电效应包括正负压电效应两种，因此基于压电元件的损伤诊断方法按照工作模式（或者有无驱动元件）

分为被动监测方法和主动监测方法两种。主动监测方法首先利用压电元件在结构中产生主动激励，再通过分析结构的响应推断结构的健康状态。被动监测方法则是直接利用压电元件获取结构的响应参数，实现结构损伤诊断，如冲击和损伤扩展产生的 Lamb 波、结构的振动以及机械阻抗等。

图 8-23 为典型的压电阵列传感器（单个）构造图，其核心为压电元件，除此之外还包括信号引线、柔性夹层基材。压电传感器的最大优点之一就是，他可以采用类似于印刷电路的形式生产制造，但是其产生的数据信息量和抗干扰能力却远优于电阻类的传感元器件。

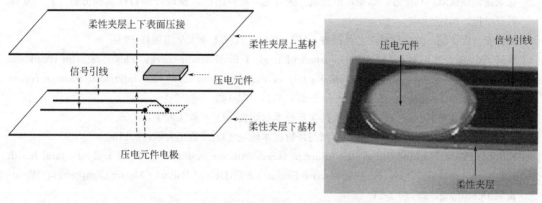

图 8-23　压电阵列传感器（单个）构造图

目前国内外关于压电元件和 Lamb 波的研究主要集中在压电元件的封装方法、基于 Lamb 波的主被动监测方法、结构健康监测测试系统等方面。常规的基于压电元件和 Lamb 波的主动监测方法主要有：①基于 Lamb 波信号峰值的损伤监测方法，该方法主要根据信号直达波幅值的变化情况来确定损伤的位置信息；②基于 Lamb 波损伤散射信号的损伤监测方法，该方法首先提取 Lamb 波信号中由于损伤引起的散射信号，再根据损伤散射信号波的到达时刻实现对损伤的定位。近年来，一些学者对基于压电传感器阵列和 Lamb 波的损伤成像方法开展了研究，这些方法包括了：延迟-累加成像方法、时间反转聚焦方法、超声相控阵成像方法以及空间滤波器成像方法。基于压电元件和 Lamb 波的被动监测方法主要分为结构的冲击定位方法和冲击载荷历程反演等方面。

（3）自传感技术

由于复合材料是由多种材料构成，复合材料同样可以依靠自身的电气性能实现对复合材料结构的健康监测。典型的方式是利用碳纤维的导电性，且作为基体材料的环氧树脂则是绝缘体。当碳纤维最终成型成为复合材料结构时，密集的碳纤维可以通过相互接触，形成一定的导用特性。当损伤（例如裂缝和分层）发生时，复合材料结构的导电率则会发生相应地改变。

而玻璃纤维复合材料则略有不同，由于其是不导电的绝缘体。当基于玻璃纤维的复合材料结构发生损伤、断裂或是分层时，复合材料的整体介电性能因为空气的加入而发生改变（空气的介电常数小于复合材料）；在长期的使用过程中，通常这些损伤位置会有水进入，而水的介电常数高于玻璃，玻璃纤维复合材料的介电性能又会再次改变。

这一系列方法被称为"自我感知"方法，因为它完全依赖于构成复合材料结构材料的本身属性（电特性），不需要附加传感器，仅需要安装必要的电极。该方法的应用将极大地降低健康监测系统的成本，并提高监测的准确度，因而也是未来发展的重要方向之一。

参考文献

[1] Huang J. Q. , Non-destructive evaluation（NDE）of composites：acoustic emission（AE） [M], Non-Destructive Evaluation（NDE）of Polymer Matrix Composites, Woodhead Publishing, 2013：12-32.

[2] 徐永新, 顾轶卓, 马全胜, 李敏, 王绍凯, 张佐光. 几种国产高模碳纤维特性实验分析 [J]. 复合材料学报, 2016, （09）: 1905-1914.

[3] 刘雄亚, 谢怀勤. 复合材料工艺及设备 [M]. 武汉: 武汉工业大学出版社 1994

[4] Shah, O. R. , Tarfaoui, M. Determination of mode I & II strain energy release rates in composite foam core sandwiches. An experimental study of the composite foam core interfacial fracture resistance. Composites Part B: Engineering, 2017, 111, 134-142.

[5] 宋立军. 复合材料孔隙率检测方法及其实现技术的研究 [D]. 浙江大学, 2005.

[6] 李钊. 碳纤维复合材料孔隙率超声检测与评价技术研究 [D]. 浙江大学, 2014.

[7] Karbhari V. M. , Introduction: the future of non-destructive evaluation（NDE）and structural health monitoring（SHM）[M], Non-Destructive Evaluation（NDE）of Polymer Matrix Composites, Woodhead Publishing, 2013: 3-11.

[8] Wong B. S. , Non-destructive evaluation（NDE）of composites: detecting delamination defects using mechanical impedance, ultrasonic and infrared thermographic techniques [M], Non-Destructive Evaluation（NDE）of Polymer Matrix Composites, Woodhead Publishing, 2013: 279-305.

[9] Tittmann B. R. , Miyasaka C. , Guers M. , et al. Non-destructive evaluation（NDE）of aerospace composites: acoustic microscopy [M], Non-Destructive Evaluation（NDE）of Polymer Matrix Composites, Woodhead Publishing, 2013: 423-448.

[10] Suratkar A. , Sajjadi A. Y. , Mitra K. , Non-destructive evaluation（NDE）of composites for marine structures: detecting flaws using infrared thermography（IRT）[M], Non-Destructive Evaluation（NDE）of Polymer Matrix Composites, Woodhead Publishing, 2013: 649-667.

[11] Dong, C. （2016）. Effects of Process-Induced Voids on the Properties of Fibre Reinforced Composites. Journal of Materials Science & Technology, 32 (7), 597-604.

[12] Danisman, M. , Tuncol, G. , Kaynar, A. , & Sozer, E. M. （2007）. Monitoring of resin flow in the resin transfer molding（RTM）process using point-voltage sensors. Composites Science and Technology, 67 (3-4), 367-379.

[13] Wang M. L. , Lynch J. P. Sohn H. , Introduction to sensing for structural performance assessment and health monitoring [M], Sensor Technologies for Civil Infrastructures, Woodhead Publishing, 2014, 55: 1-22.

[14] Todd M. D. , Sensor data acquisition systems and architectures [M], Sensor Technologies for Civil Infrastructures, Woodhead Publishing, 2014, 55: 23-56.

[15] Peters K. J. , Inaudi D. , Fiber optic sensors for assessing and monitoring civil infrastructures [M], Sensor Technologies for Civil Infrastructures, Woodhead Publishing, 2014, 55: 121-158.

[16] 刘玲, 张博明, 王殿富. 碳/环氧复合材料孔隙问题研究进展 [J]. 宇航材料工艺, 2004, （06）: 6-10.

[17] Bossi R. H.，Giurgiutiu V.，Nondestructive testing of damage in aerospace composites［M］，Polymer Composites in the Aerospace Industry，Woodhead Publishing，2015：413-448.

[18] GiurgiutiuV.，Structural health monitoring（SHM）of aerospace composites［M］，Polymer Composites in the Aerospace Industry，Woodhead Publishing，2015：449-507.

[19] 张祥林. 复合材料 R 角部位缺陷检测技术与超声 C 扫描检测工艺技术研究［D］. 哈尔滨工程大学，2012.

[20] 郁青，何春霞. 无损检测技术在复合材料检测中的应用［J］. 工程与试验，2009，02：24-29.

[21] 葛邦，杨涛，高殿斌，李明. 复合材料无损检测技术研究进展［J］. 玻璃钢/复合材料，2009，06：67-71.

[22] 卿新林，王奕首，高丽敏，武湛君. 多功能复合材料结构状态感知系统［J］. 实验力学，2011，（05）：611-616.

[23] 李惠. 土木工程智能结构［A］. 中国土木工程学会教育工作委员会. 第六届全国土木工程研究生学术论坛论文集［C］. 中国土木工程学会教育工作委员会：，2008：2.

[24] 章继峰，张博明，杜善义. 基于健康监测的层合板结构载荷重构［J］. 力学与实践，2007，（04）：59-62.

[25] 邱雷. 基于压电阵列的飞机结构监测与管理系统研究［D］. 南京航空航天大学，2011.

[26] 曾声奎，Michael G. Pecht，吴际. 故障预测与健康管理（PHM）技术的现状与发展［J］. 航空学报，2005，（05）：626-632.